JN189639

白馬連山高山植物帯（国指定・特別天然記

信州 ふるさと市町村 天然記念物

—見る、知る、守る—

各市町村の天然記念物掲載について

学術的価値の高い植物・動物・地質鉱物や天然保護区域の保護保全のため指定された天然記念物は、長野県内では国・県・市町村指定の合計で約850件を超え、そのすべてを本著でくわしく紹介することは残念ながらできません。

各市町村の天然記念物数は、その面積・自然環境、さらには市町村合併などにより大きな違いがあります。このため、国・県指定はそのほぼすべてを、市町村指定につきましては後記の選考基準に基づき、選択掲載することといたしました。

※平成30年10月31日現在

本文掲載・選考基準

1．学術的価値の高いもの
2．地域の象徴・知名度
3．見学の安全性・交通ルートの利便性
4．地域バランス（合併市町村等）

等を考慮し、任意に選んだものです。

本文に写真・説明付きで掲載した天然記念物は、平成28年4月1日より平成30年10月31日までに、そのほぼすべてを現地取材し、現状を確認撮影したものです。国・県指定の「地域を定めず」とされる動物の一部は、生息が確実な市町村のページに掲載いたしました。

また、天然記念物はその性格上、新規指定や指定解除等の変更、時間の経過による変動なども今後あり得ますので、ご承知ください。

※各市町村ごとの天然記念物の概要は、公益財団法人八十二文化財団のウェブサイト『信州の文化財』内の「天然記念物」に掲載されています。その詳細リストはP135～145に掲載いたしました。

見学にあたってのお願い

❶ **ご注意ください。すべての記念物が見学可能とは限りません。**これは保護保全上・調査中・保護育成中などのため、あるいは所有者・関係者等のご判断によるためです。見学の際は、事前に関連する教育委員会・収蔵展示施設等へ、お問い合わせください。

❷ 記念物には個人・民有地内等に位置するものもあります。本文に掲載した記念物は、ごく一部を除き原則どなたでも見学可能なことを確認していますが、見学可能な場合も所有者・近隣の方々・関係者等への挨拶を心がけ、節度ある見学をしてください。また、保護保全・育成・調査等を行っている記念物は、各自治体や関係機関などの取り決め等をよく確認の上、順守してください。尚、事前申請等必要な記念物は、記載の所有者、又は各市町村教育委員会（P１４６〜１４７）にお問い合わせください。

❸ 記念物所在地の多くは観光地ではありません。したがって所在地までの案内表示・所在地の駐車場等も充分でない場合も多いので、事前によく確認してご見学ください。

❹ 掲載した記念物は、できるだけ現地までのルートが分かりやすく、見学しやすいものを優先しました。しかし、一部には難所探索・高所登山等に属し、また発見困難なものもあります。これらを見学の際は、充分な事前準備と装備等の対応を行ってください。

(県)野尻湖産大型哺乳類化石群
(ナウマンゾウ・ヤベオオツノジカ・ヘラジカ)
(国・天然保護)黒岩山
(県)神戸のイチョウ
(県)小菅神社のスギ並木
(県)地蔵久保のオオヤマザクラ
(県)袖之山のシダレザクラ
(国)志賀高原石の湯のゲンジボタル生息地
(国)渋の地獄谷噴泉
(県)一の瀬のシナノキ
(県)宇木のエドヒガン
(県)四十八池湿原
(県)田ノ原湿原
(国)十三崖のチョウゲンボウ繁殖地
(県)雁田のヒイラギ
(県)大柳及び井上の枕状溶岩
(県)武水別神社社叢
(県)小泉、下塩尻及び南条の岩鼻
(県)沓掛温泉の野生里芋
(県)東御市羽毛山・
加沢産アケボノゾウ化石群
(県)宮ノ入のカヤ
(県)熊野皇大神社のシナノキ
(県)長倉のハナヒョウタンボク群落
(県)御代田のヒカリゴケ
(国)テングノムギメシ産地
(国)四阿山の的岩
(国)西内のシダレグリ自生地
(国)東内のシダレエノキ
(県)小泉、下塩尻及び南条の岩鼻
(県)小泉のシナノイルカ
(県)菅平のツキヌキソウ自生地
(国)岩村田ヒカリゴケ産地
(県)臼田トンネル産の古型マンモス化石
(県)王城のケヤキ
(県)広川原の洞穴群
(県)笠取峠のマツ並木
(県)下新井のメグスリノキ
(国)八ヶ岳キバナシャクナゲ自生地
(県)海尻の姫小松
(県)川上犬
(県)樋沢のヒメバラモミ
(県)高遠のコヒガンザクラ樹林
(県)前平のサワラ
(県)白沢のクリ
(県)飯田城桜丸のイスノキ
(県)長姫のエドヒガン
(県)風越山のベニマンサクの自生地
(県)川路のネズミサシ
(県)立石の雄スギ雌スギ
(県)三石の甌穴群
(県)モリアオガエルの繁殖地
(県)山本のハナノキ

長野県の天然記念物

天然記念物(National monuments)、この名は私たちの身の回りにも数多く見られます。多様な自然環境にめぐまれ、同時に東西約100キロメートル、南北約200キロメートルにも及ぶ広大な面積の信州には、各地に守り育てられてきた大切な天然記念物があります。

幸いにも、ほぼすべての天然記念物はその誕生から現在まで多くの人々の手により、しっかりと守られてきました。今ある天然記念物は、そのような信州での数百年、あるいはそれ以上にも及ぶ、自然と人との共存・共生による歴史の証でもあるのではないでしょうか。

これらの天然記念物を『見る、知る、守る』。今、私たちはこの信州にある天然記念物をもう一度しっかり見つめ直し、その存在を共に明日へと引き継ぐことを目指すべきではないでしょうか。この一冊が、そのスタートのガイド役になれば幸いです。

凡例について

①掲載順
掲載は、県北部から県南部へ、長野県広域市町村圏の隣接する市町村順とし、❶～77の通し番号をつけました。これは見学の際の利便性なども考慮したものです。

②掲載内容・件数
各市町村の件数等は各市町村教育委員会の見解・補足情報を得て独自に集計したものです。
また、ごく一部に、既存ウェブサイト等に記載されている名称や所在地・説明と若干の違い等がありますが、本著では所有者・各市町村教育委員会等の見解等を優先使用しました。

③各市町村略図
各市町村の所在地略図は主だった記念物のおおよその位置を示したものです。見学の際は道路地図・市町村発行の案内図などにて詳細をご確認ください。

④見学の難易度
●一般向き
ごく一般的な成人が、徒歩30分以内程度で無理なく見学できるもの。
●申請必要
個人・民間所有地内等で、事前に見学申請等が必要なもの。
●保護育成中／●コース要注意
所在地で保護育成中のため見学要注意、或いは徒歩30分以上やコースが分かりにくい等のため要注意。
●コース難あり
難所・コース未整備、或いは長時間の徒歩等あり、充分な装備や時間等必要。

⑤交通について
最寄り駅または地域の主要駅、最寄りの高速道・自動車道インターチェンジから車・徒歩による平均的な所要時間。

本文で紹介する天然記念物

国指定(特別名勝・特別含む)	29
県指定	98
市町村指定・他	402
	529件

長野県の天然記念物

国指定	29
県指定	104
市町村指定	742
	875件

(平成30年10月31日現在)

※指定解除、或いは新規指定等により変更もあり得ます。
※複数地域にまたがる文化財は「地域を定めず」を含め、1件にカウント。

〈国・県指定天然記念物と市町村図〉

（地域を定めず・全県）を除く
※市町村指定天然記念物は、各市町村ページ及び巻末リストに掲載

（国）素桜神社の神代ザクラ
（県）新井のイチイ
（県）裏沢の絶滅セイウチ化石
（県）大口沢のアシカ科化石
（県）大柳及び井上の枕状溶岩

（県）日下野のスギ
（県）菅沼の絶滅セイウチ化石
（県）象山のカシワ
（県）塚本のビャクシン
（県）つつじ山のアカシデ
（県）戸隠神社奥社社叢

（県）戸隠川下のシンシュウゾウ化石
（県）豊岡のカツラ
（県）深谷沢の蜂の巣状風化岩
（県）真島のクワ
（県）山穂刈のクジラ化石
（県）奥裾花自然園のモリアオガエル繁殖地

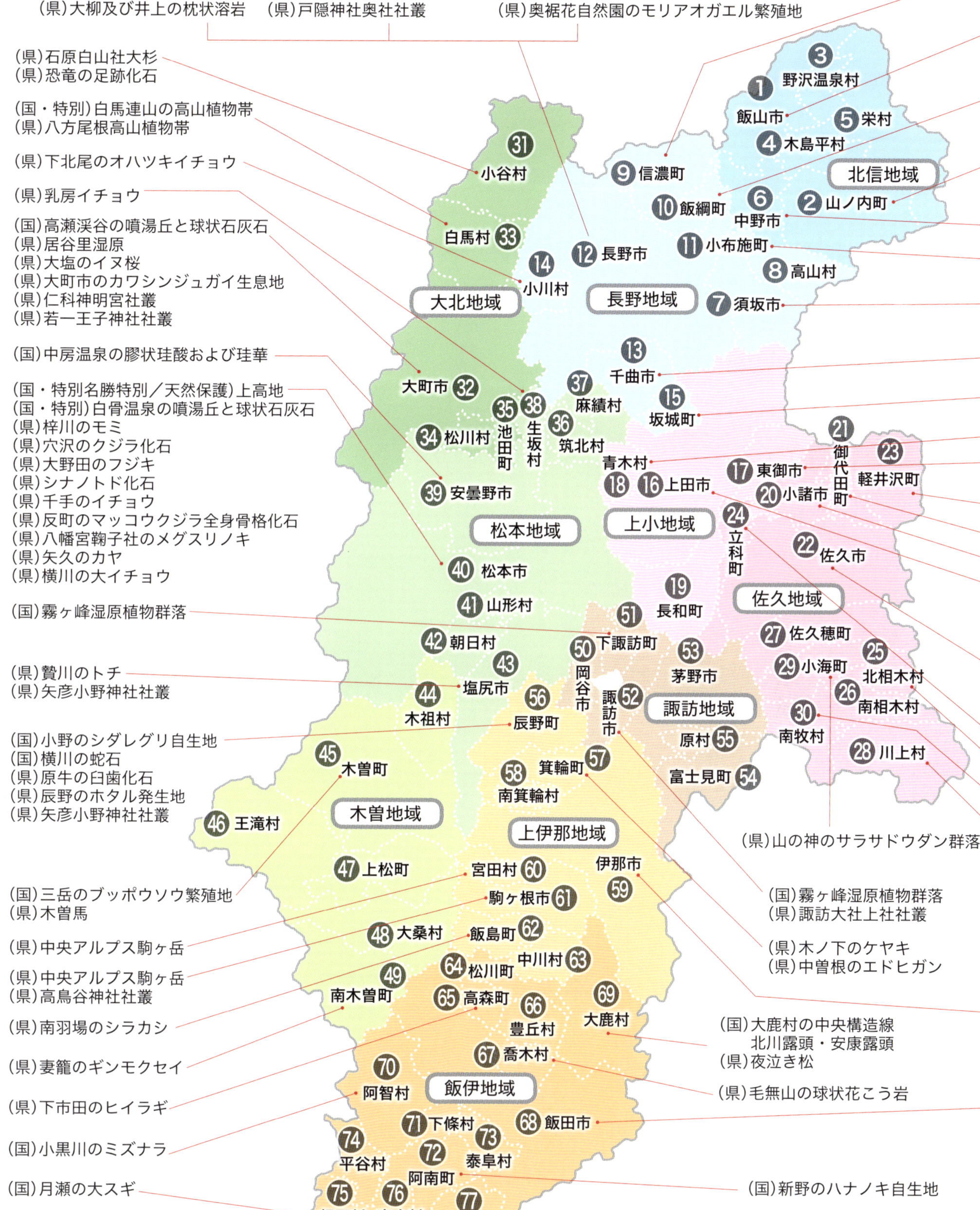

（地域色別は長野県広域市町村圏に基づく）

天然保護区域

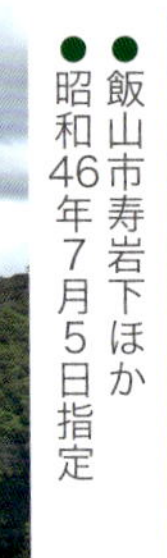

国指定 黒岩山

●飯山市寿岩下ほか
●昭和46年7月5日指定

黒岩山全景

信越県境の豪雪地帯、関田山脈の南部に位置し、標高938メートル。「春の女神」ギフチョウと「春の舞姫」ヒメギフチョウの2種が混生するなど、注目すべき各種の動植物が生育する学術上貴重な区域となっており、全山保護されています。

黒岩山は、里山として薪や炭用に雑木林が伐採され、その林床に2種の食草のウスバサイシンやカンアオイ類が豊富でしたが、近年は定期的な伐採が行われなくなり、開発や林道の拡幅などの影響もあり、ヒメギフチョウは絶滅の危惧にあります。しかし、黒岩山に隣接する山域には確実な生息地があり、将来的なヒメギフチョウの復活が望まれます。

（●保護育成中 ●交通／JR飯山駅から車で30分）

春の女神・ギフチョウ

県指定 小菅神社のスギ並木

●飯山市瑞穂小菅
●昭和49年3月22日指定

かつて、戸隠や飯綱と並ぶ北信濃三大修験場として繁栄した小菅神社には、江戸時代に整備された杉並木があります。樹齢は約300年、180本もの巨杉が約800メートルにわたって並木をつくり、参道は静寂そのものです。

杉並木の参道を登ると1時間ほどで岩窟を背負った立派な奥社本殿となります。さらに山頂を経て、北竜湖へと下るルートもあります。

（●一般向き ●交通／JR飯山駅から参道入口まで車で15分、さらに杉並木まで徒歩10分）

小菅神社のスギ並木と石畳の参道

市指定 小菅のヤマグワ

●飯山市瑞穂小菅
●平成10年5月18日指定

小菅神社の参道手前、左手の食事処の横奥にあります。根囲1.9メートル、胸高幹囲1.6メートル、樹高11・5メートル、ヤマグワの大木は飯山市唯一。長野県内でも珍しい大木(雌)で、「小菅神社のスギ並木」見学の折には、一緒に見てほしいものです。

（●一般向き ●交通／JR飯山駅からから車で15分）

小菅のヤマグワ

飯山市の天然記念物

国指定	黒岩山（全１件）
県指定	小菅神社のスギ並木、神戸のイチョウ（全２件）
市指定	犬飼神社のカツラ、大川のイチョウ、大久保のサルスベリ、熊野神社のケヤキ、顔戸のエドヒガン、小菅のイトザクラ、小菅のヤマグワ、正行寺のイチョウ、瀬木のイチイ、沼池のヤエガワカンバ、三桜神社のブナ、山田神社の大杉（全12件）

「秋津小学校のイロハモミジ（市指定）」は樹勢衰退のため平成29年伐採され、指定解除されました。

※飯山市の天然記念物リストはP145に掲載されています。

※全県に及ぶ（「地域を定めず」）国・県指定の動物は除く（以下全市町村同じ）

市指定

山田神社の大杉

●飯山市豊田7065
●昭和51年2月17日指定

飯山市街地の北方、戸狩温泉スキー場近くに「山田神社の大杉」があります。本殿前には2本の大杉があり、上の杉は根囲10・8メートル、胸高幹囲6・93メートル、樹高26・7メートル。下の杉は根囲9.6メートル、胸高幹囲7・42メートル、樹高28・5メートルで、推定樹齢は750年とされます。

いずれも堂々とした威厳を感じる樹姿で、大きな注連縄の結界が張られています。

（●一般向き ●交通／JR飯山線戸狩野沢温泉駅から車で10分）

上の杉、胸高幹囲6.93m

山田神社の大杉・下の杉

市指定

熊野神社のケヤキ

●飯山市照岡柄山
●平成9年1月20日指定

鍋倉山麓、「なべくら高原森の家」近くに「熊野神社のケヤキ」があります。根囲11・6メートル、胸高幹囲8・45メートル、樹高16・1メートル。ケヤキは大きく二方に幹を広げ、ゆったりと広い境内に樹影を描いています。

風格は充分で、根元近くには小さな石祠が祀られており、しばし腰をおろし休みたくなるでしょう。

（●一般向き ●交通／JR飯山線桑名川駅から車で10分）

胸高幹囲8.45m、熊野神社のケヤキ

「神戸のイチョウ」。紅葉期（10月中～下旬）にはライトアップも

県指定

神戸のイチョウ

●飯山市瑞穂銀杏木3115
●昭和37年9月27日指定

幹囲14メートル、樹高31メートル余りで、イチョウの巨木としては「乳房イチョウ」（東筑摩郡生坂村）などと並びます。樹齢数百年の古木ですが樹勢は良く、遠目にもひときわ目に付き、長寿健康祈願に訪れる人もよく見られます。

また、落葉の状況でその年の積雪を占うともいわれ、地元の人々に親しまれてきました。秋（10月中～下旬）の見事な紅葉期（黄葉）にはライトアップも行われます。

（●一般向き ●交通／JR飯山駅から車で20分）

市指定

三桜神社のブナ

●飯山市寿195
●平成12年3月27日指定

ブナ自然林の中、三桜神社のブナ

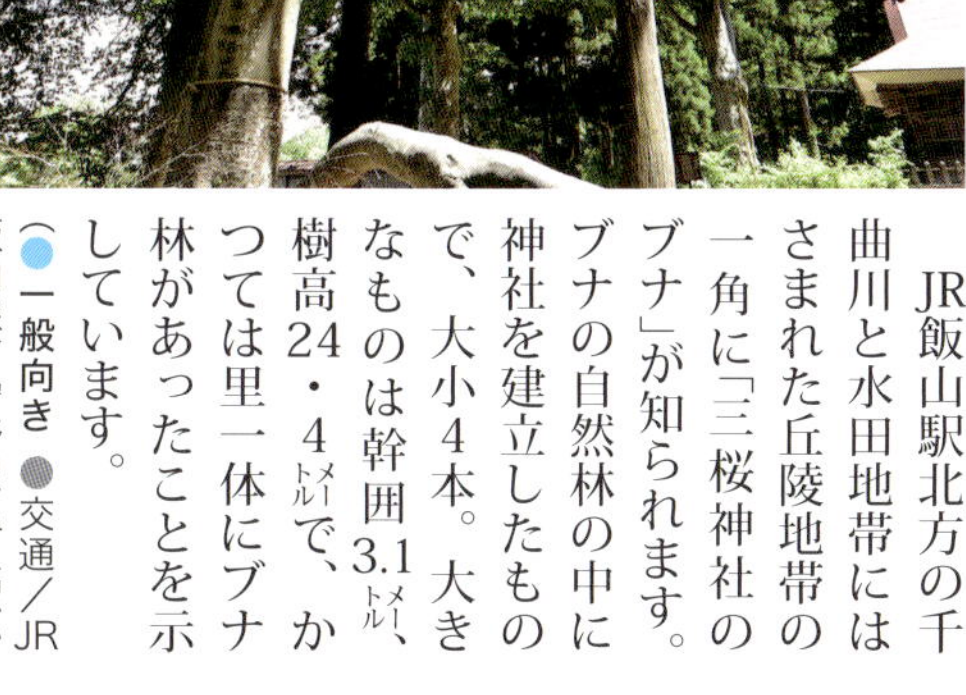

JR飯山駅北方の千曲川と水田地帯にはさまれた丘陵地帯の一角に「三桜神社のブナ」が知られます。ブナの自然林の中に神社を建立したもので、大小4本。大きなものは幹囲3.1メートル、樹高24・4メートルで、かつては里一体にブナ林があったことを示しています。

（●一般向き ●交通／JR飯山線戸狩野沢温泉駅から車で7分）

国指定

志賀高原石の湯のゲンジボタル生息地

●下高井郡山ノ内町平穏志賀高原
●平成20年3月28日指定

志賀高原・石の湯の岩倉沢川は、日本一標高の高いゲンジボタル生息地(標高約1600メートル)として知られています。

この小さな川には岸辺から湧き出した温泉が入り込むため、水温・水量を安定させると共に、幼虫の餌となるカワニナを大量に発生させることが高標高地での好生息地となっています。

(●一般向き ●交通／長野電鉄湯田中駅から車で30分、さらに徒歩10分)

この生息地では発生時期が3ヶ月以上と長く、成虫の寿命が長い、明滅周期が長いなど特異な特徴を持っています。見頃(7月中旬～8月上旬)には多くの観覧者が訪れますが、ホタル保護のため、ライトやカメラフラッシュ、虫除けの使用はできません。大自然の中、満天の星空の下、幻想的なシーンを皆で楽しみましょう。

地元のホタル愛好家より

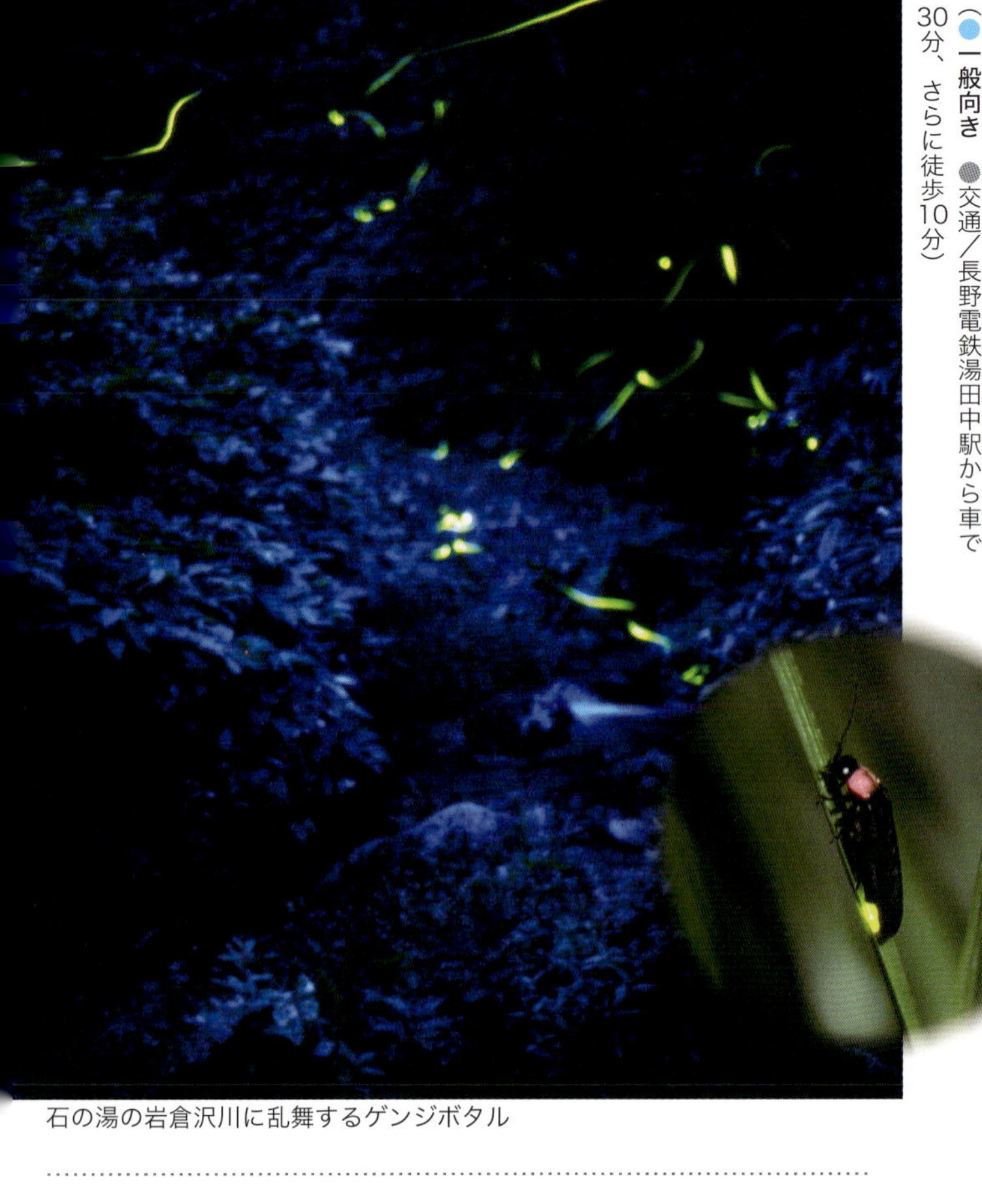

石の湯の岩倉沢川に乱舞するゲンジボタル

県指定

田ノ原湿原

●下高井郡山ノ内町平穏志賀高原
●昭和48年3月12日指定

この湿原は、標高1610～1620メートルに広がる高層湿原です。太古の昔、志賀山の噴火によって流れた溶岩が角間川をせき止めて湖をつくりました。この湖に生えたミズゴケが腐らず、数メートルの厚さに積み重なっています。

夏になると、湿原に適応した小さな植物であるヒメシャクナゲ・ツルコケモモ・イワショウブ・コバギボウシなどが花を咲かせ、食虫植物であるモウセンゴケも見られます。水路にはミズバショウやヒオウギアヤメなどの大型植物が繁り、クロサンショウウオやカオジロトンボが生息します。

(●一般向き ●交通／長野電鉄湯田中駅から車で30分、さらに徒歩5分)

稀少なヒメシャクナゲなども見られる田ノ原湿原

〈 主な天然記念物 〉

高社山
宇木のエドヒガン
乗廻の四本杉
奥志賀高原
諏訪社のカラマツ
稚児池湿原
長野電鉄長野線
湯田中
一の瀬のシナノキ
岩菅山
地獄谷のサル
地獄谷野猿公苑
渋の地獄谷噴泉
志賀高原
292
田ノ原湿原
四十八池湿原
志賀高原石の湯のゲンジボタル生息地
N
0 2km
笠ヶ岳
横手山

山ノ内町の天然記念物

国指定	志賀高原石の湯のゲンジボタル生息地、渋の地獄谷噴泉（全２件）
県指定	一の瀬のシナノキ、宇木のエドヒガン、四十八池湿原、田ノ原湿原（全４件）
町指定	アワラ湿原、熊野宮のナシノキ、興隆寺の杉並木、地獄谷のサル、地獄谷のヒメギフチョウ、菅のトガ、諏訪社のカラマツ、大日庵の源平シダレザクラ、田ノ原の天然カラマツ、稚児池湿原、ニホンリス、乗廻の四本杉、三ヶ月池湿原、八柱神社の社叢（全１４件）

※山ノ内町の天然記念物リストはP145に掲載されています。

国指定

渋の地獄谷噴泉

●下高井郡山ノ内町平穏地獄谷
●昭和2年4月8日指定

志賀高原入口の横湯川上流に位置する地獄谷は、今から3500万年程前、日本列島を横断する大地溝帯が出来た時に由来すると思われます。

この地獄谷噴泉は、岩底から分かれてきたガスが温泉とともに非常な熱気を持って吹き上げるもので、火山現象としては極めて珍しいものです。川底から噴き上げる熱泉は高さ8メートル（指定当時は高さ20メートル余り）にまで達します。噴泉のすぐ上部には、「地獄谷のサル」がいます。

（●一般向き ●／長野電鉄湯田中駅から車で10分、さらに徒歩30分）

噴き上げる熱泉、渋の地獄谷噴泉

町指定

地獄谷のサル

●下高井郡山ノ内町平穏地獄谷
●昭和47年3月1日指定

世界で唯一、温泉に入る野生の猿「スノー・モンキー」として、大注目となっており、特に欧米からのファンが多く訪れています。なぜ!?それは熱帯・亜温帯中心のサルの仲間としては最北端に生息し、冬の寒さのために温泉に入るという習性、湯に浸るその表情…。冬はもちろん、春・夏・秋も四季の自然を眺めつつ訪れて下さい。

大人気「スノー・モンキー」、地獄谷のサル

（問い合わせ／㈱地獄谷野猿公苑 TEL0269-33-4379）

（●一般向き・入園料 ●交通／長野電鉄湯田中駅から車で10分、さらに徒歩30分）

県指定

四十八池湿原

●下高井郡山ノ内町平穏志賀高原
●昭和48年3月12日指定

大小60もの池塘と湿性植物・高山トンボの宝庫、四十八池湿原

▲池塘にはびっしりと食虫植物モウセンゴケ

志賀高原のほぼ中心部、標高2035メートルの志賀山と裏志賀山の南部山裾に四十八池はあります。

四十八池は泥炭形成植物による高層湿原で、大小60もの池塘が点在し、食虫植物のモウセンゴケをはじめ初夏からはワタスゲ、ヒメシャクナゲなどの花々、カオジロトンボなどの高山トンボ類などが見られ、天上の楽園ともなっています。

（●一般向き ●交通／長野電鉄湯田中駅から車で30分、さらに登山道50分）

県下最古のサクラのひとつ、宇木のエドヒガン

県指定

宇木（うき）のエドヒガン

●下高井郡山ノ内町夜間瀬宇木
●昭和42年5月22日指定

「千歳桜（ちとせざくら）」と呼ばれていて、幹囲10メートル、樹高は12メートルを超える長野県下でもっとも古い桜のひとつで、県の天然記念物に指定されています。宇木地区には、古代桜と称して、このエドヒガンのほかにシダレザクラの大木5本が公開されています。

千歳桜は樹齢800～850年とも称されていて今も樹勢が良く、満開の時期には青空と残雪の高社山（たかやしろやま）を背景に美しい花を咲かせます。（花期／4月上～中旬）

（●一般向き ●交通／長野電鉄夜間瀬駅から車で10分）

県指定

一の瀬（いちのせ）のシナノキ

●下高井郡山ノ内町平穏志賀高原
●平成13年3月29日指定

一の瀬の北側の雑木林の中にあり、観察道は整備されています。幹囲約8.6メートル、樹高約23メートル、樹齢800年の大木には数ヶ所、斧で傷つけられた様な跡が見られます。伐採に挑戦してはみたものの、その巨大さに伐採をあきらめたようです。また、落雷で焼けたらしく高さ8メートル位のところで、太い幹がスパッと切れ落ちている受難の大木ですが、今はたくましく育っています。

（●一般向き ●交通／長野電鉄湯田中駅から車で40分、さらに徒歩30分）

幹囲8.6m、一の瀬のシナノキ

町指定

稚児池湿原（ちごいけしつげん）

●下高井郡山ノ内町夜間瀬志賀高原
●昭和51年10月30日指定

焼額山（やけびたいやま）の山頂、旧火口湖に発達した高層湿原で、降水だけの無機の水で養われています。高山性のモウセンゴケやカオジロトンボも見られます。ハイキングにもぜひ。

（●一般向き ●交通／長野電鉄湯田中駅から車で50分、さらに登山道1時間強）

爽快な山頂湖、稚児池湿原

町指定

乗廻（のりまわし）の四本杉（よんほんすぎ）

●下高井郡山ノ内町夜間瀬乗廻
●昭和55年2月8日指定

須賀川の乗廻地区にある諏訪社の参道入口に、石段に沿って左右2本ずつ、計4本の巨杉があります。

幹囲り胸囲は4・35～3・85メートルで、高さはいずれも約39メートル、見上げても薄暗く、空も見えません。樹齢は約300年以上といわれ、鬱蒼とした社叢とともにその存在感に圧倒されます。

（●一般向き ●交通／長野電鉄夜間瀬駅から車で15分）

鬱蒼とした参道、乗廻の四本杉

町指定

諏訪社（すわしゃ）のカラマツ

●下高井郡山ノ内町夜間瀬横倉
●昭和46年8月3日指定

林立する社叢の中、幹囲2・98メートル、樹高34・7メートル、推定樹齢200年のカラマツがひときわ目に付きます。

（●一般向き ●交通／長野電鉄夜間瀬駅から車で10分）

諏訪社のカラマツ

3

野沢温泉村（のざわおんせんむら）

北信・北信地域

村指定

湯沢神社の大スギ（ゆざわじんじゃのおおすぎ）

●下高井郡野沢温泉村豊郷9310
●昭和54年11月1日指定

野沢温泉村温泉街の東側の山手一帯は、健命寺と湯沢神社の広大な敷地が広がります。

温泉街の最上部にある麻釜（おがま）から緩やかな坂を登ると、そこは湯沢神社の門前です。急な石段の右脇に幹囲5・35メートル、樹高38・5メートルの大杉が屹立しており、背丈を超える高さに立派な注連縄（しめなわ）が張られています。この注連縄の交換は毎年5月8日、野沢組総代により行われ、冬の道祖神（どうそじん）祭りと同じ厄年三夜講の人々が活躍します。

（●一般向き　●交通／JR飯山駅から車で30分、さらに徒歩15分）

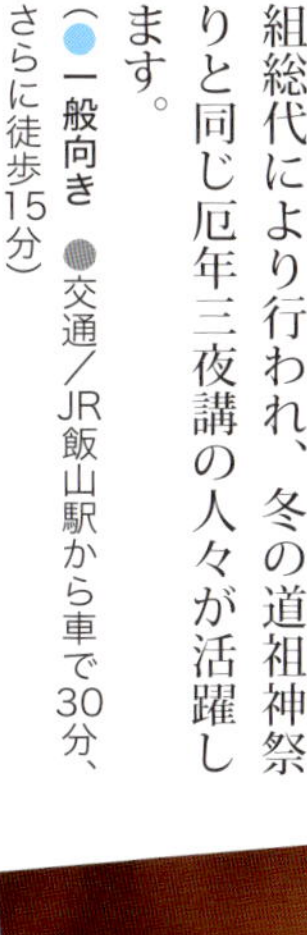

毎年5月に注連縄張り、湯沢神社の大スギ

道祖神祭り

麻釜（源泉）

村指定

虫生のオオバボダイジュ（むしゅうのおおばぼだいじゅ）

●下高井郡野沢温泉村虫生江口1009-ロ
●昭和54年11月1日指定

虫生の県道入口にある巨木で、目通り幹囲3・15メートル、樹高は21メートル。

オオバボダイジュは、シナノキ科シナノキ属の樹木で、シナノキとともに古代から繊維を利用してきました。

（●一般向き　●交通／JR飯山駅から車で25分）

〈 主な天然記念物 〉

野沢温泉村の天然記念物

村指定　清道寺のシダレザクラ、虫生のオオバボダイジュ、矢垂十二社大明神の雌株のイチョウ、湯沢神社の大スギ（全4件）

「平林のナラカシワ（村指定）」は枯死により指定解除されました。

※野沢温泉村の天然記念物リストはP145に掲載されています。

虫生のオオバボダイジュ

村指定

矢垂十二社大明神の雌株のイチョウ（やだれじゅうにしゃだいみょうじんのめすかぶのいちょう）

●下高井郡野沢温泉村虫生2331-1
●平成8年3月25日指定

目通り幹囲4・55メートル、樹高23・5メートル

野沢温泉村のイチョウとしては第一の雌株巨樹。国道117号の矢垂大橋を渡り、すぐに右折すると集落のはずれにこのイチョウが見えてきます。ちょうど土地のお年寄りがしゃがみこんで、花を供えていました。

（●一般向き　●交通／JR飯山駅から車で25分）

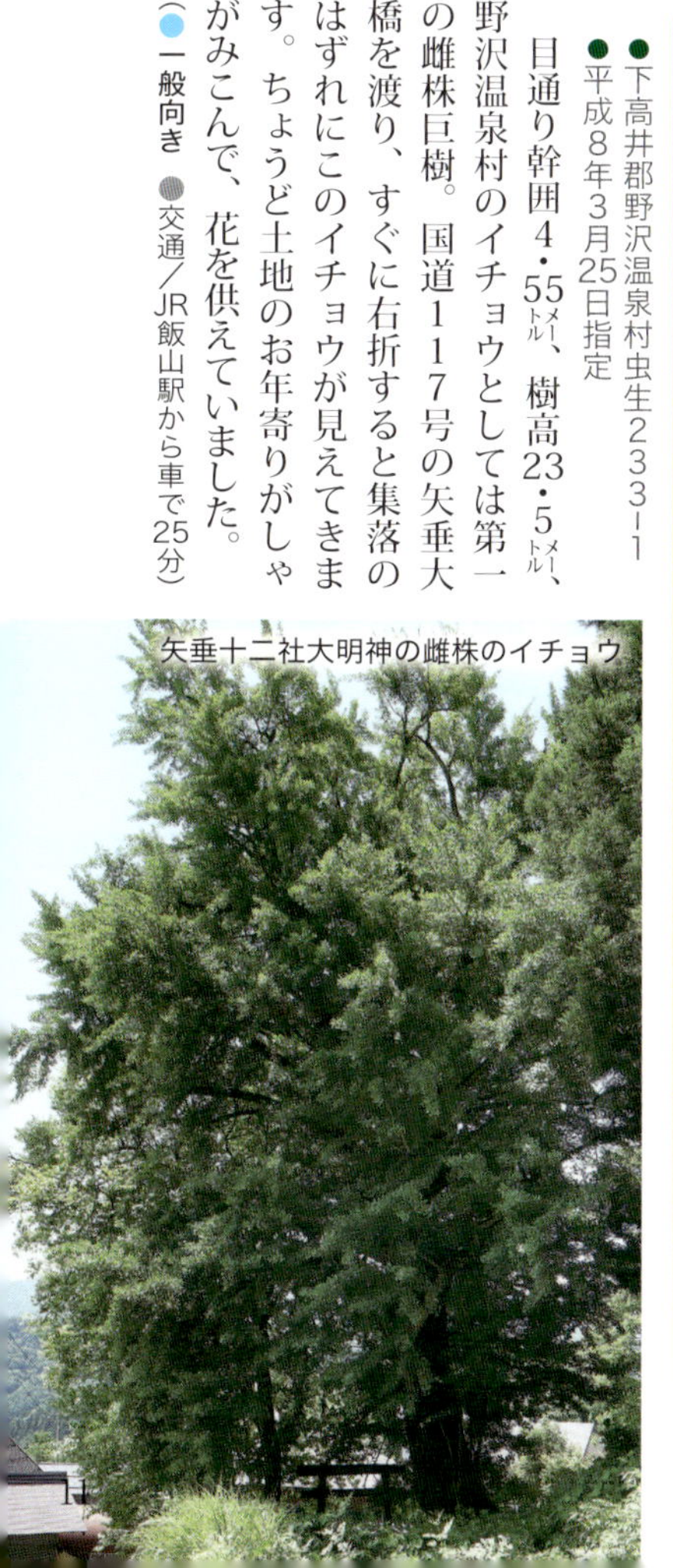

矢垂十二社大明神の雌株のイチョウ

村指定

御魂山の神代桜（みたまやまのじんだいざくら）

御魂山の神代桜

●下高井郡木島平村往郷6515-4
●昭和62年2月19日指定

馬曲（まくせ）温泉に向かう県道354号から少し右に入ったところに御魂山公園があり、そのシンボルのエドヒガンザクラです。

幹囲4.5メートル、樹高26メートルで樹齢は400年とされる老木で、誰言うとなく「神代桜」と称されて樹下で盛大な酒宴も催され、親しまれてきました。（花期／4月中～下旬）

（●一般向き ●交通／JR飯山駅から車で15分）

〈主な天然記念物〉

木島平村の天然記念物

村指定　内山のカヤ、往郷村役場跡のシダレザクラ、大イチョウ（長光寺）、カヤの平北湿原（北ドブ）、カヤの平南湿原（南ドブ）、鞍掛けの梨、浄蓮寺のボダイジュ、泉龍寺寺叢、大龍寺の大杉、天然寺寺叢、豊足穂神社のケヤキ、中町のコウヤマキ、福寿草、馬曲七曲のアスナロ、御魂山の神代桜、龍興寺清水（全16件）

※木島平村の天然記念物リストはP145に掲載されています。

村指定

浄蓮寺のボダイジュ（じょうれんじのぼだいじゅ）

●下高井郡木島平村穂高2970
●平成5年4月16日指定

浄蓮寺の本堂北側にあるシナノキ科の大木で、幹囲2・25メートル、樹高18メートル、樹齢推定約200年ともされます。

ボダイジュは仏教渡来とも関わりが深い木で、この地域では数少なく、大切に保護されてきました。

（●一般向き ●交通／JR飯山駅から車で15分）

浄蓮寺のボダイジュ

村指定

カヤの平北湿原（北ドブ）（たいらきたしつげん・きた）

●下高井郡木島平村上木島字木島山
●昭和60年1月5日指定

標高約1500メートル、7ヘクタールにも及ぶ広大な湿原で、ミズバショウがよく生育しています。また、7月に入ると湿原の遊歩道沿いにはニッコウキスゲや湿性植物が咲き競います。

北ドブ湿原へは、カヤの平牧場キャンプ場からブナの原生林を眺めつつ、約1時間弱のハイキング。平坦な歩きやすいコースで、ファミリーにもおすすめです。

（●一般向き ●交通／JR飯山駅から車で40分、さらに登山道40分）

ニッコウキスゲ咲く、カヤの平北湿原（北ドブ）

村指定

天然寺寺叢（てんねんじじそう）

●下高井郡木島平村上木島3336-イ
●昭和60年1月5日指定

杉並木（幹囲3・25メートル余、樹高約32メートル）の静まりかえった参道を進むと、本堂境内の中央には幹囲2.8メートル、樹高30メートルのコウヤマキが天を差すように立っています。杉並木の道沿いには、アジサイの緑がやさしさを添えます。

（●一般向き ●交通／JR飯山駅から車で10分）

天然寺寺叢

馬曲七曲のアスナロ

村指定

●下高井郡木島平村往郷5156−1
●昭和60年1月5日指定

秘湯として人気の馬曲温泉「望郷の湯」の東奥に、このアスナロがあります。目通り幹囲4.1メートル、樹高25メートルのアスナロの巨樹は全国的にも珍しいものです。見上げると、どっしりとした幹からは推定樹齢300年といわれる威厳が感じられます。

（●一般向き　●交通／JR飯山駅から車で20分）

馬曲七曲のアスナロ

龍興寺清水

村指定

●下高井郡木島平村穂高1282−4
●平成6年4月25日指定

龍興寺清水は「信州の名水・秘水」にも指定された湧水で、境内の小さな池から湧き出しています。入口には水汲み場があり、村民や常連の皆が訪れます。内山紙発祥の地で、内山紙づくりに利用した弘法大師の伝説から弘法清水ともいわれています。

（●一般向き　●交通／JR飯山駅から車で10分）

名水として親しまれる、龍興寺清水

大龍寺の大杉

村指定

●下高井郡木島平村上木島1566・1569・1570−ロ
●昭和60年1月5日指定

大龍寺は永禄8年（1565）に建立された約450年もの歴史ある古刹です。その参道には樹齢約250年とされる幹囲3.3メートル、樹高34・4メートルの大木をはじめ、8本の大杉が、立ち並んでいます。

（●一般向き　●交通／JR飯山駅から車で10分）

参道に立ち並ぶ巨杉、大龍寺の大杉

5 栄村

北信・北信地域

栄村の天然記念物

村指定　ユモトマユミ（全１件）

※栄村の天然記念物リストはP145に掲載されています。

天水山
JR飯山線
117
栄村役場
502
407
〈主な天然記念物〉
ユモトマユミ
小赤沢温泉
苗場山
405
秋山郷
0　4km

ユモトマユミ

村指定

●下水内郡栄村堺18339−3
●昭和62年6月24日指定

栄村の秋山郷は、江戸時代末期には鈴木牧之の「北越雪譜」で紹介され、「秋山のよさ節」や、トチ材を使った木鉢作りで知られる秘境の地です。

ユモトマユミの所在地の小赤沢は、役場のある村の中心地からは、一旦新潟県の津南町に出て中津川を遡り、再び長野県に入った最初の集落です。ここは山間の狭い平坦地で、ユモトマユミは街道から少し下った民有地内にあります。

民家の庭で農作業をしている方に尋ねたら、畑の先を指して、「当家の敷地内だが村道を通って行くと遠回りになるので、畑を通って行くように」と、親切に教えて下さいました。そこはよく整備された狭い平坦地で、所有者の墓所になっています。

天然記念物のユモトマユミはかなり大きく、樹勢、樹形も整っていて、よく手入れされていることが伺えます。案内板によれば、昭和62年（1987）に村指定の天然記念物になり、所有者は、山田直廣氏、樹齢200年以上、樹幹周囲長2・42メートル、樹高6.2メートルとあります。

ユモトマユミの標準和名はカントウマユミで、マユミとの違いは裏面葉脈上に突起状の短毛を密生することです。ユモトは、箱根湯元のことだといわれます。

（●コース要注意・所有者挨拶　●交通／JR飯山線森宮野原駅から車で60分、さらに徒歩5分）

秘境・秋山郷に伝わる、ユモトマユミ

国指定

十三崖（じゅうさんがけ）のチョウゲンボウ繁殖地（はんしょくち）

●中野市深沢・竹原　●昭和28年11月14日指定

十三崖は志賀高原を源とする夜間瀬川（よませがわ）が千曲川本流に合流する直前、そのすぐ北に位置する高社山の堆積した地層が侵食されてできた川沿いの垂直の大きな崖です。

「十三崖のチョウゲンボウ繁殖地」は、この崖の一部にあり、北岸延長300㍍、高さ約30㍍に及びます。チョウゲンボウなどの猛禽類は、ほとんど集団繁殖はしませんが、この地では、多くの穴などで春先、3～6月にかけて集団で営巣します。しかしながら、この10年ほどはその営巣状況も減少傾向にあり、保全整備事業が始まっています。

（●保護育成中　●交通／長野電鉄信州中野駅から車で15分）

夜間瀬川沿い、十三崖のチョウゲンボウ繁殖地

崖の小木に静止

崖沿いを飛翔する（2006年6月撮影）

〈 主な天然記念物 〉

JR北陸新幹線
柳沢のエドヒガン
高社山
豊田飯山IC
永江諏訪神社巨樹
292
十三崖のチョウゲンボウ繁殖地
上信越自動車道
高井大富神社のエノキ
信州中野
信州中野IC
403
如法寺のイチョウ
盛隆寺のイチイ
小内八幡神社社叢
長野電鉄長野線
0　2km

ふるさと通信

中野市十三崖のチョウゲンボウ繁殖地保全整備事業

国指定天然記念物「十三崖のチョウゲンボウ繁殖地」では、チョウゲンボウの営巣数が年々減少しており、平成30年は1つがいのみの営巣であった。その原因として、営巣場所の競合種であるハヤブサからの攻撃、好適な営巣場所の減少、主食のハタネズミの減少等が考えられる。

そこで、営巣数の回復を目的として平成29年度から平成31年度にかけ、中野市十三崖のチョウゲンボウ繁殖地保全整備事業を実施し、ハヤブサから逃避可能な巣穴の増設、地上性の天敵からのアプローチを妨げる崖面の植物除去、ハタネズミを高頻度で捕獲できる餌場の環境構造の解明を行っている。

中野市教育委員会　本村　健さん

中野市の天然記念物

国指定　十三崖のチョウゲンボウ繁殖地（全１件）

市指定　小内八幡神社社叢、盛隆寺のイチイ、高井大富神社のエノキ、永江諏訪神社巨樹、如法寺のイチョウ、柳沢のエドヒガン（全６件）

「柳沢のマユミ」、「新保豊田神社のクヌギ」（市指定）は平成29年、樹勢が衰え枯死する可能性が高く、倒木の危険があったため指定解除、伐採されました。

※中野市の天然記念物リストはP145に掲載されています。

市指定

柳沢（やなぎさわ）のエドヒガン

●中野市柳沢
●昭和59年5月29日指定

柳沢集落から滝の沢を500㍍ほど登ると、ふれあいの森公園と呼ばれる平坦地に出ます。ここに胸高直径1.5㍍、樹高22㍍の大きなエドヒガンがあります。エドヒガンは県内では稀に南部で自生しますが、大木になり花が美しいので、神社や仏閣の周囲によく植栽されます。人里離れたところに生育するこの桜は自生樹か？と思いたいところです。

ふれあいの森公園から、険しい沢を30分ほど登ると美しい不動滝があり、この場にも何らかの宗教施設があったものと思われます。恐らくこの木は植栽されたものでしょう。（花期／4月中旬頃）

（●一般向き　●交通／長野電鉄信州中野駅から車で30分、さらに徒歩30分）

柳沢のエドヒガン

市指定

高井大富神社のエノキ

●中野市大俣
●平成14年3月1日指定

最近完成した千曲川の輪中堤から見下ろすと、大俣集落の西側にこんもりとした社叢が見えます。数本の背の高い樹はケヤキで、天然記念物のエノキはその南にあり、葉の色がやや明るいので判別できます。神社の参道に立てばエノキの樹幹は太く、存在感があります。

（●一般向き　●交通／長野電鉄信州中野駅から車で10分）

高井大富神社のエノキ

市指定

永江諏訪神社巨樹

●中野市永江
●昭和57年11月1日指定

神社の社叢は杉林で、そのうちの大杉4本が天然記念物に指定されています。本殿の右側の大杉は、樹皮が右回りに捻じれていて風格があります。本殿の裏側には巨杉が3本、比較的狭い範囲に植えられています。巨杉の樹齢は600年以上とされ、永江諏訪神社が周囲の神社を合祀して今の規模になった歴史を感じさせます。社叢には他にも杉とコメツガの巨木があり、胸高直径が1.2メートルを超える杉の巨木は指定された樹の他に3本あります。

（●一般向き　●交通／JR飯山線替佐駅から車で15分）

永江諏訪神社巨樹

市指定

如法寺のイチョウ

●中野市中野
●昭和60年4月26日指定

東山の土人形資料館から如法寺の境内に登る坂道の崖上に、巨大な姿を見せています。

この樹は聖武天皇（701年生れ）の乳母が植えたと伝えられており、樹の根元に祠が祭られています。イチョウは古木になると、乳房状の気根が発生し、これは垂乳と呼ばれます。産婦は豊かな母乳の出ることをこの木に祈願しました。

（●一般向き　●交通／長野電鉄信州中野駅から車で10分）

如法寺のイチョウ

市指定

盛隆寺のイチイ

●中野市間山
●平成16年3月31日指定

イチイは防風、防火に優れるため神社、仏閣に多く植えられています。

盛隆寺の境内にあるイチイは胸高幹囲4メートルの巨木です。この木は樹盛がやや衰えていて、枯れ枝が目立ちます。幸い樹幹部から若い元気の良い枝が伸びてきているので、樹木医の適切な治療が望まれます。

（●一般向き　●交通／長野電鉄信州中野駅から車で15分、上信越自動車道信州中野ICから車で25分）

盛隆寺のイチイ

市指定

小内八幡神社社叢

●中野市安源寺
●平成5年4月30日指定

小内八幡神社は中世には武家の守護神として崇められ、江戸時代から昭和前期にかけて大きな馬市が開かれました。現在、神社は県道で二分され、本殿のある東部分の社叢は、拝殿横の大イチョウとその奥の杉林がみどころです。社叢の西半分は、かつて馬市が開催された参道で、ケヤキの大木が計15本立ち並びます。

（●一般向き　●交通／長野電鉄信州中野駅から車で15分、JR飯山線立ケ花駅から車で5分）

小内八幡神社社叢

幹囲4.85m、「大桜」の愛称

市指定 延命地蔵堂の桜

●須坂市豊丘1078-2
●昭和47年3月1日指定

樹齢推定400年、須坂市内最古級かつ最大級の桜で、地元では「大桜」と呼ばれ親しまれてきました。幹囲4・85メートル、樹高約10メートル。樹種はエドヒガンで根元の周囲は6メートルほどもあり、県道346号沿いに見事なばかりの花姿を見せてくれます。（花期／4月中～下旬）

（●一般向き ●交通／長野電鉄須坂駅から車で20分）

須坂市の天然記念物

※須坂市の天然記念物リストはP145に掲載されています。

県指定	大柳及び井上の枕状溶岩（全1件）
市指定	延命地蔵堂の桜、小坂神社社叢、大日向観音堂しだれ桜、亀倉神社の桜、臥竜山根あがりねじれ松、臥龍梅、熊野神社のエノキ、高顕寺の桜、広正寺のエドヒガン、金毘羅山の桜、墨坂神社社叢、仙仁山のハルニレ、大広院のカヤノキ、大広院の桜、長みょう寺の桜、東照寺の桜、豊丘の穴水、西五味池のモミの木、野辺のオオムラサキ、萬龍寺のクマスギ、萬龍寺の桜、別府のオニグルミ、弁天さんのしだれ桜、洞入観音堂のイチョウ、ミヤマツチトリモチ（全25件）

県指定 大柳及び井上の枕状溶岩

●長野市若穂綿内9960-1、須坂市井上3274
●平成4年2月20日指定

枕状溶岩は、約2000万年前に活動した海底火山の産物で、その後の地殻変動により地表に現れたといわれます。長野市若穂から須坂市井上にかけて分布し、日本海の誕生と信州への海の進入を物語るものです。

枕状溶岩は、溶けた溶岩が水の中に入った時にできたもので、直径40～50センチメートル、枕というより俵のような岩塊が多数積み重なっています。

（●一般向き ●交通／JR長野駅から車で25分、長野電鉄須坂駅から車で15分）

井上の枕状溶岩

市指定 広正寺のエドヒガン

広正寺のエドヒガン

●須坂市野辺669
●平成6年9月1日指定

幹囲約4・29メートル、樹高約17メートル、樹齢推定約300年。古木ですが幹に傷もなく、樹姿も整っています。

エドヒガンとしても県下有数の大きさで、傘状に梢を広げ、美しい花姿です。周辺は果樹園に囲まれ、のどかな里の雰囲気が似合います。（花期／4月中旬頃）

（●一般向き ●交通／上信越自動車道須坂長野東ICから車で5分）

市指定 洞入観音堂のイチョウ

●須坂市豊丘字洞入2638-1
●平成23年3月31日指定

洞入観音堂は、宝永7年（1710）に建立され、明和7年（1770）に建て替えられていますが、イチョウは旧堂の創建時に参道入口に植えられたと推定されます。樹齢推定約300年の古木ですが、樹勢旺盛で、観音堂を覆い守るかのようです。

（●一般向き ●交通／長野電鉄須坂駅から車で15分）

洞入観音堂のイチョウ

市指定

墨坂神社社叢

●須坂市墨坂1-8-1
●昭和61年10月17日指定

須坂市街地の中心部に位置し、地域の憩いの場としても親しまれています。飛鳥時代の白鳳2年(674)創建とも伝えられ、1.5ヘクタールの広大な境内にはケヤキの巨木を主とした社叢が広がり、チゴハヤブサやアオバズクなどの営巣を見ることもできます。

(●一般向き ●交通/長野電鉄須坂駅から車で5分)

墨坂神社社叢

市指定

小坂神社社叢

●須坂市井上2578
●昭和61年10月17日指定

小坂神社は『延喜式』にも記載されている古い神社で、延喜5年(905)に信濃源氏の祖、井上氏が氏神として祀ったと伝わります。

境内の周囲は土居に囲まれ、社叢は樹齢300~600年のケヤキの大木21本を主とした鬱蒼とした森となっています。

(●一般向き ●交通/長野電鉄須坂駅から車で10分)

小坂神社社叢

市指定

臥竜山根あがりねじれ松

●須坂市臥竜3丁目ほか
●平成元年10月1日指定

臥竜山北峰より南東に伸びる稜線にのみ見られる特異な松です。激しくねじれた根が地表に露出した姿はまさしく龍を連想させます。これは表層土が薄く、その下部は泥岩のため根が深く入れないことや、風の向きなどによるといわれています。

(●一般向き ●交通/長野電鉄須坂駅から車で5分、さらに徒歩15分)

臥竜山根あがりねじれ松

市指定

臥龍梅

(●一般向き ●交通/長野電鉄須坂駅から車で5分)

●須坂市臥竜3-3-1(興國寺)
●平成4年1月4日指定

ふるさと通信

我が家から10分ほどの臥竜山の裾野、名刹・興國寺の境内には、樹齢約400年の臥龍梅があります。花は淡紅色で枝張りが14メートルあり、戦国時代の武将・塙団右衛門が朝鮮出兵の際に持ち帰り、植えたと伝えられています。竜のようにねじれ伸びた古木を見ていると、生命力のパワーをもらえます。(花期/4月上~中旬)

須坂市在住　大塚 絹子さん

市指定

西五味池のモミの木

●須坂市豊丘3321-1
●平成24年2月29日指定

レンゲツツジで知られる五味池破風高原自然園の一角にあるモミ(ウラジロモミ)の巨木。幹囲4・85メートル、樹高約25メートル。根元は空洞化していますが、表皮は厚く発達しています。深い谷地形と周囲の樹林帯により約300年もの間、災害から守られてきました。

(●コース要注意 ●交通/長野電鉄須坂駅から車で50分、さらに登山道30分)

西五味池のモミの木

市指定

豊丘の穴水

●須坂市豊丘3321-22
●平成24年2月29日指定

須坂市の東端、破風高原の一角に高さ35メートル、幅30メートルもの大岩盤があり、その洞窟の奥天井や岩壁をしたたり落ちている岩清水です。

この一帯はかつて須坂藩主の御鷹野で、鷹狩りの時には必ず穴水を所望したと伝えられています。

(●一般向き ●交通/長野電鉄須坂駅から車で40分、さらに徒歩5分)

豊丘の穴水

8

高山村（たかやまむら）

北信・長野地域

樹高22m、水中の枝垂れ桜

村指定

水中の枝垂れ桜

●上高井郡高山村高井字滝ノ入1259-1
●平成13年3月30日指定

高山村内にある坪井、黒部、赤和観音、中塩と並ぶ「信州高山五大桜」のひとつ。水中の山すそにあり、優美ですらりとした樹姿で満開時には薄紅色の滝の如く咲きほこります。

樹齢270年以上、樹高は22メートルを超える大樹。鹿島神社の境内にあるため「鹿島のしだれ桜」とも呼ばれています。映画「北の零年」の冒頭シーンのロケ地にもなり、多くの観光客が訪れます。

（花期／4月中～下旬）

（●一般向き ●交通／長野電鉄須坂駅から車で20分、上信越自動車道須坂長野東ICから車で20分）

坪井の枝垂れ桜

村指定

坪井の枝垂れ桜

●上高井郡高山村中山坪井4117
●平成13年3月30日指定

信州高山五大桜のひとつ。村一番の長寿桜であり、その樹齢は約600年ともいわれます。樹高は12メートル、幹囲は8.1メートルもあり、どっしりとした老樹の気品が漂う美しい桜です。

小布施町出身の日本画家、中島千波氏が描く絵画の題材にもなった桜です。（花期／4月中～下旬）

（●一般向き ●交通／長野電鉄須坂駅から車で20分、上信越自動車道須坂長野東ICから車で20分）

〈主な天然記念物〉

坪井の枝垂れ桜
高山村歴史民俗資料館
高山村役場
黒部のエドヒガン桜
水中の枝垂れ桜
鞍掛山産出のハダカイワシ属の化石
笠ヶ岳
山田温泉
山田牧場
七味温泉
0 3km

高山村の天然記念物

村指定 黒部のエドヒガン桜、坪井の枝垂れ桜、水中の枝垂れ桜、鞍掛山産出のハダカイワシ属の化石（全4件）

※高山村の天然記念物リストはP144に掲載されています。

村指定

黒部のエドヒガン桜

●上高井郡高山村高井字前原3740
●平成13年3月30日指定

信州高山五大桜のひとつ。村を見下ろす高台の田園の中に佇む大樹です。

樹齢500年を超え、樹高13メートルで五大桜の中で唯一のエドヒガンです。赤みの濃い花と周囲に咲く菜の花、北信五岳とのコラボレーションが見事です。（花期／4月中～下旬）

（●一般向き ●交通／長野電鉄須坂駅から車で20分、上信越自動車道須坂長野東ICから車で20分）

優雅な樹姿、黒部のエドヒガン桜

村指定

鞍掛山産出のハダカイワシ属の化石

●上高井郡高山村牧1629（高山村歴史民俗資料館）
●平成18年3月27日指定

2300万年ほど前には高山村は、フォッサマグナと呼ばれる海溝の海の底であったといわれています。約1600万年前のものと思われるこの化石は、当時堆積した地層が隆起して鞍掛山となった証として、当時の地形を知る上でも貴重なものです。

（●一般向き・入館料 ●交通／長野電鉄須坂駅から車で20分）

「月と星」。ナウマンゾウの牙とヤベオオツノジカのツノが並んで出土した。「月と星」とよばれて野尻湖を代表する化石のひとつとなっている。第5次発掘、1973年。

県指定 野尻湖産大型哺乳類化石群（ナウマンゾウ・ヤベオオツノジカ・ヘラジカ）

●上水内郡信濃町野尻287-5（野尻湖ナウマンゾウ博物館）
●平成26年9月25日指定

小中学生をはじめ、全国から集まった2万2千人以上の人たちによって50年以上続けられている野尻湖底の発掘により得られた大型哺乳類化石群で、野尻湖畔の「野尻湖ナウマンゾウ博物館」に収蔵展示されています。

野尻湖産のナウマンゾウ化石は約30万年を超える生息期間のうち、最後期の特徴を示しており貴重といわれ、同時に、国内のナウマンゾウ化石全体の中でも、骨格や個体変異の研究に欠かせない標本群です。

また、ヤベオオツノジカやヘラジカの化石も同時に出土しており、旧石器時代（およそ4万年前頃）の哺乳動物群と、それらを野尻湖畔で狩猟していた人々の姿も思い浮かばれることでしょう。

（●一般向き・入館料 ●交通／しなの鉄道北しなの線黒姫駅から車で10分）

ナウマンゾウ復元模型

最初に発見されたナウマンゾウ臼歯▶

町指定 菅川神社の大杉群

●上水内郡信濃町古海3999-1（菅川神社）
●平成20年10月20日指定

野尻湖の東端、古海地域にある菅川神社境内にはいくつもの大杉が聳えていますが、特に大きい3本が指定されています。推定樹齢約1000年とされ、拝殿前の大杉は目通り幹囲8.2メートル、樹高48・5メートル。他の2本もそれに近い大きさです。

（●一般向き ●交通／しなの鉄道北しなの線黒姫駅から車で25分、上信越自動車道信濃町ICから車で20分）

菅川神社の大杉群

〈主な天然記念物〉

町指定 行善寺のタキソジュウム

●上水内郡信濃町古間541
●平成28年3月25日指定

タキソジュウム属は、古代に繁栄したメタセコイア属とともに「生きた化石」として知られる稀少種。「行善寺のタキソジュウム」は目通り幹囲4.1メートル、樹高25メートル、明治43年（1910）植樹といわれ、信仰心を育む木として地域に愛されてきました。

（●一般向き ●交通／しなの鉄道北しなの線黒姫駅から車で10分）

行善寺のタキソジュウム

信濃町の天然記念物

県指定	野尻湖産大型哺乳類化石群（ナウマンゾウ・ヤベオオツノジカ・ヘラジカ）（全1件）
町指定	行善寺のタキソジュウム、菅川神社の大杉群（全2件）

※信濃町の天然記念物リストはP144に掲載されています。

県指定 袖之山のシダレザクラ

●上水内郡飯綱町袖之山字浦之久保521-3
●平成17年3月28日指定

樹高9メートル、枝張り12～14メートル、目通り幹囲5.1メートル、樹齢300年以上といわれ、どっしりとした主幹と四方に垂れる樹姿は素晴らしい。満開の花は半円を描くように咲き誇り、その背後には北信五岳のひとつ、飯縄山も望めます。(花期／4月中～下旬頃)

●一般向き ●交通／しなの鉄道北しなの線牟礼駅から車で15分、上信越自動車道信州中野ICから車で30分

袖之山のシダレザクラ／（上）南側（下）北側

※飯綱町の天然記念物リストはP144に掲載されています。

飯綱町の天然記念物

県指定	地蔵久保のオオヤマザクラ、袖之山のシダレザクラ（全2件）
町指定	黒川桜林のエドヒガン、高坂りんご、高岡神社の杉、トウギョ及びその生息地、舟石、四ツ屋のエノキ（全6件）

〈主な天然記念物〉

県指定 地蔵久保のオオヤマザクラ

●上水内郡飯綱町地蔵久保字北原308-1
●平成17年3月28日指定

長野市街地から県道長野信濃線の坂中トンネルを抜けると、すぐ左手の小さな丘の上に座しています。紅の濃い花を枝いっぱいに咲かせる姿はひときわ華やか。幹囲5.1メートル、樹高約20メートル、樹齢は100年以上、近くの山から移植されたものと伝わります。(花期／4月中～下旬)

●一般向き ●交通／しなの鉄道北しなの線牟礼駅から車で15分、上信越自動車道信州中野ICから車で30分

町指定 四ツ屋のエノキ

●上水内郡飯綱町牟礼998
●平成25年8月26日指定

旧・北国街道のかたわらに「四ツ屋のエノキ」があり、すぐ隣には「四ツ屋一里塚」(町指定史跡)も並び、古道の趣きを感じさせます。

●一般向き ●交通／しなの鉄道北しなの線牟礼駅から車で5分

四ツ屋のエノキ

町指定 高岡神社の杉

●上水内郡飯綱町川上687
●昭和45年11月6日指定

樹高40メートル、幹囲3.5～4.7メートルもの大杉が鳥居の奥に立ち並びます。いずれも主幹をすっくと立ち上げた端正な杉で、遠目にもよく映えます。

●一般向き ●交通／しなの鉄道北しなの線牟礼駅から車で15分

高岡神社の杉

高坂りんご

町指定

●上水内郡飯綱町柳里
●平成17年2月1日指定

「高坂りんご」は古代に大陸から渡来した和リンゴの一種です。かつて高坂地区で盛んに栽培されていたことが名の由来です。近代に西洋リンゴが普及すると絶滅寸前になりましたが、地元の農業・米澤稔秋さんが復活に取り組み、現在は栽培農家も増えています。指定木は米澤さんの原木2本です。

特徴は、西洋リンゴに比べ花期（4月中〜下旬）も収穫期（8月下旬）も早いことです。花は大きくて美しく、実は小さいながらも色も味も香り豊かで美味です。

（●コース要注意 ●交通／しなの鉄道北しなの線牟礼駅から車で10分、上信越自動車道信州中野ICから車で35分）

舟石

町指定

●上水内郡飯綱町袖之山5540-3
●平成15年1月28日指定

長径9.6メートル、短径5.3メートル、高さ4.3メートル余りの巨岩で、飯縄山の火山活動に伴う「岩屑なだれ」によるものとみられます。

（●一般向き ●交通／しなの鉄道北しなの線牟礼駅から車で10分）

舟石

ふるさと通信

父・稔秋から「高坂りんご」を引き継ぎ、現在は指定木2本を含む4本を育てています。江戸時代から高坂地区は、花の名勝といわれたとおり、高坂りんごの花の盛りは見事です。明治時代まで、お盆用に善光寺門前で売られていた実は、現在地元ワイナリーに出荷し、シードルになって販売されています。

（花期・4月中〜下旬）

原木所有者　米澤 紀之さん

11 小布施町

北信・北信地域

雁田のヒイラギ

県指定

●小布施町雁田
●平成23年9月29日 指定

（●一般向き ●宅地内要申請 ●交通／長野電鉄小布施駅から車で10分、または徒歩30分）

ふるさと通信

樹齢700年以上とされる柊（ヒイラギ）の木は、毎年冬の訪れを教えてくれる古木です。10月下旬から11月上旬には、白色の小さな花が咲き、広く回りに香りを漂わせる（モクセイ香）。「いよいよ冬がやって来るぞ！」と季節の変わりを感じるときでもある。

ほとんどの葉は、ヒイラギの特徴でもあるトゲがなく、丸くなっているのも珍しい。遠い昔、厄除けとして植えられたと考えられ、この地を見守りながら700年以上という永い年月元気にしっかりと根を下ろしている古木を見ていると、感慨深いものがある。

所有者　呉羽 敏正さん

▲晩秋に咲くヒイラギの花

▲呉羽さんと威厳あるヒイラギ

◀呉羽家の過去帳には祖父（雅号・陽山）が天然記念物について書き残しており、昭和22年「都住（つすみ）のヒヒラギ」として最初に県の天然記念物に指定された経緯とともに、一詩を詠んでいる。後に県指定より一時解除されたが、平成23年9月に再び「雁田のヒイラギ」として指定を受け今に至る。

小布施町の天然記念物

県指定　雁田のヒイラギ（全1件）

※小布施町の天然記念物リストはP144に掲載されています。

12 **長野市**（ながのし）

北信・長野地域

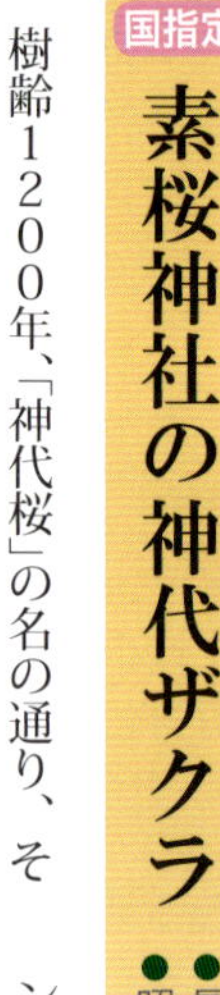

国指定

素桜神社の神代ザクラ

●長野市泉平素桜513
●昭和10年12月24日指定

樹齢1200年、「神代桜」の名の通り、その大きさ、優美な樹姿、淡紅色の花の美しさ、そして長い歳月を経た風格、どれをとっても長野県下随一の名桜といえるでしょう。根元周囲は約9㍍、地上3～4㍍で大きく枝分かれし、幹囲は11・3㍍もあり四方へ大枝を伸ばしています。樹種はエドヒガンで国指定は国内では2件だけです。保護の手が加えられて樹勢は蘇り、4月下旬頃の開花期は枝いっぱいの鮮やかな花で見事のひとことに尽きます。（花期／4月下旬頃）

●一般向き ●交通／JR長野駅から車で25分

（撮影・竹内伊吉）

根元周囲約9m、大きく枝分かれして広がる

〈 主な天然記念物 〉

奥裾花自然園の巨木群
奥裾花自然園のモリアオガエル繁殖地
ハチノス状風化岩など
甌穴（ポットホール）
戸隠神社奥社社叢
戸隠中社の三本杉
戸隠猿丸とどの七本松
百舌原のカスミザクラ
百舌原のシナノキ
つつじ山のアカシデ
堤の大コブシ
泉平伊勢社の大ケヤキ
殿屋敷のシダレイチョウ
峠のカツラ
新井のイチイ
豊岡のカツラ
深谷沢の蜂の巣状風化岩
素桜神社の神代ザクラ
皇足穂命神社の大杉
稲田のエノキ
富竹のビャクシン
金刀比羅神社神代桜
中村のサルスベリ
湯福神社のケヤキ
吉田のイチョウ
戸隠田頭の巌窟観音堂の大杉
大昌寺鎮守の大杉
赤岩のトチ
国見のイチイ
戸隠川下のシンシュウゾウ化石
日下野のスギ
塩生のエドヒガン
戸隠平出の夫婦栂
大柳の枕状溶岩
真島のクワ
戸隠下祖山建代神社のしだれ桜
サワラとヒヨクヒバのキメラ
塚本のビャクシン
山穂刈のクジラ化石
裏沢の絶滅セイウチ化石
菅沼の絶滅セイウチ化石
大口沢のアシカ科化石
中郷神社の社叢
矢沢家のヒムロ
象山のカシワ
芦ノ尻の大ケヤキ
芦ノ尻のエノキ

戸隠山 飯縄山 JR飯山線 北しなの線 長野電鉄長野線 善光寺 長野 須坂長野東IC 長野IC 更埴IC 上信越自動車道 JR北陸新幹線 しなの鉄道 0 3km

※長野市の天然記念物リストはP143～144に掲載されています。

長野市の天然記念物

国指定　素桜神社の神代ザクラ（全1件）

県指定　新井のイチイ、山穂刈のクジラ化石、裏沢の絶滅セイウチ化石、菅沼の絶滅セイウチ化石、大口沢のアシカ科化石、大柳及び井上の枕状溶岩、奥裾花自然園のモリアオガエル繁殖地、日下野のスギ、象山のカシワ、塚本のビャクシン、つつじ山のアカシデ、戸隠神社奥社社叢、戸隠川下のシンシュウゾウ化石、豊岡のカツラ、深谷沢の蜂の巣状風化岩、真島のクワ（全16件）

市指定　奥裾花自然園の巨木群（トチ・ブナ・ミズナラ・シナノキ・ヤチダモ・コハウチワカエデ）、赤岩のトチ、国見のイチイ、堤の大コブシ、戸隠猿丸とどの七本松、戸隠田頭の巌窟観音堂の大杉、吉田のイチョウ、他（全70件）

県指定

戸隠神社奥社社叢

●長野市戸隠奥社3689-2
●昭和48年3月12日指定

戸隠神社は平安時代から修験道が行われ、日本有数の霊地となってきましたが、その社叢は面積50万平方メートルにわたる原生林で、ウラジロモミ・ハルニレなどの大木が林立し、ミズバショウなどの下草も豊富です。また、約80種の野鳥が生息する日本有数の野鳥の宝庫ともなっています。

奥社への参道両側には、樹齢約450年に及ぶ230本ものクマスギの杉並木が立ち並び、威厳と静寂をもたらしてくれます。しかし、平成29年の台風21号により3本が倒れ、樹木医により樹勢の衰えも診断され、本格的な保全対策が始まっています。

（●一般向き　●交通／JR長野駅から車で50分、さらに徒歩30分で杉並木）

クマスギの巨木の杉並木、戸隠神社奥社社叢

県指定

日下野のスギ

●長野市中条日下野天神平3838
●昭和37年7月12日指定

大内山神社の御神木として、地元では「神代杉」とも呼ばれ、目通り幹囲11・1メートルは長野県下の杉では「月瀬の大スギ」（下伊那郡根羽村）に次ぎ第2位。樹高は35メートル、樹齢1300年以上ともいわれますが不明です。林道から10分ほどの山中にあり、その根元には露に濡れたドクダミの花が密集していました。

（●コース要注意　●交通／JR長野駅から車で45分、さらに徒歩10分）

日下野のスギ(県下第2位の巨杉)

県指定

新井のイチイ

●長野市鬼無里新井8973-8
●昭和37年7月12日指定

農道から人気のない山道に入り、20分ほど登ると小さな社があり、それを覆い守るかのように、目通り幹囲6.5メートル、樹高20メートル、推定樹齢300年以上の巨木がたたずんでいます。樹勢はやや衰えているようにも見えますが、長野県内でも屈指のイチイ巨木です。

（●コース要注意　●交通／JR長野駅から車で50分、さらに山道徒歩20分）

新井のイチイ

県指定

豊岡のカツラ

●長野市戸隠豊岡大中1681
●昭和37年2月12日指定

旧・戸隠村役場から西への車道を200メートルばかり進むと、集落の一角に目通り幹囲11メートル、樹高25メートル、推定樹齢伝承800年といわれる「豊岡のカツラ」が現れます。

カツラとしては県下随一の大きさで、根元に立ってもその全体が見えません。すぐ横のお宅にご挨拶し、庭先から拝見することに…。思いがけず、このお宅は親鸞上人の霊跡守護所で、ご説明までいただきました。

（●一般向き・所有者挨拶　●交通／JR長野駅から車で40分）

県下随一の大きさ、豊岡のカツラ

県指定

つつじ山（やま）のアカシデ

●長野市豊野町川谷字日影3886−3
●平成15年9月16日指定

アカシデはカバノキ科の落葉広葉樹で全国に分布しますが、県内では珍しく、このアカシデは幹囲4・24メートル、樹高12メートルと長野県唯一の巨木であり、全国的にも稀な大木です。

アカシデの名は、シデ科樹木のうち、芽吹き前の芽や若葉が赤く、また秋に本種だけが紅葉することから名付けられました。鳥居川の右岸の「つつじ山」山腹にあります。

（●一般向き ●交通／JR飯山線豊野駅・しなの鉄道北しなの線豊野駅から車で15分、さらに徒歩5分）

芽吹き前には芽や若葉が赤い

つつじ山のアカシデ（11月上旬）

県指定

真島（ましま）のクワ

●長野市真島町真島627
●昭和37年9月27日指定

真島集落内に立つクワの古木で、目通り幹囲3.4メートル、樹高12メートル、かつては根元から3本の幹が伸びていましたが、2本は枯れてしまった今でも迫力は充分です。

案内板によれば、江戸時代松代藩の中澤源八がクワの優良苗を探し求めて植えたとのこと。この由来から地元では「源八グワ」と呼ばれてきました。

（●一般向き ●交通／JR長野駅から車で15分）

地元の愛称「源八グワ」

真島のクワ

県指定

塚本（つかもと）のビャクシン

●長野市若穂川田塚本1109−2
●昭和48年9月13日指定

ビャクシンは、ヒノキ科の常緑樹で、本州・四国・九州に自生し、特に太平洋岸近くに多く見られます。

「塚本のビャクシン」は樹高21メートルの巨木で、どっしりした安定感のある樹姿を見せてくれます。尚、個人の方の宅地内で、庭先には休み処もありますが、宅地内に入る時はお声をかけて見学して下さい。

（●一般向き・所有者挨拶 ●交通／JR長野駅から車で30分）

どっしりと安定感のある樹姿

塚本のビャクシン

県指定

象山（ぞうざん）のカシワ

●長野市松代町西条象山541−1
●昭和43年3月21日指定

長野県下随一のカシワの巨木で、幹囲4メートル、樹高15メートル、推定樹齢約400年の名木です。

象山の峰（竹山城）の頂上南側斜面にあり、麓からは徒歩30分あまりの急な山道の登りとなります。太くたくましい樹姿は見事で、その樹下でしばし足を休めるのも良いでしょう。

尚、麓には戦時中に掘られた「松代大本営地下壕」があり、貴重な歴史遺産として公開されています。

（●コース要注意 ●交通／JR長野駅から車で25分、さらに登山道30分）

長野県下第1位のカシワ巨木、象山のカシワ

県指定

山穂刈のクジラ化石／裏沢の絶滅セイウチ化石／菅沼の絶滅セイウチ化石／大口沢のアシカ科化石 など

●長野市信州新町上条87-1（信州新町化石博物館）
●山穂刈のクジラ化石／昭和54年12月17日指定　●その他3件／平成19年1月11日指定

約500万年前、日本海につながる大きな湾であった信州新町周辺にはさまざまな化石が産出されていますが、信州新町化石博物館には4つの長野県指定の天然記念物が収蔵展示されています。

（●一般向き・入館料　●交通／JR長野駅から車で30分）

▼山穂刈のクジラ化石

裏沢の絶滅セイウチ化石の頭部完全復原模型▼

菅沼の絶滅セイウチ化石（頭骨）レプリカ▼

●**山穂刈のクジラ化石**
昭和13年（1938）に山穂刈で多くの部分が発見されましたが、戦時中のため放置され崩落、昭和42年再調査の結果、頭骨を発見採集。

●**裏沢の絶滅セイウチ化石**
鮮新世に広く分布した絶滅セイウチ（オントケトゥス）の仲間。左上顎犬歯を欠いているがほぼ完全な頭蓋です。長野市中条裏沢より採集。

●**菅沼の絶滅セイウチ化石**
鮮新世に広く分布した絶滅セイウチ（オントケトゥス）の仲間の頭蓋化石。長野市信州新町越道より採集。

●**大口沢のアシカ科化石**
1300万年前の化石で、世界最古のアシカ科化石です。この標本から、アシカ科の初期の進化過程が解明できる貴重な標本です。

県指定

戸隠川下のシンシュウゾウ化石

●長野市戸隠栃原3400（戸隠地質化石博物館）
●平成6年2月17日指定

約300万年前、戸隠周辺など長野の大地には体高4mにもなる日本最大級のゾウが生息しており、その化石が一人の小学生により裾花川の近くで偶然発見されました。

昭和58年（1983）に発掘されて研究が始まり、このゾウは約500万年前に陸続きだった中国大陸から渡来。ナウマンゾウより古いタイプで、屋根状の臼歯を持つステゴドン科の大型種であることなどがわかりました。

（●一般向き・入館料　●交通／JR長野駅から車で40分）

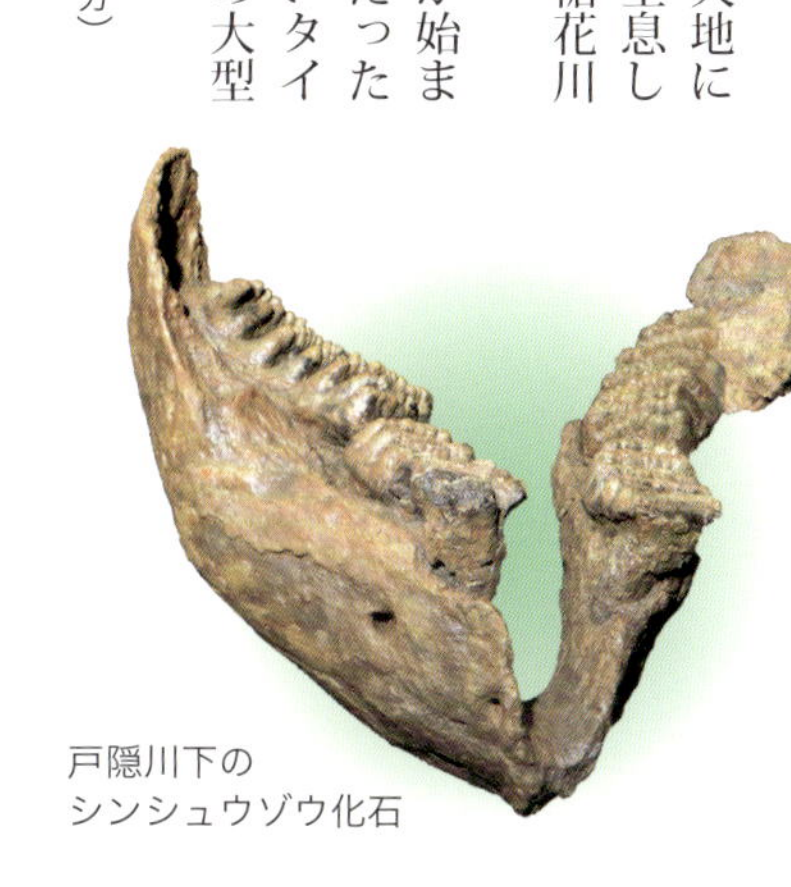

戸隠川下のシンシュウゾウ化石

県指定

奥裾花自然園のモリアオガエル繁殖地

●長野市鬼無里日影（奥裾花自然園）
●平成12年9月21日指定

奥裾花自然園の森林内にある吉池や古池、奥裾花社前池、ひょうたん池はモリアオガエルの繁殖地で、6月下旬頃には、池畔の枝上に綿飴のような色と形の卵塊が見られます。

モリアオガエルはこの頃、樹上で交尾し、泡状の卵塊の中に数百もの卵を産み付けます。特に吉池畔にあるトチの大木には地上20m位までの高枝にも多数の卵塊が見られます。

（●一般向き・入園料　●交通／JR長野駅から車で1時間30分、さらに徒歩60分）

吉池と池畔の卵塊（6月下旬）

県指定

深谷沢の蜂の巣状風化岩

●長野市鬼無里字横倉1221
●昭和62年8月17日指定

深谷沢に沿う林道を、上流に2キロメートル程進み、さらに右手の「女バチワ」の右岸を1.4キロメートル程歩くと、道の左に高さ約5メートル、幅約3メートルの岩壁が現れます。これが蜂の巣状風化岩です。

岩の表面には無数の蜂の巣のような穴が空いており、最大の穴は直径約20センチメートル、さまざまな大きさや深さがあります。約1000万年前、海底にたまった砂岩がその後、海底が隆起し、何らかの影響を受けてこうした不思議な形になったものと考えられます。最近の説では、岩石からしみ出た化学成分によるのではといわれます。

（●コース要注意　●交通／JR長野駅から車で50分、さらに徒歩30分）

岩壁に空けられた無数の穴。深谷沢

市指定

奥裾花自然園の巨木群（今池湿原のミズバショウなど）

●長野市鬼無里日影（奥裾花自然園）
●平成20年3月27日指定

奥裾花自然園全体は、巨大トチ・ブナ・ミズナラなどの巨木群となっています。樹齢推定約200〜400年といわれ、日本海側のチシマザサ・ブナ帯を代表する原生林です。

また、自然園内の今池湿原（市天然記念物）は面積約4ヘクタール、圧倒的なミズバショウの群生地です。その数は約80万本。本州第一を誇っていますが、名にしおう豪雪地のため開花はその年の残雪量により5月初旬〜下旬となります。

（●一般向き・入園料　●交通／JR長野駅から車で1時間30分、さらに徒歩60分。）

本州第一のミズバショウ群生と巨木群

県指定

大柳及び井上の枕状溶岩

●長野市若穂綿内9960-1、須坂市井上3274
●平成4年2月20日指定

この枕状溶岩は長野市若穂と須坂市井上に見られます。写真は長野市若穂大柳のものですが、いずれも県の天然記念物に指定されています。

（●一般向き　●交通／JR長野駅から車で25分、長野電鉄須坂駅から車で15分）

大柳の枕状溶岩

市指定

ハチノス状風化岩／千畳敷岩／甌穴（ポットホール）奥裾花のケスタ地形／アズメ沢の化石群　など

●長野市鬼無里日影（奥裾花渓谷）
●平成17年1月1日指定

奥裾花自然園に至る奥裾花渓谷沿いには、ハチノス状風化岩や巨大な千畳敷岩、甌穴などをはじめ、次々と地史を物語る雄大な地質現象が現れます。ここは日本を代表するジオパークともいえるでしょう。

（●一般向き　●交通／JR長野駅から車で1時間30分）

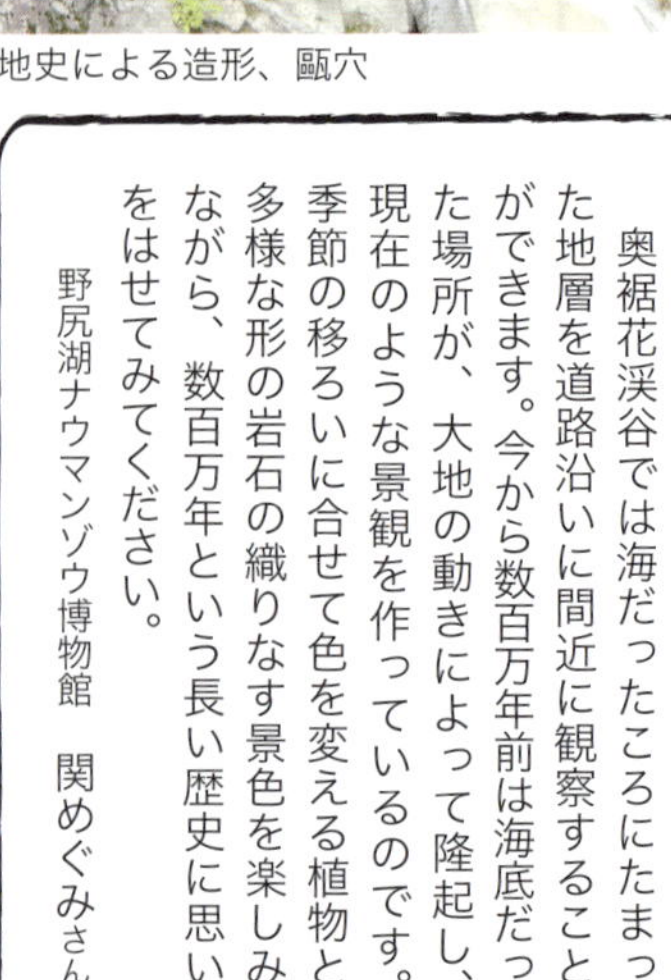

地史による造形、甌穴

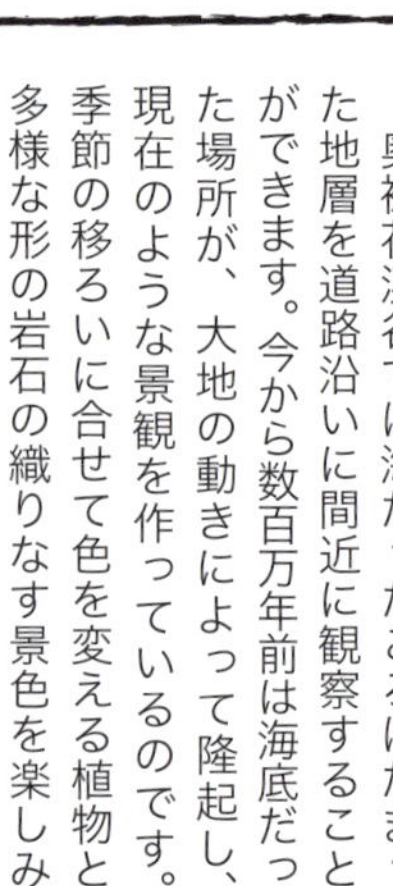

ふるさと通信

奥裾花渓谷では海だったころにたまった地層を道路沿いに間近に観察することができます。今から数百万年前は海底だった場所が、大地の動きによって隆起し、現在のような景観を作っているのです。季節の移ろいに合せて色を変える植物と多様な形の岩石の織りなす景色を楽しみながら、数百万年という長い歴史に思いをはせてみてください。

野尻湖ナウマンゾウ博物館　関めぐみさん

赤岩のトチ

市指定

●長野市七二会1744
●昭和42年11月1日指定

この巨木は市指定ながら、ぜひ一度は訪ねてほしいと思います。目通り幹囲12・4メートル、樹高約20メートル、推定樹齢は約1300年といわれ、読売新聞社主催の「新・日本名木100選」にも入っています。

山中の細い車道を20分ほど走ると標識があり、少し下った森の中に巨木が望めます。一見、2本の木のようですが、まぎれもなく1本の巨木。静まり返った山中、時空を超越したかのような存在感です。

(●コース要注意 ●交通/JR長野駅から車で40分、さらに徒歩5分)

日本離れした(?)巨木、赤岩のトチ

戸隠猿丸とどの七本松

市指定

●長野市戸隠豊岡
●平成17年1月1日指定

根元近くから大きく二股に分かれ、東側の目通り幹囲約4.2メートル、西は5メートルで枝は東西南北に20メートル近く広がっています。

樹齢は約400年、かつては7本の太枝に分かれていましたが現在は3本のみです。

(●一般向き ●交通/JR長野駅から車で40分)

戸隠猿丸とどの七本松

国見のイチイ

市指定

●長野市小鍋2017
●昭和42年11月1日指定

富士塔山の中腹の集落にあり、幹囲7メートル、樹高19メートル、推定樹齢約700年。イチイとしては長野県下最大、全国でも3位にランクインされます。

以前は3本あり、「三ツ木のトガ(イチイ)」と呼ばれましたが、現在残るのはこの1本だけです。地上を覆うばかりの巨大な根張りが目を引きます。

(●一般向き ●交通/JR長野駅から車で30分)

国見のイチイ

戸隠田頭の巌窟観音堂の大杉

市指定

●長野市戸隠栃原6960(巌窟観音堂)
●平成17年1月1日指定

目通り幹囲8.6メートル、樹高40メートル。長野県内の杉としてはトップクラスの大きさで推定樹齢約450年とされ、安和2年(969)に平維茂が植えたとされます。林道は狭く、運転は慎重に。

(●コース要注意 ●交通/JR長野駅から車で40分、さらに徒歩5分)

戸隠田頭の岩窟観音堂の大杉

金刀比羅神社神代桜

市指定

●長野市鬼無里2077(金刀比羅神社)
●平成17年1月1日指定

鬼女紅葉伝説が伝わる長野市鬼無里の新倉集落の山際にあり、幹囲は6.5メートル、樹高20メートルの巨樹。樹齢は300年とも一説には800年ともいわれますが、老衰が心配されます。(花期/4月下~5月上旬)

(●一般向き ●交通/JR長野駅から車で約45分)

金刀比羅神社神代桜

市指定

戸隠中社の三本杉

●長野市戸隠3351-1ほか
●平成17年1月1日指定

戸隠神社中社大鳥居の周囲に、各72メートル間隔の正三角形状に植えられ「三本杉」と呼ばれ、御神木とされていますが、なにかミステリアスな存在です。

それぞれ幹囲は9.9メートル、9・65メートル、7.9メートル。樹高38メートル、42メートル、37メートルで樹齢は約900年と推定されます。

(●一般向き ●交通/JR長野駅から車で50分)

中社境内の三本杉

中社参道前、東側の三本杉

中社参道前、西側の三本杉

市指定

戸隠平出の夫婦栂

●長野市戸隠祖山3547・3510
●平成17年1月1日指定

集落にある諏訪神社には御神木の雄木(幹囲6.3メートル、樹高16メートル)、集落のはずれには実のなる雌木(幹囲6.2メートル、樹高16メートル)があります。

(●一般向き ●交通/JR長野駅から車で50分)

戸隠平出の夫婦栂・雄木

市指定

稲田のエノキ

●長野市稲田3-1106
●昭和47年3月1日指定

稲積村熊野社があった宮跡に残るエノキです。樹高約18メートルの歴史深い地域の名木です。

(●一般向き ●交通/長野電鉄信濃吉田駅から徒歩15分)

地区のシンボル、稲田のエノキ

市指定

中村のサルスベリ

●長野市桜8711-ロ
●平成9年4月1日指定

長野市街から県道・長野戸隠線を30分ほど走ると集落のリンゴ畑の一角にサルスベリの大木が1本、見えてきます。開花は例年、8月下旬頃。真っ赤な花が木全体を彩り、遠目にもよく目立ちます。

(●一般向き ●交通/JR長野駅から車で35分)

中村のサルスベリ

市指定

大昌寺鎮守の大杉

●長野市戸隠栃原3090(大昌寺)
●平成17年1月1日指定

旧・戸隠柵地区にある名刹・大昌寺の表参道にあるクマスギで、2本が合体したような樹姿です。

幹囲は北側6.7メートル、南側5.8メートル、樹高33メートル。この地は「鬼女紅葉」の伝説の地、山深い里に歴史を超えてどっしりと座しています。

(●一般向き ●交通/JR長野駅から車で50分)

大昌寺鎮守の大杉

市指定

塩生のエドヒガン(巡礼桜)

●長野市塩生甲3991
●昭和42年11月1日指定

かつて犀川の小市の渡しから峠を越えて、戸隠への巡礼で賑わった古道沿いにあります。当時の木は枯れて、ひこばえが成長したものですが、それでも樹齢は約700年。

根元近くから2本に分かれ、安定感のある樹姿となっています。幹周り7.3メートル、知る人ぞ知る地区の名桜です。

(花期/4月中旬頃)

(●一般向き ●交通/JR長野駅から車で30分)

塩生のエドヒガン(巡礼桜)

市指定

湯福神社のケヤキ

●長野市箱清水3−1−2（湯福神社）
●昭和42年11月1日指定

善光寺の西北の一角に、風水の守護神ともされる湯福神社があり、境内にあるケヤキのうち3本が市の指定木となっています。

参道東側のケヤキは最も太く、目通り幹囲8.8メートル、樹高約20・6メートル、樹齢推定約900年で、他の2本もほぼそれに近い巨木です。善光寺の賑わいから、わずか5分ほどの地、巨木の木陰で安らいでみませんか。

●一般向き ●交通／JR長野駅から車で10分

湯福神社のケヤキ

市指定

泉平伊勢社の大ケヤキ

●長野市豊野町豊野2593−イ（泉平伊勢社）
●平成17年1月1日指定

旧・豊野町の郊外、伊勢社の境内、社殿の東側にあり、根元には石の小祠が祀られています。

目通り幹囲約6.5メートル、樹高約20メートル、樹齢は350年と推定されます。

●一般向き ●交通／しなの鉄道北しなの線豊野駅から車で10分

泉平伊勢社の大ケヤキ

市指定

吉田のイチョウ

●長野市吉田3−9−23
●昭和42年11月1日指定

吉田小町の街中にあり、吉田大御神宮の御神木とされています。

雄木で目通り幹囲8.6メートル、樹高約32メートル、樹齢は推定約900年といわれ、樹勢はいまなお盛んで、晩秋は黄葉に染まると、ことさら豪勢です。

●一般向き ●交通／長野電鉄信濃吉田駅から徒歩10分

吉田のイチョウ

市指定

富竹のビャクシン

●長野市富竹635
●昭和55年6月2日指定

長野市街地北部、富竹の旧家・徳永家前庭に立つ屋敷木です。幹囲3・85メートル、樹高約16メートル、樹皮をそぎ落としたような主幹は大きくうねりつつ地上約8メートルで二股に分かれ、特異な樹姿を見せています。

●一般向き ●交通／長野電鉄朝陽駅から徒歩10分

特異な樹姿、富竹のビャクシン

市指定

中郷神社の社叢

●長野市篠ノ井塩崎4301（中郷神社）
●平成3年2月28日指定

この社叢のほとんどは、幹囲2・75メートル、高さ28メートルのアカマツをはじめとする315本に、若木を加えた計500本を超える珍しいアカマツの純林により形作られています。

●一般向き ●交通／JR篠ノ井線稲荷山駅から徒歩10分

アカマツの純林、中郷神社の社叢

市指定

芦ノ尻の大ケヤキ

市指定

芦ノ尻のエノキ

●長野市大岡丙4080（豊葦原神社境内）
●昭和19年3月15日指定

旧・大岡村の豊葦原神社境内にあり、胸高直径2.2メートル、枝張りは東西32メートル、南北36メートルと安定感のあるケヤキの巨木です。樹齢推定400年。隣接して樹齢300年の大エノキもあります。

●一般向き ●交通／JR篠ノ井線聖高原駅から車で20分

豊葦原神社境内、芦ノ尻の大ケヤキとエノキ

県指定
武水別神社社叢（たけみずわけじんじゃしゃそう）

●千曲市八幡
●昭和40年2月25日指定

武水別神社は『延喜式（えんぎしき）』所載の古社で、善光寺平の五穀豊穣と千曲川の氾濫防止を祈願して祀ったといわれます。

広大な境内（約6000坪弱）にはケヤキを主に約25種、400本以上の木々が数えられます。千曲川にほど近い平地にあり、その社叢は緑濃く遠くからもよく目立ちます。

（●一般向き ●交通／しなの鉄道屋代駅から車で15分、長野自動車道更埴ICから車で15分）

緑濃い、武水別神社社叢

市指定
見性寺（けんしょうじ）のタラヨウ

●千曲市新山625
●昭和62年1月27日指定

草創は天正3年（1575）頃といわれる名刹で、その本堂境内にあります。タラヨウは暖地の山地に自生するモチノキ科の常緑高木で、葉の裏を強くこするとその傷跡が残るので、絵や字を書くことができます。

昔、万葉歌人が「たらよう」の葉に恋文を書き送ったことから葉書きといわれ、ハガキの語源ともいわれます。

（●一般向き ●交通／しなの鉄道戸倉駅から車で15分）

葉裏をこすると絵や字を！見性寺のタラヨウ

市指定
天皇子神社（あまおうじじんじゃ）のケヤキ

●千曲市寂蒔字八幡新田1062
●平成24年6月6日指定

2本のケヤキ巨木が社殿入口に立ち並んでいます。その右手は目通り幹囲約8.7メートル、「木ノ下（きのした）のケヤキ」（県指定・箕輪町）にも並ぶケヤキの巨木で、近寄るとその存在感に圧倒されるでしょう。地上5メートルで主幹を欠きますが2本の大枝を伸ばしています。

（●一般向き ●交通／しなの鉄道千曲駅から車で5分）

圧倒される巨木、天皇寺神社のケヤキ

〈 主な天然記念物 〉

武水別神社社叢、天皇子神社のケヤキ、更埴IC、長野自動車道、篠ノ井線、JR北陸新幹線、上信越自動車道、屋代、お稲荷様のケヤキ、姨捨長楽寺の桂ノ木、柏王の大カシワ、天狗のマツ、セツブンソウ群生地、明徳寺の大スギ、姨捨、戸倉、水上布奈山神社のクヌギ、戸倉上山田温泉、しなの鉄道、智識寺寺叢、見性寺のタラヨウ、三本木神社の欅、403、335、18、77、N、0、2km

千曲市の天然記念物

県指定　武水別神社社叢（全1件）

市指定　天皇子神社のケヤキ、天坂の柊、漆原の柏、漆原のくまの水木、お稲荷様のケヤキ、姨捨長楽寺の桂ノ木、柏王の大カシワ、見性寺のタラヨウ、三本木神社の欅、清水の榎、セツブンソウ群生地、智識寺寺叢、天狗のマツ、中原のりんご国光原木、ハコネサンショウウオ棲息地、水上布奈山神社のクヌギ、明徳寺の大スギ（全17件）

※千曲市の天然記念物リストはP143に掲載されています。

市指定

明徳寺の大スギ

●千曲市羽尾1309-11
●平成10年3月26日指定

徳治2年（1307）の明徳寺創建当時に植えられたとされます。古来、薬師如来のご神木とされてきた名木です。幹囲4.8メートル、樹高26メートル、樹齢推定約700年。

（●一般向き ●交通／しなの鉄道戸倉駅から車で10分、長野自動車道更埴ICから20分）

明徳寺の大スギ

市指定

お稲荷様のケヤキ

●千曲市森2042
●平成6年3月31日指定

千曲市森はアンズの里として全国的にも知られていますが、そのほぼ真ん中に「お稲荷様のケヤキ」があります。

樹齢約600年、幹囲8メートル、樹高約30メートル、その勇姿は四囲のアンズ畑の中でひときわ大きく、見応えある風格をそなえています。根元には曲がりくねった太い根が盛り上がり、そのたくましさに圧倒されます。

（●一般向き ●交通／しなの鉄道屋代駅より車で20分）

盛り上がった太い根、お稲荷様のヤケキ

市指定

姨捨長楽寺の桂ノ木

●千曲市八幡4984-1
●平成6年3月31日指定

「田毎の月」として知られる姨捨の長楽寺境内、姨石の傍らにある古いカツラの雌木で幹囲4メートル、樹高約20メートル。四方へ伸びた枝は均整のとれた樹冠を見せます。境内には一茶をはじめ、いくつもの句碑があり、往時を思い起こさせてくれるでしょう。

（●一般向き ●交通／しなの鉄道屋代駅から車で30分、JR篠ノ井線姨捨駅から徒歩15分）

姨捨長楽寺の桂ノ木

市指定

セツブンソウ群生地

●千曲市戸倉字日影平地籍、千曲市倉科字杉山地籍
●平成18年9月28日指定

早春、雑木林の林床に咲くキンポウゲ科セツブンソウ属の小さな花。「節分草」の名のとおり春一番、3月中旬から咲き始めます。キティパークが群生地入口です。

花は白色半透明で清楚そのもの。日本並びに長野県の絶滅危惧植物Ⅱ類に指定されています。

（●保護育成中 ●交通／しなの鉄道戸倉駅から徒歩30分、長野自動車道更埴ICから車で15分、さらに徒歩5分）

春一番に咲くセツブンソウ

市指定

天狗のマツ

●千曲市戸倉1130-2
●平成10年3月26日指定

キティパークから林道を登ること約20分、「天狗のマツ」が見えてきます。幹囲3.6メートル、樹高30メートル、アカマツとしては屈指の樹高で樹齢は約400年と推定されています。

（●一般向き ●交通／しなの鉄道戸倉駅から車で5分、長野自動車道更埴ICから車で15分、さらに徒歩20分）

樹高30m、天狗のマツ

市指定

柏王の大カシワ

●千曲市戸倉字宮坂878
●平成10年3月26日指定

山裾の案内板から登ること約20分、山中に「柏王の大カシワ」が見えてきます。根囲4.7メートル、樹高12メートル、枝張り15メートル四方、推定樹齢約300年。さながら山の主が大手を広げているかのよう…。

山の神の御神木として、柏王区民から大切に守られてきました。

（●コース要注意 ●交通／しなの鉄道戸倉駅から車で5分、さらに林道入口から山道徒歩20分）

山の神の御神木、柏王の大カシワ

村指定

立屋の桜

●上水内郡小川村表立屋8134
●昭和54年9月1日指定

小川村は春先、村内の至る所が淡いピンク色の桜に彩られます。その中でも最も人気を集めているのが「立屋の桜」。松代藩の立屋留番所が置かれていた地で、北アルプス鹿島槍ヶ岳をはじめとする白銀の連山が望め、咲き誇る桜と絶妙なコントラストを見せてくれます。(花期／4月中〜下旬頃)

●一般向き ●交通／JR長野駅から車で50分

残雪の鹿島槍ヶ岳を背に咲く、立屋の桜(奥)

風格ある花姿、立屋の桜

〈主な天然記念物〉

小川村の天然記念物

県指定	下北尾のオハツキイチョウ(全1件)
村指定	上野のお流れ桜、小根山の杉の大木、上北尾の夫婦松、沢の宮の大杉、白地の大栃、立屋の桜、日の御子桜、薬師洞窟と石仏群(全8件)

※小川村の天然記念物リストはP143に掲載されています。

県指定

下北尾のオハツキイチョウ

●上水内郡小川村瀬戸川西上平3270ーイ
●昭和48年9月13日指定

樹高約30メートルの上部の葉にのみ、葉のふち(短果枝の先端)に実(胚珠・銀杏)を付けるという、学術上貴重なものです。

しかし、この「お葉付きイチョウ」の実はごく数少なく、現地でもなかなか見られません。秋の好日、のんびり探してみるのも一興では。

●一般向き ●交通／JR長野駅から車で60分

下北尾のオハツキイチョウ(写真提供・小川村)

村指定

小根山の杉の大木

●上水内郡小川村小根山4334ーイ
●昭和36年9月1日指定

オリンピック道路としても知られる県道31号(大町街道)沿いを走ると、ひときわ高く目に付く大杉で、幹囲5.8メートル、根囲9.6メートル、樹高33メートル。主幹を垂直に伸ばしています。

●一般向き ●交通／JR長野駅から車で40分

小根山の杉の大木

村指定

沢の宮の大杉

●上水内郡小川村瀬戸川1831ー4ーイ
●昭和54年9月1日指定

村指定

白地の大栃

●上水内郡小川村瀬戸川1679ー8
●昭和54年9月1日指定

村の中心部から瀬戸川を車で15分ほど登ると「沢の宮の大杉」があります。幹囲5メートル、根囲7メートル、樹高40メートル、沢之宮の小川神社のご神木とされます。さらに上流へ向かい、ごく狭い林道を進むと10分余りで「白地の大栃」が道下に見えてきます。鬱蒼とした林内にある大木です。長野市鬼無里との境界に近い山中にあるトチの巨木で、幹囲4.5メートル、根囲6メートル、樹高は30メートル。

●コース要注意 ●交通／JR長野駅から大杉まで車で50分、大栃はさらに林道を車で20分

白地の大栃

15 坂城町（さかきまち）

北信・長野地域

県指定

小泉（こいずみ）、下塩尻（しもしおじり）及（およ）び南条（みなみじょう）の岩鼻（いわばな）

●上田市小泉2675-1ほか、埴科郡坂城町南条会地34-1
●昭和49年1月17日指定

千曲川をはさんで両岸にそそり立つ大岩壁で、右岸は坂城町南条と上田市下塩尻、左岸は上田市小泉に位置します。

巨大な岩壁は千曲川の侵食によって削られたもので、この向かい合う大岩壁と、その裾を悠然と流れ下る千曲川の絶妙な調和は、大正10年（1921）に日本百景のひとつにも選ばれました。

また、この岩鼻一帯には地質・気象など特異な自然現象があり、モイワナズナなど寒地遺存植物が自生し分布上も貴重です。

（●一般向き ●交通／JR・しなの鉄道上田駅から車で25分、しなの鉄道テクノさかき駅から車で10分）

▲坂城町南条（写真の左側付近）と上田市下塩尻（写真右側）の岩鼻

◀千曲川右岸（右手）が坂城町南条・上田市下塩尻方面の岩鼻

〈主な天然記念物〉
北日名のカヤ
胡桃沢化石群
坂城
テクノさかき
しなの鉄道
JR北陸新幹線
坂城IC
上信越自動車道
耕雲寺杉並木
南条の岩鼻

坂城町の天然記念物

県指定　小泉、下塩尻及び南条の岩鼻（全1件）
町指定　北日名のカヤ、胡桃沢化石群、耕雲寺杉並木（全3件）

※坂城町の天然記念物リストはP143に掲載されています。

町指定

耕雲寺杉並木（こううんじすぎなみき）

●埴科郡坂城町南条1077-1
●昭和49年12月11日指定

耕雲寺は天文22年（1553）に創建されたといわれる名刹で、寛政12年（1800）に再建されました。150メートルほどの参道には、樹齢約300年の杉の大木が約80本もあり、静寂さを漂わせています。

（●一般向き ●交通／しなの鉄道テクノさかき駅から車で10分）

耕雲寺杉並木

町指定

胡桃沢化石群（くるみざわかせきぐん）

●埴科郡坂城町上平2493-1ほか（坂城町文化財センターに一部収蔵）
●昭和46年9月8日指定

約2000万年前、この地方は海であったといわれ、その海底に堆積した頁岩（けつがん）（泥岩）の中にイワシ、ニシン科などの多くの魚類、ホンダワラ科の藻類、古代マツ・スギ・セコイア属などの多種の植物が混在する特異な化石群です。

（●申請必要 ●交通／しなの鉄道坂城駅から徒歩3分）

頁岩（泥岩）の中に多くの魚類・藻類・植物化石群が混在する

町指定

北日名（きたひな）のカヤ

●埴科郡坂城町坂城3031
●昭和60年7月1日指定

目通り幹囲5.3メートル、樹高19メートル、上信越自動車道にほど近い高台斜面にひときわ目立ちます。太平洋戦争中に大枝が切られ、本来の樹姿を失ったといわれますが、今も樹勢は充分です。すぐ近くの池田家の所有で、見学の際には挨拶をして下さい。

（●一般向き・所有者挨拶 ●交通／しなの鉄道坂城駅から車で10分）

北日名のカヤ

国指定

四阿山の的岩（あずまやさんのまといわ）

●上田市菅平高原
●昭和15年2月10日指定

的岩は、長野・群馬県境の鳥居峠から四阿山に向かって北に伸びる稜線上の、標高1770㍍の地点にあります。岩は尾根に沿って、高さ約15㍍ほどの岩壁が屏風のように立ちはだかっています。

登山道を登ってくると的岩の北端部に着き、ここからは的岩の東側の壁面だけが望めます。岩壁の中央部に大砲で打ち抜かれたような直径1.5㍍ほどの大きな窪みがあり、それが的岩の名の由来です。

南北に長い的岩の周囲は樹木が密生しており、さらに岩の西側には入り込めないので、全貌がつかめません。衛星写真を見ると、岩塊は南北にとぎれとぎれに200㍍ほどの長さで連なっており、核心部は長さ40㍍、幅10㍍ほどの紡錘状です。西側は浸食が激しく、壁面は凸凹しているようです。

（●コース要注意 ●交通／JR・しなの鉄道上田駅から車で50分、登山道60分）

稜線の大岩壁と、奇観・的岩

国指定

東内のシダレエノキ（ひがしうちのシダレエノキ）

●上田市東内宮脇
●大正9年7月17日指定

指定を受けた親木は樹齢300年といわれましたが、昭和52年（1977）に老衰のため枯死してしまい、現在では小木の実生（5本）と継木（7本）が残されています。

双方とも遺伝学上極めて貴重であり、東内地籍のコミュニティセンター「榎実（えのみ）の家」、丸子郷土博物館庭などに保護育成され見ることができます。

（●一般向き ●交通／しなの鉄道大屋駅から車で20分）

枝先はすべて枝垂れる

遺伝学上の貴重種、東内のシダレエノキ

上田市の天然記念物

国指定	東内のシダレエノキ、西内のシダレグリ自生地、四阿山の的岩（全３件）
県指定	小泉、下塩尻及び南条の岩鼻、小泉のシナノイルカ、菅平のツキヌキソウ自生地（全３件）
市指定	大六のけやき、石割りのアオナシ、天神宮のケヤキ、前山寺参道並木、ナンジャモンジャの木、マダラヤンマ及びその生息地、他（全30件）

「下小寺尾のカツラの木」は平成30年に指定解除されました

※上田市の天然記念物リストはP142～143に掲載されています。

〈 主な天然記念物 〉

県指定

小泉、下塩尻及び南条の岩鼻

●上田市小泉2675-1ほか
埴科郡坂城町南条会地34-1
●昭和49年1月17日指定

千曲川の両岸にそそり立つ断崖絶壁を岩鼻と呼び、一帯の約13ヘクタールが県天然記念物に指定されています。

上田市と坂城町にまたがり、特に左岸の上田市小泉地区の半過岩鼻には千曲川の侵食による巨大な岩穴がえぐられています。

（●一般向き ●交通／JR・しなの鉄道上田駅から車で25分、しなの鉄道坂城駅から車で15分）

千曲川の左岸、小泉地区の半過岩鼻と、巨大な岩穴

県指定

小泉のシナノイルカ

●上田市小泉2075（高仙寺）
●昭和49年11月14日指定

室町時代創建と伝えられる小泉大日堂がある高仙寺に、「小泉のシナノイルカ」の化石が収蔵展示されています。

裏山の蛇川原沢（標高510メートル）で発見されたもので、このイルカの化石は歯が極めて小さく数が多いこと、手（胸ビレ）が極めて長いことを特徴としています。見学希望の方は、あらかじめ高仙寺（0268-24-7255）に必ず前日までに連絡して下さい。

（●申請必要・拝観料 ●交通／JR・しなの鉄道上田駅から車で20分）

小泉のシナノイルカ化石、幅約3mもの大きさ

国指定

西内のシダレグリ自生地

●上田市平井上ノ原
●大正9年7月17日指定

丸子町西内保育園の脇の山道を約1キロメートルほど登った東側の北斜面にありますが、クリタマバチの被害などで枯れ、現在は幼木が育てられています。

シダレグリはフォッサマグナ地域に限って自生する植物のひとつで、突然変異によるものといわれ、学術的に重要な研究資料として保護する必要があるとされています。

（●保護育成中 ●交通／しなの鉄道大屋駅から車で40分、さらに山道徒歩30分）

育成中のシダレグリ自生地
（写真提供・上田市）

市指定

大六のけやき

●上田市古安曽2047-ロ
●平成4年5月13日指定

樹齢推定約800年、樹高約30メートル、目通り幹囲11・7メートル、長野県内では下伊那郡根羽村の「月瀬の大スギ」に次ぐ2番目の巨木といわれます。

ケヤキとしてはもちろん県下第1位で、あまりに大きく立派なため、いつしか「地頭木」と呼ばれるようになりました。根元には大六天が祀られています。「信州の巨木巡り」には、ぜひ…。

（●一般向き ●交通／JR・しなの鉄道上田駅から車で20分）

長野県下第2位の巨木、大六のけやき

岩谷堂エドヒガン

うねる幹のたくましさ、天神宮のケヤキ

市指定

天神宮（てんじんぐう）のケヤキ

●上田市岩下156
●昭和52年3月18日指定

長野県内のケヤキでは「大六のケヤキ」に次ぎ、2番目の大きさ。このケヤキの特徴は、なにより根元のブロック塀を跨いでうねる幹のたくましさで、はるかな年代やさまざまな障害を超越した生命力にあります。

ぜひ見てほしい巨木のひとつで、樹高こそ13メートル余りですが、目通り幹囲10・5メートル、推定樹齢は300年以上とされます。

●一般向き ●交通／しなの鉄道大屋駅から徒歩20分

市指定

岩谷堂（いわやどう）エドヒガン

●上田市御嶽堂84
●平成9年12月24日指定

岩谷堂は承和元年（834）開創と伝わる古刹で、急勾配の石段を登った左手に、エドヒガンの大木があります。かつて、木曽義仲が挙兵する際、当地に寄り植えたと伝えられ、「義仲桜」の名で知られます。急斜面に大きくしだれる花姿は優美。目通り幹囲4・62メートル、樹高13メートル。（花期／4月中～下旬）

●一般向き ●交通／しなの鉄道大屋駅から車で20分、上信越自動車道東部湯の丸ICから車で30分

市指定

愛染（あいぜん）カツラ

●上田市別所温泉1666
●昭和49年6月5日指定

別所温泉、北向観音の鐘楼横にどっしりと座しています。目通り幹囲5.7メートル、樹高24メートル、推定樹齢300年以上。

川口松太郎の長編小説「愛染かつら」で永遠の愛を誓う場として登場し、一躍有名になりました。「北向観音の霊木」「縁結びの木」として親しまれています。

●一般向き ●交通／JR・しなの鉄道上田駅から車で30分、上田交通別所線別所温泉駅から徒歩10分

縁結びの木、愛染カツラ

市指定

前山寺参道並木（ぜんさんじさんどうなみき）

●上田市前山300
●昭和54年4月9日指定

「信州の鎌倉」と呼ばれる塩田平の一角に、「未完成の完成塔」で知られる前山寺があります。石畳のゆったりとした参道は国重要文化財の三重塔へ向けて一直線に伸び、マツ・サクラ・ケヤキなどの大木が並木をつくっています。

●一般向き ●交通／JR・しなの鉄道上田駅から車で20分

前山寺参道並木

市指定

石割りのアオナシ

●上田市菅平高原
●昭和54年5月1日指定

アオナシは本州中部に自生する、分布上珍しい野生種のナシです。

このアオナシは幹囲1.6メートル、樹高10メートル。長径約4メートル、高さ1メートルほどの安山岩の亀裂に自生し、成長とともにその巨石を割り広げてきました。

6月頃、純白の花を枝いっぱいに咲かせ、7～8月には直径2センチメートルほどの実を多数付けます。

（●一般向き ●交通／JR・しなの鉄道上田駅から車で50分）

大石を割って成長

◀6月中旬、純白の花

菅平高原、石割りのアオナシ

市指定

ナンジャモンジャの木

●上田市虚空蔵山頂
●昭和48年4月9日指定

太郎山の西方に連なる虚空蔵山（標高1076メートル）の頂上近くにあり、目通り幹囲約1.5メートル、樹高約10メートル。

昔から名前のわからない珍しい大木があるということで、「ナンジャモンジャの木」と呼ばれてきましたが、マメ科の樹木「フジキ」です。

フジキは暖地性の植物で、東信の標高1000メートル地点で見られるのは分布上、貴重な存在といえます。

（●コース要注意 ●交通／しなの鉄道西上田駅から徒歩・登山道2時間）

虚空蔵山山頂近く、ナンジャモンジャの木

市指定

菅平湿原のクロサンショウウオ

●上田市菅平高原
●昭和47年4月1日指定

菅平高原の一角にある菅平高原自然館の裏手に、長さ3.5キロメートル、最大幅1.2キロメートルの広大な菅平湿原が広がっています。

この湿原には、成長すると体長9～14センチメートルほどのクロサンショウウオが生息しており、毎年4月上～中旬にかけて湿原の水たまりに、アケビの果実のような形で数十個の卵を収めた白色不透明の卵嚢を見ることができます。

（●一般向き ●交通／JR・しなの鉄道上田駅から車で50分）

湿原内の卵嚢▶

菅平湿原のクロサンショウウオ生息地

市指定

ニホンオオカミの頭骨

●上田市大手1-4-32（上田高校）
●平成18年2月16日指定

明治12年（1879）頃、烏帽子山麓で捕獲されたもので、国立科学博物館の鑑定を受け、ニホンオオカミと断定されました。国内では5件のみといわれる稀少な標本です。

（●申請必要 ●交通／JR・しなの鉄道上田駅から徒歩10分、上信越自動車道上田菅平ICから車で10分）

ニホンオオカミの頭骨

市指定

穴沢弾正塚の一本松

●上田市真田町傍陽穴沢
●昭和47年4月1日指定

上田市指定文化財の「宝篋印塔」（応永10年銘）の背後に成長したアカマツで、目通り幹囲4・25メートル、樹高約20メートル、樹齢約500年。四方へ大枝をしっかりと伸ばし、見事な樹姿です。

（●一般向き ●交通／JR・しなの鉄道上田駅から車で40分）

弾正塚を守る見事なアカマツ

17 東御市

東信・上小地域

県指定

東御市羽毛山・加沢産アケボノゾウ化石群

●東御市大日向337（東御市北御牧庁舎）
●平成29年3月16日指定

市内布下地籍の千曲川左岸河床で、昭和36年に第3大臼歯が、平成4年には羽毛山地籍で肢骨化石が見つかったことから、平成5～6年にかけて4回の発掘調査が行われ、以降も継続的に化石が発掘されています。県及び市の指定です。

ここのアケボノゾウ化石は、約130万年前の地層から見つかり、これまでに数個体が確認されています。特に3個体は、ほぼ全身の骨格が発掘されていて、このようにまとまって見つかるのは全国でも他に例がありません。

（●一般向き　●交通／しなの鉄道田中駅・滋野駅から車で10分、上信越自動車道東部湯の丸ICから車で20分）

アケボノゾウ化石
羽毛山第1標本の切歯
▼

アケボノゾウ発掘調査。2012年4月（写真提供・東御市）

県指定

宮ノ入のカヤ

●東御市祢津宮ノ入2358
●昭和40年4月30日指定

祢津西宮宮ノ入地区の畑の中にある、樹高約18メートルのカヤの大木。中世の豪族祢津氏の庭園木で、祢津の姫にまつわる伝説があるなど、地域では御神木「カヤの木様」と崇められています。

（●一般向き　●交通／しなの鉄道田中駅から車で10分）

地域の御神木、宮ノ入のカヤ

東御市の天然記念物

県指定

東御市羽毛山・加沢産アケボノゾウ化石群、宮ノ入のカヤ（全2件）

市指定

アケボノゾウ化石羽毛山標本群第1個体第2個体、オオルリシジミ、片羽八幡水、黒槐の木、滋野稲荷神社の皀莢、白鳥神社社叢、大神宮の大桜、トキ剥製、八間石、針ノ木沢湧水（全10件）

※東御市の天然記念物リストはP142に掲載されています。

〈主な天然記念物〉

湯ノ丸山
（湯の丸高原レンゲツツジ／群馬県嬬恋村・国指定）
湯の丸高原
※ミヤマモンキチョウ
ミヤマシロチョウ
ベニヒカゲ
（地域を定めず）
トキ剥製
宮ノ入のカヤ
東部湯の丸IC
八間石
東御市役所
上信越自動車道
白鳥神社社叢
田中
しなの鉄道
アケボノゾウ化石群
JR北陸新幹線
芸術むら公園
オオルリシジミ
（地域を定めず）
0　2km

市指定

八間石

●東御市祢津3471-1
●平成2年4月27日指定

巨石の名は、長さが畳8枚分（8間）もあることから付けられました。祢津東町の所沢川沿いの水田2枚にまたがり畦に埋まっていて、地中の大きさは計り知れません。

江戸時代の寛保2（1742）年、東北信地方を襲った「戌の満水」と呼ばれる大洪水の際に、約500メートル上流の滝ノ沢集落付近から土石流によって運ばれてきたものと伝えられています。

（●一般向き　●交通／しなの鉄道田中駅から車で10分）

八間石と子供たち
（写真提供・東御市）

県指定

ミヤマモンキチョウ ミヤマシロチョウ ベニヒカゲ（高山蝶）

●東御市湯の丸高原など（全県）
●昭和50年2月24日指定

県指定天然記念物の高山蝶10種のうち、湯の丸高原には3種が生息します。コヒオドシの記録がありますが、遇産と思われます。3種のうち、ミヤマシロチョウとミヤマモンキチョウの2種が同時に見られるのは、全国で湯の丸高原だけで、特にミヤマシロチョウは絶滅が危惧される希少種です。

（●保護育成中 ●交通／しなの鉄道田中駅・滋野駅から車で30分、さらに登山道30分）

ミヤマシロチョウ

ミヤマモンキチョウ

ベニヒカゲ

（撮影・清水敏道）

TOPIC

湯の丸レンゲツツジ群落

●群馬県嬬恋村（国指定）及び東御市
●昭和31年5月15日指定（嬬恋村）

湯の丸レンゲツツジ群落

県境の地蔵峠下、群馬県側の標高1600メートル付近から湯ノ丸山山頂にかけて約60万株が咲き誇り、高標高地であること、花色の個体差及び群落の大きさから昭和31年（1956）に国の天然記念物（群馬県嬬恋村）に指定されました。

開花期の6月中旬から7月にかけて、東御市と嬬恋村共催の「つつじ祭り」が開催され、多くの観光客が訪れます。

（●一般向き ●交通／しなの鉄道田中駅・滋野駅から車で30分）

市指定

トキ剥製

●東御市海善寺1244-1（和小学校）
●平成25年7月1日指定

トキ剥製

和小学校理科室で古いトキの剥製が見つかり、その由来について調査したところ、大正9年（1920）に市内の海善寺池付近で捕えて小学校に持ち込み、剥製にされたものと判明しました。トキの剥製は県内にも数体しかなく、特に貴重な日本産個体でもあることから、修復後、和小学校の校内に展示されています。

（●申請必要 ●交通／しなの鉄道大屋・田中駅から車で10分）

市指定

オオルリシジミ

●東御市内一帯
●平成17年12月1日指定

かつては県下各地にも見られましたが、1980年代には激減し、2000年頃には安曇野と北御牧の一部に僅かに残るだけになってしまいました。

この頃から、北御牧地域では「守る会」による保護増殖活動が行われ、現在では水田地帯の食草クララの自生地などにオオルリシジミの舞う姿が戻ってきていますが、ぜひ守りたい稀少なチョウです。

（●保護育成中 ●交通／しなの鉄道田中駅・滋野駅から車で10～20分）

オオルリシジミ

市指定

白鳥神社社叢

●東御市本海野1204-1
●昭和56年5月14日指定

白鳥神社社叢

白鳥神社は、中世の豪族海野氏の氏神で、社叢は、ケヤキやスギの大木で構成され、特に拝殿前のケヤキの大木は、御神木とされています。

また、江戸時代に天下無双力士と謳われた東御市（滋野大石村）出身の雷電為右衛門が寄進した文書や四本柱も神社に伝えられています。

（●一般向き ●交通／しなの鉄道田中駅から徒歩20分）

県指定

沓掛温泉の野生里芋

●小県郡青木村沓掛湯尻
●平成19年5月1日指定

暖地性のサトイモは信州では花を咲かせることが出来ず、縄文晩期には絶えてしまったといわれます。しかし、この自生地は温泉尻で冬季でも水温が高いため、絶えることなく今も残っています。一面に生い茂る大きな葉は見事です。

地域では合成洗剤や農薬などから生育地を守り、雑草を刈り取り、保護増殖を図っています。また一帯はホタル舞う水辺の自然公園となっています。

(●一般向き ●交通／JR・しなの鉄道上田駅から車で30分)

沓掛温泉の野生里芋

青木村の天然記念物

県指定　沓掛温泉の野生里芋(全1件)
村指定　阿鳥川神社のしだれ桜、光明寺跡の「熊野杉」、西禅寺の「榧」、大法寺「榧」、滝山連山ブナ群落、馬場市神社の「欅」、日吉神社の「大杉」、阿鳥川の甌穴(全8件)

※青木村の天然記念物リストはP142に掲載されています。

〈 主な天然記念物 〉

阿鳥川神社のしだれ桜
青木村役場
大法寺「榧」
143
西禅寺の「榧」
光明寺跡の「熊野杉」
日吉神社の「大杉」
12
沓掛温泉の野生里芋
沓掛温泉

0　2km

大法寺「榧」

村指定

大法寺「榧」

●小県郡青木村当郷
●昭和62年2月18日指定

上田市街地から一直線に西へと車を走らせると、その北側の山裾に国宝・大法寺三重塔が見えてきます。

その大法寺の参道の一角に「大法寺の榧」があります。目通り幹囲約7.3メートル、樹高約20メートル、どっしりと根を張った姿は、大法寺の歴史を物語っているかのようです。

(●一般向き ●交通／JR・しなの鉄道上田駅から車で20分)

阿鳥川神社のしだれ桜

村指定

阿鳥川神社のしだれ桜

●小県郡青木村当郷字西寺村1632
●平成14年4月1日指定

大法寺からさらに数分、車を走らせると阿鳥川神社があり、境内の入口に淡紅色の「しだれ桜」が咲いています。樹高18メートル、幹囲3.2メートル、のんびり一休みにもよいでしょう。

(花期／4月中～下旬)

(●一般向き ●交通／JR・しなの鉄道上田駅から車で25分)

村指定

光明寺跡の「熊野杉」

●小県郡青木村中挟
●昭和62年2月18日指定

かつて東山道が付けられていた山手に光明寺跡があり、遠目にも聳え立つ大杉がよく望めます。

目通り幹囲約7メートル、樹高約40メートルでまっすぐに天を差す見事な樹姿です。

(●一般向き ●交通／JR・しなの鉄道上田駅から車で30分)

光明寺跡の「熊野杉」

村指定

日吉神社の「大杉」

●小県郡青木村殿戸
●昭和62年2月18日指定

上田市街地から国道143号を進むと、左手の山裾に日吉神社があります。社殿は県宝指定。山道の石段右側にどっしりとした巨杉が社殿を守るように聳えています。目通り幹囲5.3メートル、樹高約30メートル。

(●一般向き ●交通／JR・しなの鉄道上田駅から車で20分)

日吉神社の「大杉」

町指定 大枝垂桜（おおしだれざくら）

●小県郡長和町和田久保
●昭和56年10月1日指定

旧・和田村のほぼ中央の高台に位置し、どっしりした樹姿は遠くからも望むことができます。幹周4.2メートル、樹高20メートル、樹齢推定400年を数え、昔からこの桜の開花時期にあわせて農作業が始まったといわれます。近年、梢部が枯れたため残念ながら先端が剪定されました。（花期／4月中〜下旬）

（●一般向き ●交通／JR・しなの鉄道上田駅から車で45分、JR中央本線下諏訪駅から車で30分）

大枝垂桜（写真提供・長和町）

長和町の天然記念物

町指定　大枝垂桜、カヤの木、ツキヌキソウ（全3件）

※長和町の天然記念物リストはP142に掲載されています。

町指定 ツキヌキソウ

●小県郡長和町大門
●昭和53年12月1日指定

中国東北部（旧・満州）やロシアのアムール、ウスリー地方に自生する北方系の多年草で、古く氷河時代の大陸と地続きであったころに渡ってきたものです。現在ではそのほとんどが消滅し、この地域などだけに遺存したと考えられます。

茎が葉をつらぬいたように見える稀少種で、県内でも生育地はわずかで保護が計られています。

（●保護育成中 ●交通／JR・しなの鉄道上田駅から車で1時間20分）

大門のツキヌキソウ自生地、保護地区

町指定 カヤの木（き）

●小県郡長和町和田上町
●昭和56年10月1日指定

中山道69次之28番として栄えた和田宿。その北側山裾に熊野神社があります。その創設以前から山地雑木林の中に自生したものを、大切に保存されてきたと推測されます。幹囲7メートル、樹高20メートル。

（●コース要注意 ●交通／JR・しなの鉄道上田駅から車で45分、JR中央本線下諏訪駅から車で30分、さらに徒歩10分）

カヤの木

国指定 ヤマネ

●地域を定めず（全県）
●昭和50年6月26日指定

体長8センチメートルほどの夜行性の小型哺乳類で、山地高原などに生息します。

森の木の上を生活圏とし、ふさふさのしっぽは体のバランスをとるのに役立ちます。まん丸い眼の愛くるしい姿ですが、なかなか出会えません。冬には時折、山荘の中に入り込んで体を丸めて越冬することもあります。

ヤマネ

20

小諸市

東信・佐久地域

国指定

テングノムギメシ産地

●小諸市甲味噌塚
●大正10年3月3日指定

指定地の味噌塚山は、小諸市の中心市街地に近く、広さ約0.3ヘクタールほどの平坦な公園になっています。この辺りは浅間連峰や蓼科山連峰から噴出した火山灰台地で、千曲川の河岸段丘上にあります。「天狗の麦飯」が産する地域はいずれも火山灰土だったり火山岩地帯です。

テングノムギメシは茶褐色の半透明のゼリー状の生物体で、葉緑体を持たない藍藻類ではないかともいわれています。

指定されてから百年近くなり、今は刈り払われていますが、公園全体が草地になっていて、産地がどの場所か判然としません。しかし、天然記念物指定(国)は継続しています。

(●保護育成中 ●交通/JR小海線東小諸駅から徒歩5分)

指定地の味噌塚山、テングノムギメシ産地

群馬県嬬恋村産のテングノムギメシ

(写真提供:嬬恋郷土資料館)

ふるさと通信

古来、修験道の山として栄えた飯縄山。行者や武将は山頂に産するテングノムギメシを食しながら修行を続けたという。山名の由来はイズナ(飯砂)とされている。では、そのテングノムギメシはどこへ行ってしまったのか。

いま、存在が確認されているのは群馬県嬬恋村付近と北信の一山の二つに過ぎない。飯縄山からは戦前の段階で既に姿を消し、天然記念物指定の味噌塚でさえ、このところ確認が行われた記録はない。

形状はゼラチン粒子状の褐色から無色の塊。これまで多くの研究者が正体解明に取り組んだが、細菌、藍藻類、藻類と細菌塊の集合体説など諸説あっていまだ定まっていない。残されたわずかな産地、地点間でさえそれぞれ差異があり、依然として「ナゾの生物」のままだ。

(自然愛好家 牛山洋さん)

市指定

コモロスミレ

●小諸市荒町1-6-5(海応院)
●昭和47年10月4日指定

生育地の海応院は小諸駅に近い市街地の中心部にある名刹で、手入れの行き届いた境内の一角にコモロスミレが保護育成されています。

コモロスミレは、八重咲きの濃い紫色の花です。大正末期に当地で発見され、和名も公認され小諸市の花に指定されました。(花期/4月下旬～5月上旬)

(●保護育成中 ●交通/しなの鉄道小諸駅から徒歩15分)

八重咲きの濃い紫色、コモロスミレ

市指定

マダラヤンマ

●小諸市市
●昭和58年9月10日指定

小型のヤンマで腹長約5センチメートル、後翅長約4.5センチメートル、胸部に淡黄緑色と黒色の条、腹部に青藍色の斑が入り、その体色は非常に華麗です。

東信地方の小さな池沼に生息しますが生息地はごく限られる稀少なトンボで、生息数もごく少なく、地域をあげて保護されています。

(●保護育成中 ●交通/JR小海線三岡駅から徒歩10分)

青紫色の斑が美しいマダラヤンマ

〈 主な天然記念物 〉

コモロスミレ
高峰山
小諸IC
18
80
上信越自動車道
しなの鉄道
小諸
テングノムギメシ産地
東小諸
JR小海線
マダラヤンマ
佐久北IC
佐久IC
N
0 2km

小諸市の天然記念物

国指定	テングノムギメシ産地(全1件)
市指定	コモロスミレ、マダラヤンマ(全2件)

※小諸市の天然記念物リストはP142に掲載されています。

町指定 真楽寺の神代杉（しんらくじのじんだいすぎ）
町指定 真楽寺の寺叢（しんらくじのじそう）

● 北佐久郡御代田町塩野142
● 昭和43年10月21日指定

真楽寺は用明天皇年間（587）開山の信州でも屈指の名刹で、聖徳太子、源頼朝、松尾芭蕉なども参詣したといわれます。4300坪余りの広大な境内には、神代杉をはじめ三重塔、杉並木、名水の大沼池などがあります。

神代杉は樹齢推定約1000年。根元から梢まで主幹を一気に貫く裂け目（空洞）に圧倒されます。しかも空洞内は黒こげ。目通り幹囲9.2メートル、樹高15メートル、異形の巨杉です。

● 一般向き ● 交通／しなの鉄道御代田駅から車で8分

真楽寺の神代杉（右手）と三重塔

町指定 長倉・諏訪神社の社叢（ながくら・すわじんじゃのしゃそう）

● 北佐久郡御代田町御代田182
● 平成9年7月25日指定

ヒノキ37本をはじめ、ケヤキ・スギ・サクラなどの古木が鬱蒼とした社叢をつくっています。よく成長した樹冠は遠方よりも望め、地域の人々にとっても愛着の深い社叢です。社殿の脇には、道祖神まつりのワラ馬が保管されています。

● 一般向き ● 交通／しなの鉄道御代田駅から車で10分

長倉・諏訪神社の社叢

町指定 久能のヤマボウシ（くのうのヤマボウシ）

● 北佐久郡御代田町豊昇（高根明神跡参道）
● 平成9年7月25日指定

「久能のヤマボウシ」は、目通り幹囲1・47メートル、樹高12メートル、樹齢推定約300年。6月末頃、白い五弁の大きな花を付けますが、これだけの大きなヤマボウシは珍しいものです。細い参道沿いの山中にあります。

● 一般向き ● 交通／しなの鉄道御代田駅から車で10分

久能のヤマボウシ

町指定 宝珠院のアカマツ（ほうしゅいんのアカマツ）

● 北佐久郡御代田町御代田1814
● 昭和43年10月21日指定

2本のアカマツを寄せ植えし、東西に見事な枝張りをもたせています。樹高は約7.5メートル、2本の幹はともに胴回り1.7メートル、接合部の胸回りは2.7メートルとされ、樹齢は約300年。境内には「宝珠院のシダレザクラ」も知られます。

● 一般向き ● 交通／しなの鉄道御代田駅から車で8分

宝珠院のアカマツ

町指定 梨沢のイチイ（なしざわのイチイ）

● 北佐久郡御代田町豊昇（豊昇神社）
● 平成元年11月24日指定

町指定 梨沢のサワラ（なしざわのサワラ）

● 平成9年7月25日指定

豊昇神社境内にある「梨沢のイチイ」は樹齢推定400年以上とされ、目通り幹囲4.3メートル、樹高は10メートル余りで、どっしりとした樹姿となっています。「梨沢のサワラ」は神社本殿のすぐ北側にあり、目通り幹囲5メートル、樹高23メートル。

● 一般向き ● 交通／しなの鉄道御代田駅から車で15分

梨沢のイチイ

御代田町の天然記念物

県指定 御代田のヒカリゴケ（全1件）

町指定 アサマシジミ、浅間山のアツモリソウ、大池・雨池の植物群落、久能のヤマボウシ、真楽寺の寺叢、真楽寺の神代杉、長倉・諏訪神社の社叢、梨沢のイチイ、梨沢のサワラ、普賢寺の二本杉、宝珠院のアカマツ、宝珠院のシダレザクラ、ミヤマトサミズキ、天狗の露地（全14件）

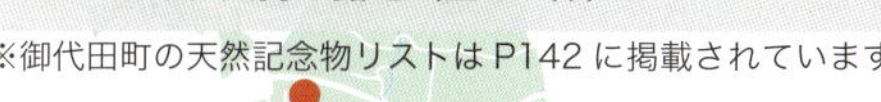

※御代田町の天然記念物リストはP142に掲載されています。

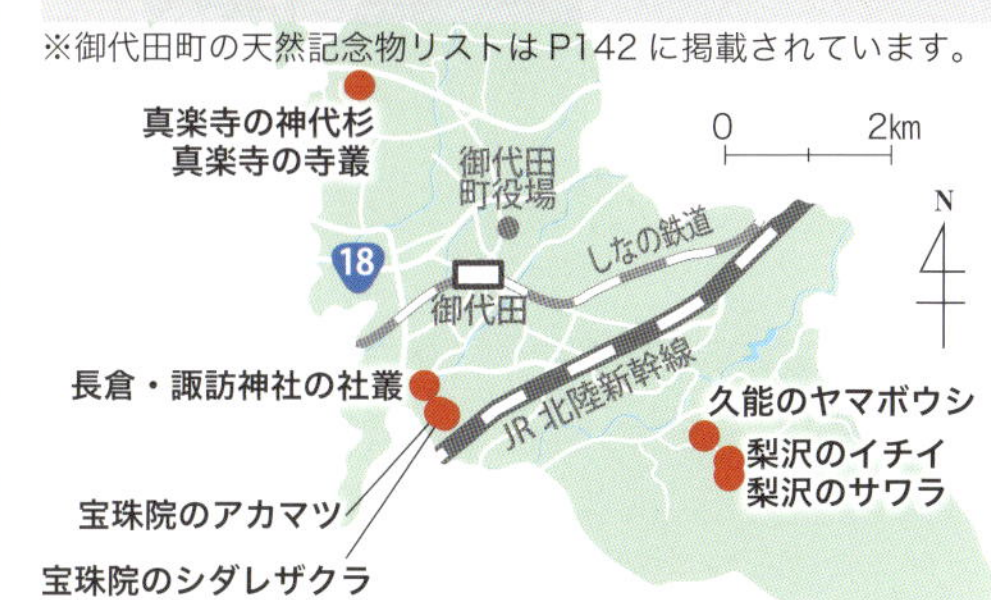

〈主な天然記念物〉

国指定 岩村田（いわむらだ）ヒカリゴケ産地（さんち）

●佐久市岩村田上ノ城
●大正10年3月3日指定

湯川の侵食によりできた洞穴で明治43年（1910）、当時の旧制野沢中学校生徒により発見されました。薄暗い洞穴の奥をじっくり見ていると、地面一面にひっそりと緑色に発光しています。

県内にはいくつかヒカリゴケ産地が知られますが、最も規模は大きく、その不思議な光景に魅了されます。6月頃、朝方がより観察向きです。

（●一般向き ●交通／JR小海線岩村田駅から車で15分）

洞穴の奥、ひっそりと緑色に光る、岩村田ヒカリゴケ産地

〈主な天然記念物〉

勝手神社のケヤキの木
王城のケヤキ
岩村田ヒカリゴケ産地
佐久北IC
佐久IC
佐久平
佐久スマートIC
JR北陸新幹線
上信越自動車道
佐久警察署川西庁舎
関所破りの桜
大井家のエドヒガン
岩村田
佐久市文化財事務所
佐久市役所
臼田トンネル産の古型マンモス化石
佐久南IC
中部横断自動車道
JR小海線
蓮華寺のスギ
中込
白山神社イチイの古樹
臼田
佐久臼田IC
黒沢家コナラ
広川原の洞穴群
野沢町の女男木
0 2km

県指定 臼田（うすだ）トンネル産の古型（こけい）マンモス化石（かせき）

●佐久市中込2913（佐久市文化財事務所）
●平成25年3月25日指定

平成20年11月27日、中部横断自動車道（仮称）臼田トンネル工事現場において掘削土置き場から発見されました。長野県の山間地からの発見は初めてで、分布域の空白を埋めるものです。

古型マンモスは120万年前頃に中国大陸から移入してきたと考えられており、日本での生息年代は120～70万年前であるとされています。臼田標本は産出した礫層から、生息年代はおよそ100万年前であると考えられ、日本列島における古型マンモスの進化の過程を解明するうえで、非常に貴重な資料です。

（●一般向き ●交通／JR佐久平駅から車で15分）

臼田トンネル産の古型マンモス化石

佐久市の天然記念物

国指定	岩村田ヒカリゴケ産地（全1件）
県指定	臼田トンネル産の古型マンモス化石、王城のケヤキ、広川原の洞穴群（全3件）
市指定	入沢風穴、大井家のエドヒガン、お神明の三本松、小野山家のエドヒガン、勝手神社のケヤキの木、黒沢家コナラ、児落場峠天然カラマツ、関所破りの桜、チョウゲンボウ、野沢町の女男木、白山神社イチイの古樹、福王寺のヒイラギ、山の神のコナラ群、蓮華寺のスギ（全14件）

※佐久市の天然記念物リストはP142に掲載されています。

県指定 広川原（ひろがわら）の洞穴群（どうけつぐん）

●佐久市田口広川原168－イほか
●昭和51年3月29日指定

佐久市と群馬県南牧村県境にある洞穴群で、集落からの山道を歩むと五百羅漢が立ち並び、20分ほどで、「最勝洞」とも呼ばれる洞穴群を見ることができます。

これらの洞穴は懐中電灯で探りつつミニ探検もでき、その奥のひっそりと水をたたえる小さな地底湖にも出会えます。

（●コース要注意 ●交通／JR小海線臼田駅から車で40分、さらに広川原集落より山道徒歩20分）

洞穴群内部から▶
「最勝洞」洞穴群の入口、高さ2m弱

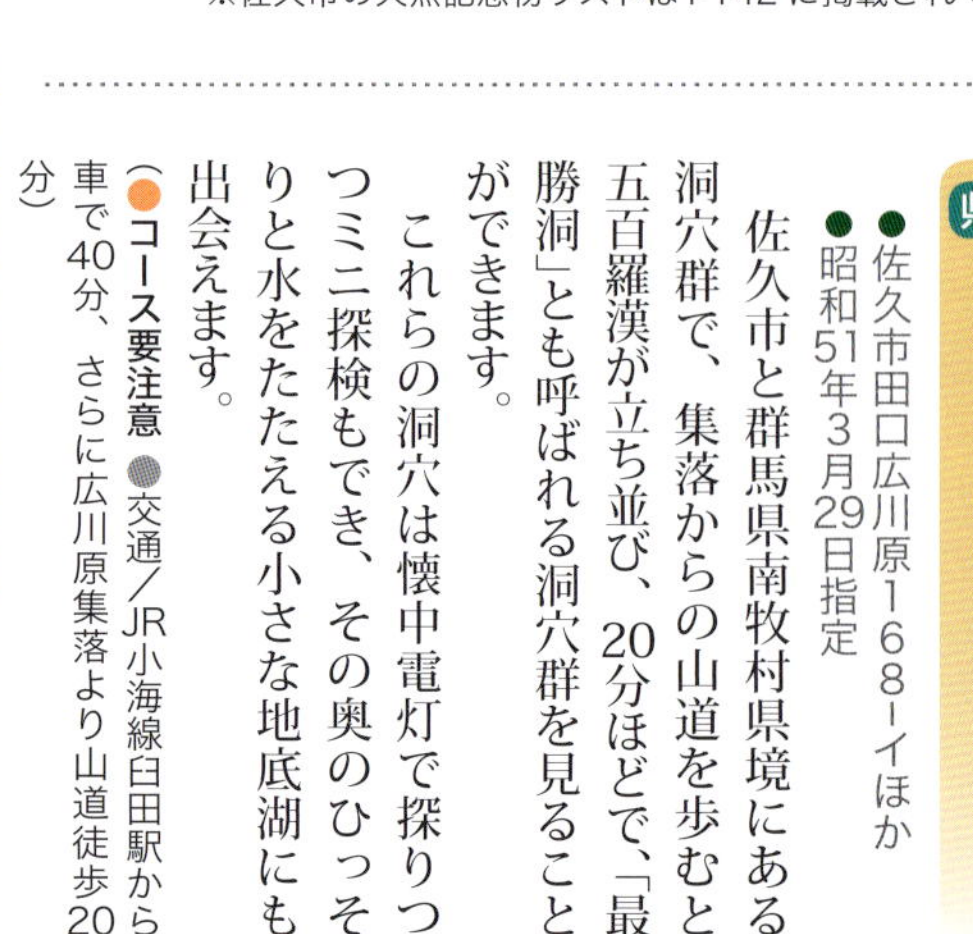
洞穴群への五百羅漢が立ち並ぶ山道▶

市指定

野沢町の女男木

●佐久市野沢居屋敷
●昭和46年10月1日指定

佐久市野沢の市街地の真ん中にどっしりと座しているケヤキの古木。目通り幹囲7.2㍍、樹高27・3㍍、佐久甲州道と根際道の分岐点で、今も根元近くに古い道標が残ります。

(●一般向き ●交通／JR小海線中込駅から車で10分)

野沢町の女男木

県指定

王城のケヤキ

●佐久市岩村田古城3468(王城公園)
●昭和61年3月27日指定

岩村田市街地に隣接し、大井氏宗家の居城跡にあります。目通り幹囲9.2㍍、根囲15㍍、樹高約26㍍。この地方きっての最巨木で遠くからも望め、地域のシンボルともなっています。

(●一般向き ●交通／JR小海線岩村田駅から徒歩15分)

地域のシンボル、王城のケヤキ

市指定

黒沢家コナラ

●佐久市湯原中滝
●平成16年3月5日指定

明暦元年(1655)以前に成立したと推定される黒沢家の墓地を覆い聳え立つ巨木で、まさに歳月を超越した墓地の守り主のようです。目通り幹囲4.8㍍、樹高24㍍、コナラは薪炭材に利用されるため定期的に伐採されてしまい、このような大木の存在は大変貴重なものです。

(●一般向き ●交通／JR小海線臼田駅から車で10分、中部横断自動車道佐久臼田ICから車で5分)

黒沢家コナラ

市指定

大井家のエドヒガン

●佐久市協和下大行原
●平成9年3月14日指定

目通り幹囲6.3㍍、直径2.1㍍、東信地方では屈指の巨木で、さすがの太さ。残念ながら主幹2本は失われていますが、残った2本は健在で、毎年見事な花を咲かせています。

(●一般向き ●交通／JR佐久平駅から車で30分、上信越自動車道佐久ICから車で35分)

大井家のエドヒガン

市指定

関所破りの桜

●佐久市甲上原
●昭和44年5月15日指定

小高い丘の上に立つ「関所破りの桜」。なにより優美な樹姿と、その彼方に望む残雪の浅間山が素晴らしいシーンを見せてくれます。

県内に数ある名桜の中でも、ぜひ一度は訪れてほしい桜で、地元の方々や、写真愛好家が次々とやってきます。(花期／4月中～下旬)

(●一般向き ●交通／JR佐久平駅から車で25分、中部横断自動車道佐久南ICから車で15分)

関所破りの桜

市指定

蓮華寺のスギ

●佐久市春日883
●平成9年3月14日指定

蓮華寺は治暦3年(1067)創建と伝えられる古刹で、小さな集落のはずれに、ひときわ高くこの巨木が望めます。目通り幹囲6.6㍍、直径2.1㍍、東信地方有数の巨木です。

(●一般向き ●交通／JR佐久平駅から車で40分、上信越自動車道佐久ICから車で45分)

蓮華寺のスギ

県指定 熊野皇大神社のシナノキ

●北佐久郡軽井沢町峠町碓氷峠1
●平成3年8月15日指定

旧中山道の碓氷峠、長野・群馬両県の県境上に熊野皇大神社が鎮座しています。県境は神社の真上を通っており、「シナノキ」は長野県側の拝殿左奥に威厳ある姿を見せます。

幹囲5.8メートル、樹高13・5メートル、樹齢推定1000年とされ、これだけの古木は極めて貴重です。主幹は地上3メートルほどで失われていますが、太くたくましく、びっしりと苔に覆われています。

（●一般向き ●交通／JR・しなの鉄道軽井沢駅から車で25分）

熊野皇大神社のシナノキ

〈主な天然記念物〉

浅間山、石尊山、146、18、熊野皇大神社のシナノキ、長倉のハナヒョウタンボク群落、諏訪神社社叢、遠近宮社叢、長倉神社社叢、中軽井沢、軽井沢町役場、しなの鉄道、JR北陸新幹線、軽井沢、軽井沢町植物園、N、0、2km

県指定 長倉のハナヒョウタンボク群落

●北佐久郡軽井沢町長倉芹ヶ沢2140-9
●昭和35年2月11日指定

北海道・関東中部以北に広く分布していましたが、氷河期の終わりとともに衰退し、ごく一部に隔離分布しています。樹高5メートルほどで5～6月頃、枝先にスイカズラ属特有の白い筒状の二裂した花を多数付けます。

この群落は民有地内で非公開ですが、軽井沢町植物園で同じ木を見ることができます。

（●見学不可 ●軽井沢町植物園／しなの鉄道中軽井沢駅から車で5分）

長倉のハナヒョウタンボク群落
（撮影：岩崎勝利）

軽井沢町の天然記念物

県指定　熊野皇大神社のシナノキ、長倉のハナヒョウタンボク群落（全2件）
町指定　遠近宮社叢、諏訪神社社叢、長倉神社社叢、風越鷲穴半自然草原、甌穴（全5件）
「風越鷲穴半自然草原」は平成30年、新たに軽井沢町天然記念物に指定されました。

※軽井沢町の天然記念物リストはP142に掲載されています。

町指定 諏訪神社社叢

●北佐久郡軽井沢町軽井沢864ほか
●昭和53年4月8日指定

旧軽井沢のメインストリートから数分も歩くと、諏訪神社社叢となります。参道を進むと境内には、ケトチノキ、ケヤキ、ミズナラなど10余種の巨樹がその長い歴史を物語るようにさまざまな樹景を見せます。

（●一般向き ●交通／JR・しなの鉄道軽井沢駅から車で5分）

諏訪神社社叢

町指定 長倉神社社叢

●北佐久郡軽井沢町長倉2283-1
●昭和53年4月8日指定

中軽井沢駅近く、平安時代の文献『延喜式』に記載がある古社で、中山道沓掛宿の鎮守産土神として崇められてきたといわれます。

社叢にはアズサ、ブナ両種の巨木をはじめ、81余種の大木類が茂っています。

（●一般向き ●交通／しなの鉄道中軽井沢駅から徒歩10分）

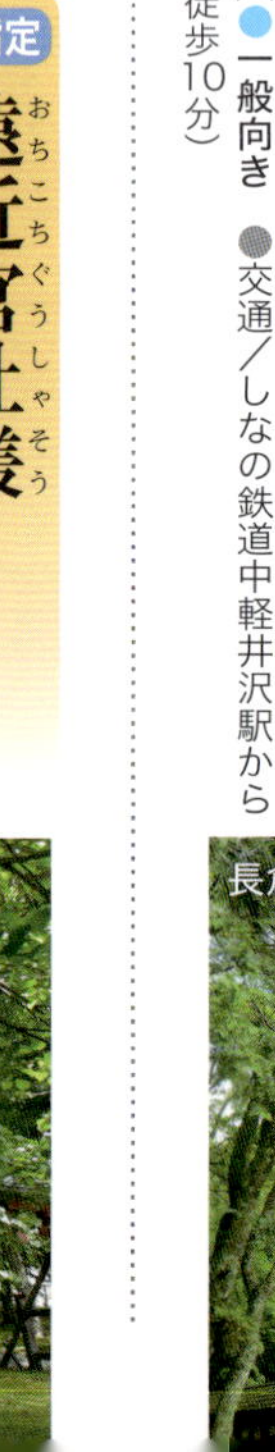

長倉神社社叢

町指定 遠近宮社叢

●北佐久郡軽井沢町長倉4751
●昭和53年4月8日指定

社叢としてシナノキ巨樹を主に60余種の木本類が社叢となっています。最大のシナノキは幹囲2.6メートル、樹高21メートル、境内にはいくつもの山岳信仰の石碑があります。

（●一般向き ●交通／しなの鉄道信濃追分駅から車で5分）

遠近宮社叢

24 立科町

東信・佐久地域

県指定 笠取峠のマツ並木

●北佐久郡立科町芦田字上常安平3896-2ほか
●昭和49年1月17日指定

江戸時代に幕府の政策により各地の主要街道沿いに並木が整備された折、中山道芦田宿の西方から笠取峠にかけて植えられました。

ゆったりとした峠道の両側には樹齢150～300年のアカマツが約70本、樹影を落としています。

（●一般向き ●交通／しなの鉄道大屋駅から車で30分）

江戸時代の街道の面影を残す、笠取峠のマツ並木

〈主な天然記念物〉

立科町の天然記念物

県指定
笠取峠のマツ並木
（全1件）

町指定
神代杉、天狗松
（全2件）

※立科町の天然記念物リストはP142に掲載されています。

町指定 天狗松

●北佐久郡立科町芦田字荒井戸峰
●平成5年12月8日指定

山中に立つ、天狗松

人家から離れた小高い山中にあり、県道からの道は非常にわかりづらいものの一見に値するアカマツで、コースの整備が望まれます。かつては一面の草原で、このアカマツだけが立っており、その威風から「天狗松」と名付けられたといわれます。2本に分かれ、主幹幹囲が3.9メートル、支幹も3.6メートルと堂々たるものです。

（●コース難あり ●交通／しなの鉄道大屋駅から車で30分、さらに徒歩20分）

県指定 ヤツガシラ

●地域を定めず（全県）
●昭和60年7月29日指定

ヤツガシラ。この聞きなれない野鳥はご存知でしょうか。全長約28センチメートル、冠羽は興奮すると広がり〝八頭〟のように…。

主にユーラシア大陸の温帯に分布し、日本にはごく稀に渡来します。長野県内では春先に、佐久地方や北信などでの観察例が伝わります。

撮影・倉石修嗣郎

町指定 神代杉

●北佐久郡立科町芦田
●昭和42年6月17日指定

異形の巨杉です。幹囲9.5メートル、樹高約20メートル、樹齢1500年と呼ばれ、落雷などによる何度もの火災にあい、主幹は20メートルで切断され大枝を欠くものの、それらを乗り越えて今なお孤高の生命力を保っています。その存在感には畏怖の念さえおぼえます。

蓼科山山頂にある蓼科神社の里宮がここにあり、そのご神木です。

（●一般向き ●交通／しなの鉄道大屋駅から車で30分）

圧倒される存在感、神代杉

県指定

下新井（しもあらい）のメグスリノキ

●南佐久郡北相木村下方4798
●昭和43年5月16日指定

葉の水煎液を湿布したり、樹皮を煎じて洗眼・内服すると目の疾患に効くといわれることから、この名が付きました。

カエデ科で樹高15メートル、幹囲2.8メートル、全国的にも珍しい巨木で、地区の人々により大切に守られてきました。

●一般向き ●交通／JR小海線小海駅から車で15分

下新井のメグスリノキ、目の疾患に

村指定

イチイの木（き）

●南佐久郡北相木村宮ノ平2244-3
●平成16年5月18日指定

「メグスリノキ」を見た後、県道を戻ると、道沿いに1本の大きな「イチイの木」が目に止まります。

幹囲約4メートル、樹高18メートル、すらりと真っ直ぐに伸びています。

●一般向き ●交通／JR小海線小海駅から車で10分

県道沿い、イチイの木

四方原山
124
イチイの木
下新井のメグスリノキ
北相木村役場
〈 主な天然記念物 〉
御座山

北相木村の天然記念物

県指定	下新井のメグスリノキ（全1件）
村指定	イチイの木（全1件）

※北相木村の天然記念物リストはP142に掲載されています。

TOPIC

御三甕（おみか）の滝（たき）

●南佐久郡南相木村三ヶ尻
●長野県指定名勝

御三甕の滝は、一風変わった見どころがあります。滝の真正面に立ちはだかる岩壁にトンネルがえぐられ、その中から滝が眺められます。おそるおそる入ると、途中の横穴から絵に描いたような美しい滝風景が現れます。

落差約16メートル、幅は1メートルほどまで狭められて、滝は岩の裂け目を流れ落ちます。嫁姑の悲しい伝説の伝わる滝です。

●一般向き ●交通／JR小海線小海駅から車で15分

御三甕の滝

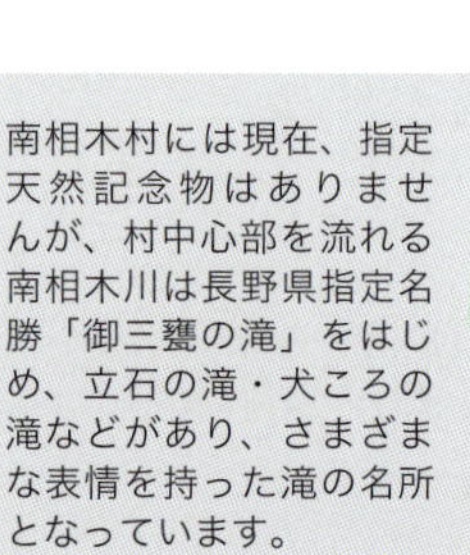

南相木村には現在、指定天然記念物はありませんが、村中心部を流れる南相木川は長野県指定名勝「御三甕の滝」をはじめ、立石の滝・犬ころの滝などがあり、さまざまな表情を持った滝の名所となっています。

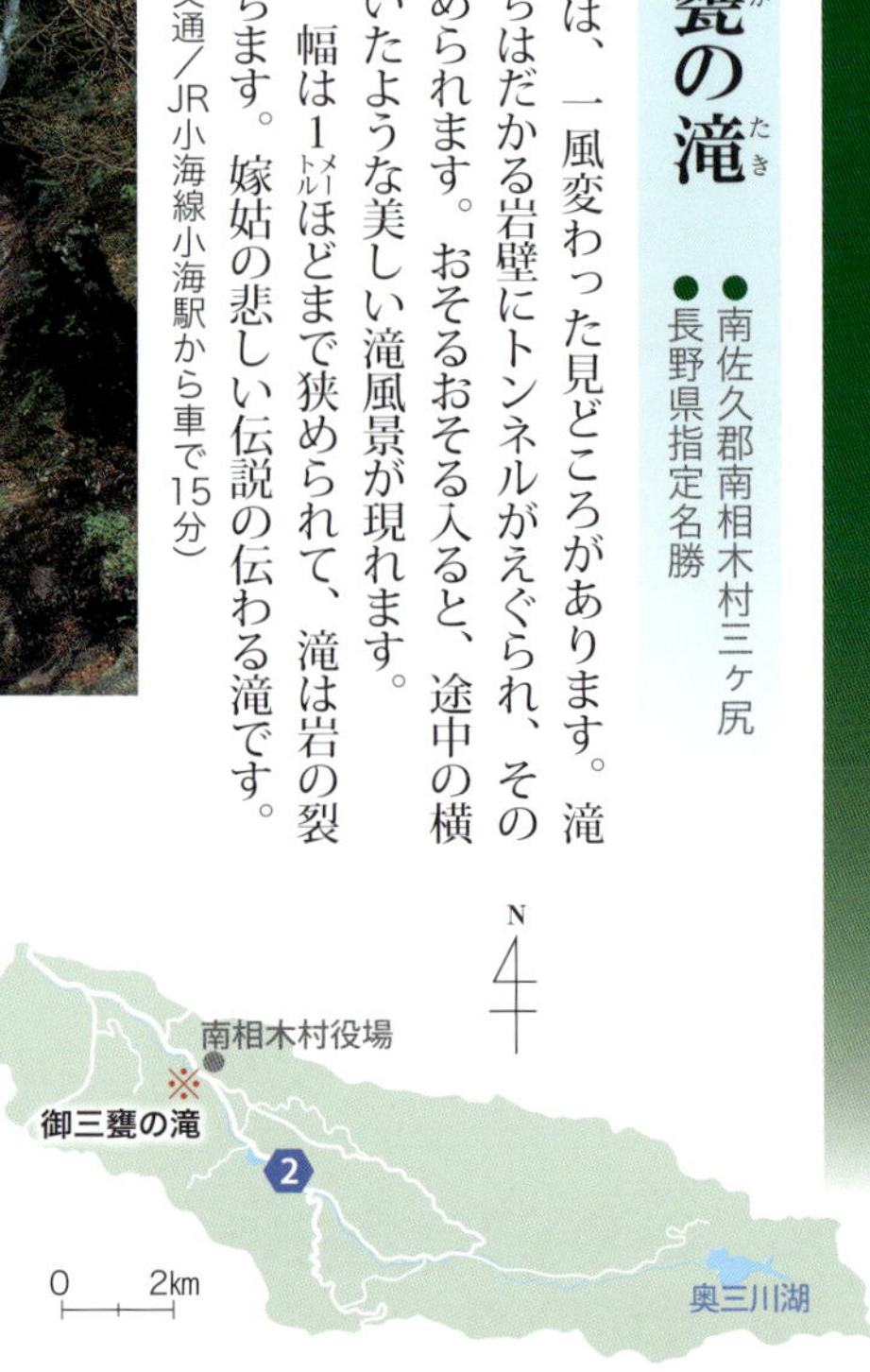

県指定

ホンシュウモモンガ

●地域を定めず（全県）
●昭和50年11月4日指定

全県下の主に山地に生息し、リス科で頭胴長15～20センチメートル、尾長10～15センチメートル、体重150～200グラムほどあります。

夜行性で、ほとんど人目にふれることはありませんが、ムササビのように木から木へと飛膜を広げてたくみに滑空します。

（写真提供・PIXTA）

町指定 一里塚の榎（いちりづかのえのき）

●南佐久郡佐久穂町畑清水町
●昭和56年11月3日指定

江戸時代の「甲州往還」で、諏訪・茅野へ通じる大石峠道の分岐点の道沿いの斜面にあり、幹径は1メートル余り。エノキは夏も新葉を広げ緑濃いことから、街道沿いの一里塚にはよく植えられてきました。

（●一般向き　●交通／JR小海線八千穂駅から徒歩10分）

街道沿い、一里塚の榎

町指定 神代杉（かみよすぎ）

●南佐久郡佐久穂町畑大門
●昭和56年11月3日指定

「神代杉」は目通り幹囲約7.5メートル、樹高約30メートル、枝張り東西13メートル、樹齢約1000年といわれる南佐久郡内では屈指の大木です。

諏訪神社境内にあり本殿手前の急傾斜地に立っています。本殿の左の崖には大きな洞窟があり、いくつもの祠が祀られています。

（●一般向き　●交通／JR小海線八千穂駅から車で10分）

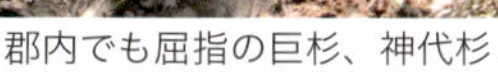
郡内でも屈指の巨杉、神代杉

佐久穂町の天然記念物

町指定　一里塚の榎、臼石、神代杉、川海苔、象の歯の化石、駒出池キャンプ場のツキヌキソウ、光り苔（全7件）

※佐久穂町の天然記念物リストはP142に掲載されています。

町指定 臼石（うすいし）

●南佐久郡佐久穂町大日向古谷
●昭和58年12月12日指定

約1億4000万年前から7000万年前、滝壺や急流の河底岩石に生じた臼石式のくぼみです。

水流による長い間の侵食と流れ込んだ礫の回転作用の結果生じたもので、これだけの規模のものは少ないといわれます。

（●一般向き　●交通／小海線羽黒下駅から車で30分）

直径5m余り、臼石

町指定 駒出池キャンプ場のツキヌキソウ（こまでいけキャンプじょうのツキヌキソウ）

●南佐久郡佐久穂町八郡八ヶ岳下2049
●平成8年9月30日指定

スイカズラ科の多年草。ツキヌキソウは、その名のように茎が葉を突き抜けて見える稀少な植物です。県下各地にはいくつかの生育地が知られますが、いずれも保護が図られています。生育地周辺には立ち入らないでください。

（●保護育成中　●交通／JR小海線八千穂駅から車で40分）

ツキヌキソウ（撮影・大塚孝一）

28 川上村

県指定 川上犬

●南佐久郡川上村（大深山を中心として）
●昭和58年7月28日指定

川上村を原産とする和犬で、「秩父山塊のヤマイヌ（ニホンオオカミ）が猟師によって飼い慣らされたもの」との言い伝えも残るほど運動能力が高く、野性味が強く精悍です。

しかも飼い主に対して忠実で、川上犬保存会が指定した純系種のうち、川上村で飼育されているものとされます。

（問合せ／信州川上犬保存会・℡0267-97-2518）
●申請必要 ●交通／JR小海線信濃川上駅から車で15分

精悍にして忠実、川上村が守り育ててきた川上犬

川上犬は、長野県南佐久郡川上村を生まれ故郷とする小型日本犬の純血種である。

柴犬の一種ということになっているが、川上犬は他の犬に比べて、とにかく威勢がいい。全速力で走り回り、思い切りジャンプする。動作が常にダイナミックで、吠え声にも、相手を脅かす迫力がある。

もともと狩猟犬として飼育され、険しい山中を大物相手に活躍した「野生の血」が、彼らの体の中に深く残されているのである。「川上犬はヤマイヌ（オオカミ）の血を引く」という言い伝えも、この犬の勇猛さを物語っている逸話の一つなのだ。

周囲を高い山々に囲まれた村の環境は、外来種との交雑をさまたげ、純粋なままの日本犬を残すことに役立ってきた。しかし、昭和になり、交通の発達や戦争などの影響で、村内の純血川上犬の数は激減し、一時は絶滅の危機にもたたされてしまう。

こうしたピンチを乗り越え、総計三百頭以上にまで川上犬の純血種を増やすことに成功した。その陰には、早い時期から学術的な価値に気づき、それを保護しようとした村民たちの努力と闘いがあった。

村人の暮らしとともに生き延びてきた川上犬。それは、川上村に住むすべての人々が、誇ることのできる大切な財産でもある。

（信州川上犬保存会）

県指定 樋沢のヒメバラモミ

●南佐久郡川上村樋沢御前下1234
●昭和35年2月11日指定

JR小海線、信濃川上駅を北へ車を数分走らせると、その線路沿いに1本の巨樹が見えてきます。「樋沢のヒメバラモミ」で、樹高約45メートル、幹周は4.2メートル余りあります。

ヒメバラモミは本州中部原産の特産種で、海抜1200メートル付近にまれに産しますが、分布は狭く個体数が少ないとされます。

●一般向き ●交通／JR小海線信濃川上駅から徒歩20分

樹高45m、ひときわ高い樋沢のヒメバラモミ

〈主な天然記念物〉

杉
ネズミサシの生垣
樋沢のヒメバラモミ
川上犬
信濃川上
龍昌寺
川上村役場
68
サワラ
天然カラマツ
JR小海線
千曲源流
住吉神社の樹林叢
106
ふれあいの森キャンプ場
廻り目平キャンプ場
天然カラマツ群生地
甲武信岳
金峰山
0 4km

川上村の天然記念物

県指定	川上犬、樋沢のヒメバラモミ（全2件）
村指定	アカマツ、アズサバラモミ、イシナシ、イヌザクラ、サワラ、湿地性植物群生地、杉、住吉神社の樹林叢、天然カラマツ、トチ、ナラ原生林、ネズミサシの生垣、ヒメコマツ、リンキ（全14件）

※川上村の天然記念物リストはP141に掲載されています。

村指定

ネズミサシの生垣

●南佐久郡川上村御所平（龍昌寺）
●昭和47年3月3日指定

千曲川に沿った集落の一角に、文禄3年（1594）に開山されたと伝わる古刹・龍昌寺があります。参道の両側には本堂まで一直線にネズミサシの生垣が続き、うねり曲がるように太枝をからませる様は見事なばかりです。推定樹齢は約200年。

（●一般向き ●交通／JR小海線信濃川上駅から徒歩20分）

樹高約10m、うねり曲がる太枝の迫力、ネズミサシの生垣

村指定

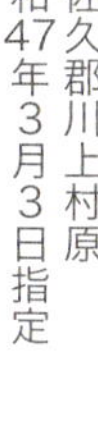
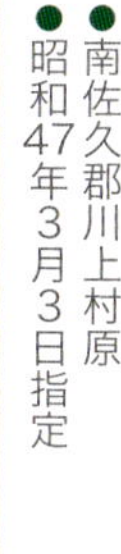

住吉神社の樹林叢

●南佐久郡川上村原
●昭和47年3月3日指定

住吉神社の樹林叢

川上村の中心部にある鎮守の森で、300種を超える多種の植物が共存しています。なかでも鳥居前のハルニレは幹周約4.6メートル、樹高約25メートル、樹齢約300年といわれ、鬱蒼とした樹林叢にひときわ目立ちます。

（●一般向き ●交通／JR小海線信濃川上駅から車で10分）

ふるさと通信

千曲川の源流、秩父多摩甲斐国立公園の一角に「金峰ふれあいの森・満天星の森」があります。この地は金峰山への登山口や周辺の山肌にそそり立つ岩峰に挑戦するロッククライミングの聖地としても名が知られ、「日本のヨセミテ」とも呼ばれる景観を成しています。

満天星の森を進むと、幹の直径50センチメートル余りの天然カラマツが群生し、オートキャンプも盛んです。

（自然愛好家 松井知美さん）

29 小海町

東信・佐久地域

県指定

山の神のサラサドウダン群落

●南佐久郡小海町豊里山の神平ほか
●昭和41年1月27日指定

高原一帯に咲き競う山の神のサラサドウダン群落

松原湖から高原美術館を抜け、八千穂高原へと登る手前に「山の神のサラサドウダン群落」があります。標高約1600メートル、約3ヘクタールの高原にサラサドウダンが群生し、6月中旬～7月上旬の花期には、高原は淡紅色に彩られます。

ツツジ科ドウダンツツジ属で、鐘形の花を多数吊り下げ、淡黄色の地に紅色の筋が入ることから、サラサ（更紗）と名付けられました。

（●一般向き ●交通／JR小海線小海駅から車で30分）

町指定

大久保の栃の木

●南佐久郡小海町小海大久保
●平成3年6月26日指定

樹高約22メートル、目通り直径1.2メートル、上州古道の休み場の目標とされた木で、古道の歴史的記念物として保存されています。大木の木陰でくつろぐ旅人の姿が思い起こされます。

（●一般向き ●交通／JR小海線小海駅から車で約30分）

大久保の栃の木（写真提供・小海町）

〈主な天然記念物〉
小海町役場
小海
JR小海線
大久保の栃の木
141
2
松原湖
白駒池
山の神のサラサドウダン群落
N
0 2km

小海町の天然記念物

県指定 山の神のサラサドウダン群落（全1件）
町指定 大久保の栃の木（全1件）

※小海町の天然記念物リストはP141に掲載されています。

30 南牧村（みなみまきむら）

東信・佐久地域

硫黄岳の高山に自生するキバナシャクナゲ

6～7月頃、
開花したキバナシャクナゲ

国指定 八ヶ岳（やつがたけ）キバナシャクナゲ自生地（じせいち）

●南佐久郡南牧村海ノ口八ヶ岳 ●大正12年3月7日指定

八ヶ岳の横岳から硫黄（いおう）岳付近など標高2500メートル以上の高山にのみ分布し、ハイマツ帯や礫地・草地の中に小群落をつくります。

樹高は30センチメートル以下で、地面を這うように枝を伸ばし、6～7月頃、淡クリーム色の八重咲きの花を咲かせます。

近年、このキバナシャクナゲは衰退傾向にあるようで、ハクサンシャクナゲが目立つようになってきたといわれます。低い標高の植物が侵入してきて、生存競争に負けているようです。高山の強風や雪の影響を強く受け、成長も遅いこの稀少な高山植物の明日が危惧されます。

（●コース要注意 ●交通／JR小海線野辺山駅から車で15分、さらに登山道3時間）

〈 主な天然記念物 〉

海尻　海尻の姫小松
硫黄岳
八ヶ岳　八ヶ岳キバナシャクナゲ自生地
横岳
141
JR小海線
野辺山
さかさ柏
0　2km
N

県指定 海尻（うみじり）の姫小松（ひめこまつ）

●南佐久郡南牧村海尻下殿岡631-1 ●昭和37年7月12日指定

別名はゴヨウマツで、幹囲1メートル、樹高25メートル。山地に生え、庭などにもよく植えられますが、これだけの大きなものは数少なく貴重です。

集落の一角にあり、海尻駅からの散歩にも良いでしょう。

（●一般向き ●交通／JR小海線海尻駅から徒歩5分）

海尻の姫小松、最大級のゴヨウマツ

南牧村の天然記念物

国指定	八ヶ岳キバナシャクナゲ自生地（全1件）
県指定	海尻の姫小松（全1件）
村指定	さかさ柏、枝垂栗、ナウマンゾウの歯（全3件）

※南牧村の天然記念物リストはP141に掲載されています。

さかさ柏、分岐した枝が根元からくねくね曲がる

村指定 さかさ柏（かしわ）

●南佐久郡南牧村平沢袖先 ●昭和47年10月14日指定

飯盛（めしもり）山の北西尾根の林中にあり、分岐した枝は根元からくねくね曲がり、地表または地中を数メートル這い、その先で四方へ枝を伸ばすという特異な樹形をしています。

「さかさ柏」の語源は武田信玄が杖にしたカシワの木を逆さに挿し、忘れていったものが根付いたともいわれます。清里アーリーバードゴルフクラブの道沿いにあり、クラブハウスに挨拶をしてから見学して下さい。

（●一般向き ●交通／JR小海線野辺山駅から車で10分）

31 小谷村

中信・大北地域

県指定 恐竜の足跡化石

● 北安曇郡小谷村千国乙6747（小谷村郷土館）
● 平成15年4月21日指定

約1億9000万年前の北小谷土沢流域にある来馬層露頭から発見された、小型の肉食恐竜と想定される足跡の化石です。日本最古の恐竜の存在を示し、アジア地域のジュラ期の古生物の分布状況等を検討する上で重要とされます。地史の奥深さを目にします。

● 一般向き・入館料 ● 交通／JR大糸線南小谷駅から徒歩5分、長野自動車道安曇野ICから車で1時間30分

岩盤に刻まれた肉食恐竜の足跡化石

県指定 石原白山社大杉

● 北安曇郡小谷村中土石原4927
● 昭和40年4月30日指定

姫川の右岸にほど近い石原白山社境内にある巨杉で、目通り幹囲10メートル余り、根囲18メートル、樹高42メートル。その根元から大きく裂けて空洞となり、中は畳6枚を敷けるほどの広さがあります。材質が硬く、雪折れに強い「山杉」といわれます。

● 一般向き ● 交通／JR大糸線南小谷駅から車で20分

根元には巨大な空洞

〈 主な天然記念物 〉

雨飾山
JR大糸線
148
オクチョウジザクラ群落
北小谷
ギフチョウ・ヒメギフチョウ（地域を定めず）
土谷諏訪神社腰掛杉
中土
石原白山社大杉
恐竜の足跡化石
小蓮華山
栂池自然園
小谷村役場
南小谷
栂池のコメツガ
ゴンドラリフト
0 2km

村指定 土谷諏訪神社腰掛杉

● 北安曇郡小谷村中土上手村
● 昭和59年2月27日指定

石原白山社の大杉から、さらに車で5分ほど登ると上手村の集落になります。集落の山手、土谷諏訪神社裏に「腰掛杉」があります。

樹種はクマスギで、目通り幹囲5メートル、樹高37メートル、なによりの特徴は「腰掛杉」の名の通り、地上20メートルあたりに多数の枝葉が密生し、巨大な座のよう…。里人は古くから神様の腰掛け杉と呼び、拝んできました。

● コース要注意 ● 交通／JR大糸線南小谷駅から車で25分

土谷諏訪神社腰掛杉

小谷村の天然記念物

県指定	石原白山社大杉、恐竜の足跡化石（全2件）
村指定	オクチョウジザクラ群落、ギフチョウ・ヒメギフチョウ、乳房の木（ハリギリ）、栂池のコメツガ、土谷諏訪神社腰掛杉、クロシジミ、大宮諏訪神社社叢、宇宮諏訪神社社叢、黒川諏訪神社社叢（全9件）

※小谷村の天然記念物リストはP141に掲載されています。

村指定 オクチョウジザクラ群落

● 北安曇郡小谷村北小谷生蒲平
● 昭和56年3月17日指定

日本海側の多雪地帯に分布し、チョウジザクラによく似ていますが、全体に毛が少なく、葉柄が長く、小谷村はその南限ともいえます。樹高3～5メートルほどで、5月初旬頃、白に近い淡紅色の花を下向きに付けます。

● 一般向き ● 交通／JR大糸線北小谷駅から車で5分

オクチョウジザクラ群落

村指定 栂池のコメツガ

● 北安曇郡小谷村千国乙12380
● 平成9年3月5日指定

栂池自然園は標高約1800メートル。残雪とミズバショウ、さまざまな高山植物と白馬連山の展望、秋の三段紅葉などで親しまれています。

その名の由来ともなったコメツガの巨木が栂池パノラマウェイのゴンドラ終点駅のすぐ南側にあります。樹高18メートル、目通り幹囲2.6メートル、梢には青い大きな実を付けます。

● 一般向き ● 交通／JR大糸線白馬大池駅から車で10分、さらに栂池パノラマウェイで30分

栂池のコメツガ

国指定 高瀬渓谷の噴湯丘と球状石灰石

●大町市平湯俣 ●大正11年10月12日指定

槍ヶ岳を源流とする湯俣川と水俣川は「湯水の出合」で合流しますが、この合流点から湯俣川をわずか登った地に「高瀬渓谷の噴湯丘と球状石灰石」があります。

一帯の川沿いからは何本も噴煙が吹き上り、さながら地獄絵を見るような異様な光景ですが、なかでも川辺の高さ5㍍近い噴湯丘が目に入ります。頂部からは熱泉が勢いよく吹き出し、その石灰質が凝固し、小山のような噴湯丘へと成長してきました。

高瀬ダム経由の川沿いに3時間ほどの平坦な登山コースで、渓谷美と槍ヶ岳の北面も望めます。川辺には温泉もあり、大自然の中での秘湯も楽しめるでしょう。

（●コース要注意 ●交通／JR大糸線信濃大町駅から車で60分、さらに登山道3時間）

湯俣川の川沿いに発達中の噴湯丘（1980年代）

発達した噴湯丘（2017年）

湯水の出合（撮影・野呂重信）

県指定 居谷里湿原

●大町市大町8279-10ほか ●昭和46年8月23日指定

仁科三湖のひとつ、木崎湖から東へ5分ほど車を走らせると、「居谷里湿原」入口となります。

周囲を森に囲まれ、一周30分ほどの遊歩道を歩むと、早春にはザゼンソウやミズバショウ、そして珍しいハンノキの花、夏にはコオニユリやショウブが多く見られます。また湿原内では初夏、世界最小のまるで真紅のペンダントのようなハッチョウトンボにも出会えることがあります。

（●一般向き ●交通／JR大糸線信濃大町駅から車で15分）

宝石のようなハッチョウトンボ

早春の居谷里湿原とミズバショウ

〈 主な天然記念物 〉

大町市の天然記念物

国指定	高瀬渓谷の噴湯丘と球状石灰石（全1件）
県指定	居谷里湿原、大塩のイヌ桜、大町市のカワシンジュガイ生息地、仁科神明宮社叢、若一王子神社社叢（全5件）
市指定	霊松寺のオハツキイチョウ、大黒町追分のシダレザクラ、高根町曽根田のエドヒガン、須沼薬師堂のカツラ、若栗のアオナシ 他（全21件）

「仏崎観音寺のアカマツ」は枯死のため、平成30年指定解除されました。

※大町市の天然記念物リストはP141に掲載されています。

仁科神明宮（国宝）社叢（写真提供・大町市）

県指定

仁科神明宮社叢（にしなじんめいぐうしゃそう）

●大町市社1159
●昭和44年3月17日指定

仁科神明宮は、神明造（じんめいづくり）の建築物としては我が国で唯一の国宝で、創祀は平安時代に遡ると考えられています。境内に入ると、樹高50メートルを超える巨杉「三本の杉」が迎えてくれます。

その社叢は、面積約1万9千平方メートル。樹齢700年にも及ぶスギ・ヒノキを主とした巨木と、その樹下にはツツジ・カエデなどの灌木類、林床にはミズギボウシ・ヤブタバコなどの草本が生育しています。静寂そのものの地。ぜひ訪れてみて下さい。

（●一般向き　●交通／JR大糸線信濃大町駅から車で20分）

県指定

若一王子神社社叢（にゃくいちおうじじんじゃしゃそう）

●大町市大町2097ほか
●昭和40年4月30日指定

若一王子神社社叢と三重塔（写真提供・大町市）

大町市街地の北部に鬱蒼とした社叢を見せる若一王子神社は、樹齢400年の杉の巨木をはじめ、400本近くの大小のスギやヒノキが訪れる人にパワーを与えます。

境内には神社でありながら、三重塔や観音堂があり、また夏には市民あげての例大祭と稚児（ちご）の流鏑馬（やぶさめ）も行われています。

（●一般向き　●交通／JR大糸線信濃大町駅から車で5分）

県指定

大塩のイヌ桜（おおしおのイヌざくら）

●大町市美麻大塩薬師堂3342
●昭和37年7月12日指定

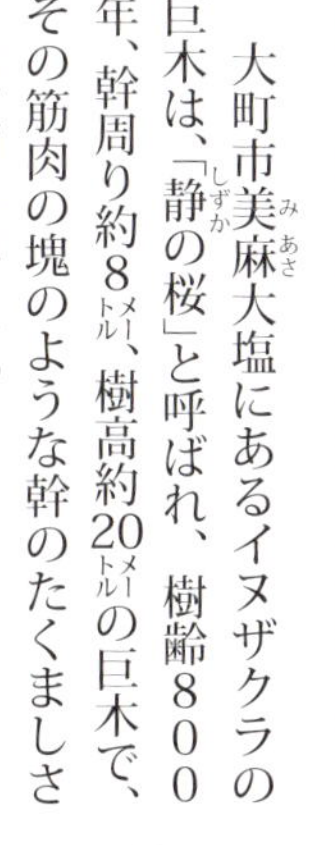

大町市美麻（みあさ）大塩にあるイヌザクラの巨木は、「静（しずか）の桜」と呼ばれ、樹齢800年、幹周り約8メートル、樹高約20メートルの巨木で、その筋肉の塊のような幹のたくましさには圧倒されます。

このイヌザクラは他の桜の花が散り終えた5月下旬頃、若葉の先に多数の小さな花を付けます。

「静の桜」の由来は、静御前が旅の途上、この地で亡くなる時に持っていた杖に根が付き、現在の巨木に育ったといわれています。樹勢の衰えは否めず、近年、近隣住民による熱い保護活動により樹勢回復の処置が施され、周辺も整備されています。（花期／5月中～下旬）

（●一般向き　●交通／JR大糸線信濃大町駅から車で10分）

ふるさと通信

静の桜（大町市美麻）

大町市街地から木々の生い茂る道を抜けると、不意に空が開け大塩の集落が現れる。その高台にまるで集落の番人のように根をおろす。いわゆる桜のイメージとは程遠い、うねるような幹、ゴツゴツと盛り上がったこぶ、ずんぐりした樹形。春、周囲のオオヤマザクラが華やかに咲き誇るのを見届けるかのように、5月下旬頃にようやく花を咲かせる。その堂々とした容姿に似合わずとても小さな白い花は近づいて見ないとわからないほどで、なんとも奥ゆかしい。秋に葉を落とし、辺りが雪に覆われた冬の姿も凛として美しい。

地元在住　美麻ベーカリー
吉本　臣子さん

大塩のイヌ桜と花穂（右上）

県指定

大町市のカワシンジュガイ生息地

●大町市平20677ー2先～15637ー1先、大町市大町8267ー11先～8194先
●平成19年1月11日指定

中綱湖と木崎湖を繋ぐ川幅1㍍足らずの農具川に、〝生きた化石〟「川真珠貝」が生息しています。

淡水に住む中型の黒色の二枚貝で、氷河期には関東平野まで分布しましたが、現在では限られた高冷地に姿を残すのみです。わずかに残った生息地で、生息数もごくわずか。その貴重な生息環境はぜひ守らなければなりません。

（●保護育成中 ●交通／JR大糸線信濃木崎駅から徒歩15分）

（写真提供・大町市）

川底のカワシンジュガイ▶

市指定

霊松寺のオハツキイチョウ

●大町市大町6665ーイ
●昭和63年1月14日指定

大町市の東部、霊松寺山の山裾にある霊松寺は格式ある名刹で、四季を通じて自然と北アルプスの眺望を楽しめます。

この境内にあるのが、「オハツキイチョウ」（お葉付きイチョウ）で、銀杏の実が葉のふちに結実する珍しいものです。オハツキイチョウは子宝・安産・幸運のお守りとして人気がありますが、全体の葉のごく一部にしか見られません。

（●一般向き ●交通／JR大糸線信濃大町駅から車で20分）

霊松寺のオハツキイチョウ

（写真提供・PIXTA）

市指定

大黒町追分のシダレザクラ

●大町市大町大黒町1517ー1
●平成7年4月26日指定

大町市街の中心部やや北にあり、糸魚川街道と善光寺街道の分岐点に位置する市民にもなじみ深い桜。

幹囲3・05㍍、樹高は8.5㍍とずんぐりした樹姿で、狭い境内には大黒天像などが置かれています。樹齢は推定150年。（花期／4月中旬頃）

（●一般向き ●交通／JR大糸線北大町駅から徒歩5分）

大黒町追分のシダレザクラ

市指定

須沼薬師堂のカツラ

●大町市常盤須沼字中畑4203
●平成6年4月28日指定

薬師堂の門木の位置にある通称「こうの木」。大町市内最大の2本のカツラで、樹木の欠損部が見られず活力は旺盛です。東幹は目通り幹囲3.5㍍、樹高20・5㍍、樹齢推定約200年。西幹は目通り幹囲4.1㍍、樹高25・5㍍、樹齢推定約300年。

（●一般向き ●交通／JR大糸線信濃常盤駅から徒歩15分）

須沼薬師堂のカツラ

（写真提供・大町市）

市指定

若栗のアオナシ

●大町市美麻上ノ平34161ーロ
●平成18年3月27日指定

旧・美麻村から信州新町方面へ山道を走ると、峠の広場にゴツゴツとした幹のアオナシが1本、立っています。このアオナシは、古くから食べられてきた和梨の一種で、ミチノクナシ（イワテヤマナシ）の変種とされています。

（●一般向き ●交通／JR大糸線信濃大町駅から車で20分）

若栗のアオナシ

市指定

高根町曽根田のエドヒガン

●大町市大町高根7174-1 ●平成10年3月25日指定

目通り幹囲4・65メートル、樹高12メートル、樹齢は推定約300年といわれ、太い幹は地上3メートルほどで大きく4本に分かれ、四方にゆったりと枝を伸ばし、見事な樹姿を見せます。北安曇野屈指の名桜といえるでしょう。

満開の花々の彼方には残雪の北アルプス後立山連峰も望め、その秀麗な美しさも格別です。大町市郊外の住宅地の一角にあり、周辺はよく整備されています。

（花期／4月中旬頃）

（●一般向き ●交通／JR大糸線信濃大町駅から車で5分）

市指定

海の口のアカマツ（カサマツ）

●大町市平13188-4 ●平成5年6月25日指定

海の口のアカマツ（カサマツ）

木崎湖の北東を走る国道148号沿いの小高い丘に幹囲4・17メートル、樹高18メートルの「海の口のアカマツ」が立っています。

ここは「塩の道」千国街道の海ノ口宿があった地で、その海口庵の寺叢林の中から1本だけ残ったとみられます。

（●一般向き ●交通／JR大糸線海ノ口駅から徒歩5分）

市指定

水上神社の大杉

●大町市美麻二重宮村 ●平成18年3月27日指定

旧・美麻村にある水上神社の参道石段の横に立つ御神木で、幹囲約7.5メートル、樹高50メートル、樹齢推定約750年といわれる巨杉です。美麻の誇りであり、水上神社のシンボルです。

とにかく、まっすぐに空を差し、まわりの木々も手入れされているので、見事な樹姿を境内のどこからも見上げられます。

（●一般向き ●交通／JR大糸線信濃大町駅から車で15分）

旧・美麻村の誇り、水上神社の大杉

大雪渓の上部、杓子岳を望む小雪渓と高山植物帯（撮影・町田和義）

シナノキンバイ

ウルップソウ

高山植物帯上部

高山植物帯のクルマユリ大群落

ハクサンフウロ

特別天然記念物

国指定

白馬連山の高山植物帯（しろうまれんざんのこうざんしょくぶつたい）

● 北安曇郡白馬村北城
● 昭和27年3月29日指定

北アルプス白馬岳（標高2932メートル）を中心として長野・新潟・富山の三県にまたがり、南北に30キロメートル以上、面積124平方キロメートルを超える広い地域が特別天然記念物となっています。

この地域には、白馬岳東面の大雪渓上部のクルマユリ大群生地などのお花畑をはじめ、稜線一帯の砂礫地や岩礫地、さらに超塩基性の蛇紋岩地帯などのさまざまな環境が見られるため、ハクサンフウロやウルップソウなど400種にも及ぶ高山植物の宝庫となっていますが、本格的な登山コースです。（花期／6月下旬～8月中旬）

（●コース要注意 ●交通／JR大糸線白馬駅から猿倉まで車で30分、さらに登山コース2～3日）

主峰・白馬岳とお花畑

白馬村の天然記念物

国指定　白馬連山の高山植物帯（全１件）
県指定　八方尾根高山植物帯（全１件）
村指定　親海湿原姫川源流植物帯、嶺方堀田の大山桜、神城断層、クロサンショウウオ生息地、長谷寺の老杉群、貞麟寺の枝垂れ桜、ハクバサンショウウオ、ハッチョウトンボ・アオイトトンボ・キイトトンボ、八方尾根鎌池湿原、八方薬師堂の江戸彼岸桜、ヒメギフチョウ・ギフチョウ、深空十郎様の大山桜、細野諏訪神社の大杉、嶺方諏訪社の老杉群、嶺方のクリとイチイ（全15件）

※白馬村の天然記念物リストはP141に掲載されています。

県指定

八方尾根高山植物帯（はっぽうおねこうざんしょくぶつたい）

●北安曇郡白馬村北城西山4487-1
●昭和39年8月20日指定

八方尾根は、春から秋まで北アルプストレッキング自然観察路としても親しまれていますが、充分な登山装備で登って下さい。

その主なエリアは標高1680メートル付近の黒菱平鎌池（かまいけ）湿原から八方池上部（2100メートル）までで、尾根に沿ったコースでは多様な地形植生や白馬連峰をはじめとする後立山連峰の勇姿を望めます。

（●コース要注意 ●交通／JR大糸線白馬駅から車で10分、ゴンドラリフトで30分、さらに八方池まで登山道60分）

観察ガイド

● 鎌池湿原
ミズゴケなどからなる高層湿原で、モウセンゴケ、イワイチョウ、ワタスゲなどの湿性植物、オオタカネバラなどの低木類などが密生し、植物観察の宝庫です。一周10～20分。

● 八方池への自然観察路沿い
初夏のムシトリスミレ、盛夏のハッポウタカネセンブリ、ハッポウワレモコウ、カライトソウなどこの地特有の稀少な高山植物が見られます。また、蛇紋岩地質による特異な植生にも注目してください。片道1時間ほどの亜高山トレッキングコースです。しっかりした登山装備で！

残雪の白馬三山とミズバショウ、八方尾根鎌池湿原（6月上旬）

八方尾根トレッキングコース

八方池と白馬三山

特別天然記念物

国指定

カモシカ

●地域を定めず
●昭和30年2月15日指定

長野県の「県獣」としても親しまれているウシ科の哺乳類で、体長1.5メートルほどの日本特産種。シカの仲間ではありません。長野県下では低山帯から高山帯まで広く見られ、木の葉や若芽などを食べます。

単独性でおとなしく、山で出会っても少し遠くからこちらを見つめていますが、時には植林木を荒らすこともあります。

村指定

ヒメギフチョウ・ギフチョウ

●北安曇郡白馬村一円
●昭和49年10月1日指定

雪解けとともに春の山野を舞う小型の美しいアゲハチョウで、「春の舞姫」「春の女神」とも呼ばれ、カタクリやサクラ類などの花を訪れます。

白馬村一帯は全国的にも数少ない両種の混生地で、全村をあげての保護活動も進められていますが、限られた生息環境の保全もこれからの課題となっています。

（発生期／4月中旬～5月初め）
（●保護育成中）

◀カタクリに吸蜜するギフチョウ

ひと回り小さなヒメギフチョウ▼

村指定

貞麟寺の枝垂れ桜

●北安曇郡白馬村神城6482
●昭和49年10月1日指定

貞麟寺は弘治2年(1556)に開基されたと伝えられる古刹で、その本堂前に開基時に植えられたとされるヒガンシダレがあります。
幹囲5メートル、樹高は16メートル、咲き競う花々の彼方に、北アルプス山麓の残雪がよく似合います。(花期/4月中〜下旬)

(●一般向き ●交通/JR大糸線南神城駅から車で10分)

貞麟寺の枝垂れ桜

村指定

長谷寺の老杉群

●北安曇郡白馬村神城25426
●昭和49年10月1日指定

明徳2年(1391)の長谷寺創建時に植えられたと伝えられます。参道沿いに6本の老杉があり、目通り幹囲5メートル強、樹高35メートルの巨杉を筆頭としています。
また、周辺には春先、コブシの花も美しく咲き競います。

(●一般向き ●交通/JR大糸線飯森駅から徒歩10分)

長谷寺の老杉群

村指定

親海湿原姫川源流植物帯

●北安曇郡白馬村神城佐野
●昭和55年2月1日指定

白馬村と大町市の境界近く、佐野坂の林中に「親海湿原」と「姫川源流植物帯」があります。
「親海湿原」は標高約750メートルにもかかわらず、亜高山・高山性の湿性植物が豊富で、一周約20分ほどの遊歩道が整備され、5月のミツガシワ、6月のサワオグルマ、7月のコオニユリなどをゆっくり観察できます。
「姫川源流植物帯」は親海湿原のすぐ北にあります。「姫川源流自然観察園」として源流一帯は整備され、森の奥から湧き出る源流、清流に咲くバイカモなど見どころが豊富です。

(●一般向き ●交通/JR大糸線南神城駅から徒歩15分)

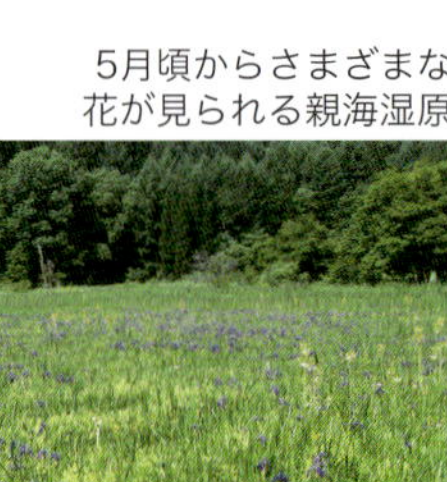

5月頃からさまざまな花が見られる親海湿原

姫川源流。早春から晩秋まで見どころも豊富

村指定

八方薬師堂の江戸彼岸桜

●北安曇郡白馬村北城八方
●昭和52年3月1日指定

八方地区の中心部、樹齢約300年と伝わります。エドヒガンは山野に自生する野生種で、薪炭用に定期的に伐採されますが、この八方薬師堂では信仰のため保護されてきました。幹囲3.8メートル、樹高15メートル。地区を見守る名桜です。(花期/4月中旬頃)

(●一般向き ●交通/JR大糸線白馬駅から車で5分)

八方薬師堂の江戸彼岸桜

村指定

嶺方諏訪社の老杉群

●北安曇郡白馬村北城23621
●昭和55年2月1日指定

嶺方の諏訪神社境内は、推定樹齢500年といわれる杉の巨木が鎮守の森を形づくっています。なかでも入口の老杉は目通り幹囲8.3メートル、樹高38メートルとひときわ大きく、すっくと聳えるその樹姿は古武士を思わせます。

(●一般向き ●交通/JR大糸線白馬駅から車で30分)

嶺方諏訪社の老杉群

34 松川村

中信・大北地域

川西の一本松

村指定

●北安曇郡松川村2804-2
●平成元年12月12日指定

広々とした安曇野の真ん中にすっくと立つ一本松で、遠くからもよく望めます。江戸時代、南北に通じる道沿いにあり、「塩の道」もこの横を通っていました。

幹囲3.7メートル、樹高12メートル、樹齢推定約200年のアカマツで、がっしりとした主幹と四方にしっかりと伸びた枝張りも素晴らしいものです。

●一般向き ●交通／JR大糸線信濃松川駅から車で10分

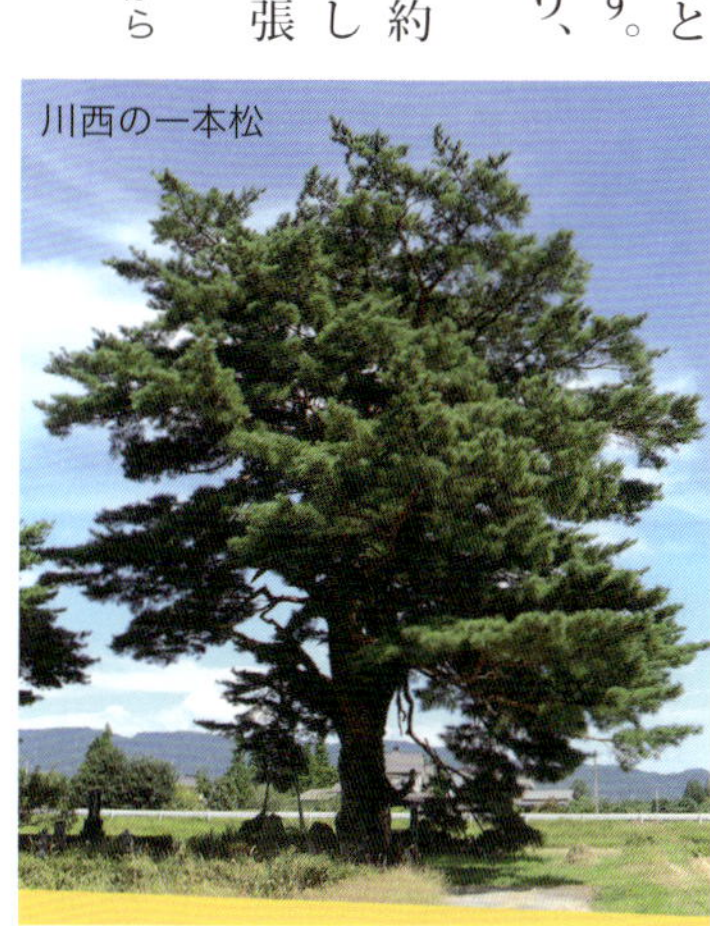
川西の一本松

桜沢のさくら

村指定

●北安曇郡松川村4455-2
●平成11年3月19日指定

山麓沿いの車道から100メートルほど畑の中の小道を歩くと、ゴツゴツとした太い幹のシダレザクラが立っています。

幹囲5.3メートル、樹高は約9メートル、主幹は残念ながら途中で失われています。満身創痍の古木ですが、精一杯に花を付けています。個人の裏庭のようで見学は自由ですが、地元の方には挨拶をして下さい。（花期／4月中旬頃）

●一般向き ●交通／JR大糸線信濃松川駅から車で10分

桜沢のさくら

〈主な天然記念物〉

川西の一本松
松川村役場
信濃松川
JR大糸線
306
147
桜沢のさくら
N
0 2km

松川村の天然記念物

村指定 川西の一本松、桜沢のさくら（全2件）

※松川村の天然記念物リストはP141に掲載されています。

35 池田町

中信・大北地域

菅ノ田の姫杉

町指定

●北安曇郡池田町広津（菅ノ田観音堂）
●昭和52年10月1日指定

菅ノ田の姫杉

菅ノ田観音堂の入口にあり、目通り幹囲4.5メートル、樹高は約35メートル。この杉の特徴は、ほかの杉の葉と比べて特に短く密であり、このことから「姫杉」と呼ばれます。

●一般向き ●交通／JR大糸線信濃松川駅から車で25分

渋田見城山の落葉松

町指定

●北安曇郡池田町会染渋田見城山
●昭和52年10月1日指定

幹囲3・85メートル、樹高25メートル、樹齢推定約400年の古木で、町立美術館の裏手、渋田見城跡西斜面、雑木林の中に頭角を現わしています。この山の主といった感があります。

●コース要注意 ●交通／JR大糸線信濃松川駅から車で20分、さらに山道徒歩30分

渋田見城山の落葉松

成就院のしだれ桜

町指定

●北安曇郡池田町広津平出
●昭和47年2月5日指定

成就院は東山の山腹にある名刹で、その参道沿いに享保年間（1716～36）、往時の住職が植樹したといわれる「成就院のしだれ桜」があります。

幹囲2.6メートル、樹高約10メートル、四方に張り出した安定感のある樹姿です。（山中にあるにもかかわらず花期は早く、4月上～中旬）

●一般向き ●交通／JR大糸線信濃松川駅から車で20分

成就院のしだれ桜

〈主な天然記念物〉

N
菅ノ田の姫杉
成就院のしだれ桜
池田町役場
51
渋田見城山の落葉松
0 2km

池田町の天然記念物

町指定
菅ノ田の姫杉、渋田見城山の落葉松、成就院のしだれ桜（全3件）

※池田町の天然記念物リストはP140に掲載されています。

四阿屋山ぶな原生林

村指定

●東筑摩郡筑北村坂井漸々
●昭和49年7月1日指定

四阿屋山は筑北村の真ん中に聳える標高1387メートルの山。その名の通り台形の山頂を持ち、神社を安置し、四方から登山道が登っています。

山頂まで登ると立派なブナ林が現れ、緩やかな山頂稜線に沿ってブナの原生林が続いています。株立ちしたブナが多く、かつて切られた事のあるブナの林のようです。山頂の平地から四方に下る斜面には、単独の太いブナの原生林があります。

(●コース要注意 ●交通／長野自動車道麻績ICから車で15分、さらに登山道2時間弱)

四阿屋山ぶな原生林

杉崎の枝垂ひがん桜

村指定

●東筑摩郡筑北村坂井杉崎
●昭和49年7月1日指定

JR篠ノ井線冠着駅から徒歩15分足らずの山手に、祠を守るように聳えています。幹囲2.9メートル、樹高約20メートル、西方には北アルプスの山並みも見事です。

(花期／4月中～下旬)

(●一般向き ●交通／長野自動車道麻績ICから車で5分)

杉崎の枝垂ひがん桜

大欅

村指定

●東筑摩郡筑北村東条立川
●昭和48年7月6日指定

県道277号から空峠への街道(廃道)に入ると、曲がりくねった路傍にこの大欅がどっしりと座しています。目通り幹囲6.5メートル、樹高28メートル、推定樹齢約300年。地元の人々から「山の神の大欅」と呼ばれています。根元近くには馬頭観音の石仏が多数安置され、峠越えの歴史を物語ります。

(●一般向き ●交通／JR篠ノ井線西条駅から車で15分)

根元近くには多くの苔むした石仏。大欅

大日堂樅

村指定

●東筑摩郡筑北村坂北仁熊
●平成元年3月28日指定

大日堂は古刹・岩殿寺の塔頭のひとつで、県道55号を差切峡に向かう道沿いにあります。胸高幹囲5.2メートル、樹高はかつて30メートルほどあったようですが、平成8年、地上10メートルほどで延命のため枯れた上部を切り取りました。推定樹齢800年といわれます。

(●一般向き ●交通／JR篠ノ井線坂北駅から車で10分)

大日堂樅

中村神明宮大欅

村指定

●東筑摩郡筑北村坂北中村
●平成元年3月28日指定

旧坂北村役場の東南100メートル程、住宅地の間に中村神明宮があります。その社殿の裏側の巨木で、根元に大きな空洞がありますが幹囲8.1メートル、樹齢推定600年といわれ、まだ樹勢は良く沢山の葉を付けています。

(●一般向き ●交通／JR篠ノ井線坂北駅から車で10分)

中村神明宮大欅

〈 主な天然記念物 〉

聖高原
冠着
JR篠ノ井線
麻績IC
杉崎の枝垂ひがん桜
大日堂樅
坂北
中村神明宮大欅
四阿屋山ぶな原生林
刈谷沢神明宮社叢
安坂の一本杉
刈谷沢長者原の皂莢
筑北村役場
西条
大欅
長野自動車道
12
403
0 2km

筑北村の天然記念物

村指定 安坂の一本杉、四阿屋山ぶな原生林、大欅、刈谷沢神明宮社叢、刈谷沢長者原の皂莢、坂井の千本杉、杉崎の枝垂ひがん桜、大日堂樅、中村神明宮大欅、南谷沢大栃（全10件）

※筑北村の天然記念物リストはP140に掲載されています。

村指定
刈谷沢神明宮社叢

●東筑摩郡筑北村坂北刈谷沢
●平成元年3月28日指定

国道403号から久保田川右岸を1キロメートルほど東に入ると、社地1町3反歩余の刈谷沢神明宮です。スギ、モミ、ヒノキ、マツ、ツガ、カヤなど樹齢推定約600年の樹木が鬱蒼と生い茂る神社林の社叢があります。

(●一般向き ●交通／JR篠ノ井線坂北駅から車で10分)

刈谷沢神明宮社叢

村指定
刈谷沢長者原の皀莢

●東筑摩郡筑北村坂北刈谷沢長者原
●昭和58年3月30日指定

目通り幹囲3・82メートル、樹高約20メートル、サイカチとしては最大級で、樹下に洗濯石といわれる大きな石があり、「かちの実」を砕き、その汁を石けんがわりに使ったといわれます。

(●一般向き ●交通／JR篠ノ井線坂北駅から車で20分、さらに徒歩5分)

刈谷沢長者原の皀莢

安坂の一本杉

村指定
安坂の一本杉

●東筑摩郡筑北村坂井真田
●昭和49年7月1日指定

県道12号の修那羅峠から麻績方面に下ると集落の中に神社があります。その石段の上に立っているのが「安坂の一本杉」です。石段は杉に押されて歪んでいました。

樹高60メートル、目通り幹囲9.5メートル、推定樹齢300年以上と、とにかく巨木です。幹には空洞もなく樹勢も良く、樹皮も傷みもなく美しい。根元は太く、両手を伸ばしても広い壁を触っているようでした。

(●一般向き ●交通／長野自動車道麻績ICから車で15分)

37 麻績村

中信・松本地域

〈主な天然記念物〉

神明宮の大杉
長野自動車道
聖高原
麻績村役場
麻績IC
12
403
N
0 2km

村指定
神明宮の大杉

●東筑摩郡麻績村麻5583
●昭和60年2月28日指定

神明宮は、伊勢神社麻績御厨の総社として建立された古社で、石畳の参道沿いには樹齢800年といわれる大杉が参拝者を迎えてくれます。

幹囲は7.2メートルもあります。太い幹は地上から7〜8メートルほどの高さで3本に分かれ、見上げると何か歳月を超えた生命の驚異を感じることでしょう。

(●一般向き ●交通／JR篠ノ井線聖高原駅から車で5分)

麻績村の天然記念物

村指定　神明宮の大杉（全1件）

「鍋山の千本松」は枯死のため
平成30年、指定解除手続き中です。

※麻績村の天然記念物リストはP140に掲載されています。

神明宮の大杉

国指定
柴犬

●地域を定めず（全県）
●昭和11年12月16日指定

全国的な小型日本犬の代表。信州柴・美濃柴・越後柴などに分かれ、勇敢で猟犬として最適とされてきました。純血度が高いものとして「川上犬」が知られています。

体の大きさは、体長40〜45センチメートルほど。体毛は赤茶色などで、飼い主にはよく馴れます。縄文時代からの長い歴史の中で、人とともに生きてきた日本古来の犬といえます。

柴犬

県指定 乳房イチョウ

●東筑摩郡生坂村906
●昭和40年4月30日指定

村指定 平七社のケヤキ

●東筑摩郡生坂村906
●平成3年12月25日指定

乳房イチョウ。根元近くには乳房（柱瘤）が垂れ下がる

小立野の乳房観音堂境内にあり、樹齢推定800年、幹囲7メートル、樹高35メートルと松本塩尻地区では最大のイチョウです。乳房（柱瘤）が二十数本垂れ、最長は2メートル余り。母乳の不足する母親が祈願し、下枝の煎じ汁を何回も飲むと母乳が出るという信仰があります。お礼参りには乳の絵馬、木綿で作った乳房、燈明などが奉納されました。

そのすぐ東側には隣接して「平七社のケヤキ」があります。幹囲5メートル余り、社殿と見事に調和しつつ、たくましく巨根を張る風格あるケヤキです。

平七社のケヤキ

村指定 ひばり桜

●東筑摩郡生坂村5073-1
●平成元年6月6日指定

上生坂卒倒坂にある「ひばり桜」は、おとぎ話と俳句作家の巌谷小波が昭和2年（1927）2月に命名した桜で、根元には「雲雀桜」の碑が建てられています。地上約2メートルで大きく枝分かれし、その根元の幹は2.5メートル位まで空洞で枝数も少なく、樹木医の診断を受け樹勢回復が図られています。（花期／4月中～下旬）

（●一般向き ●交通／JR篠ノ井線明科駅から車15分）

ひばり桜

〈主な天然記念物〉

宮ノ原神明宮の社叢
日置神社社叢
ひばり桜
生坂村役場
下生野五社宮社叢
平七社のケヤキ
乳房イチョウ
19
N
0
2km

下生野五社宮社叢

村指定
●東筑摩郡生坂村3048
●平成元年6月6日指定

本殿は天照大神など五座の祭神を祀ることから、横に五つ並ぶ五間社相殿の県内でも珍しい建築様式です。

境内には多数の文化財があり、幹囲3メートル以上のスギ、ケヤキ、モミの大木も多く茂り、見事な社叢となっています。

（●一般向き ●交通／JR篠ノ井線明科駅から車で10分）

下生野五社宮社叢

生坂村の天然記念物

県指定　乳房イチョウ（全1件）
村指定　大日向神社の社叢、観音様のスギ、観音堂のイチョウ、下生野五社宮社叢、平七社のケヤキ、平畑峰の二本松、日置神社社叢、ひばり桜、万平松並木、宮ノ原神明宮の社叢（全10件）

※生坂村の天然記念物リストはP140に掲載されています。

村指定 日置神社社叢

●東筑摩郡生坂村6302-1
●平成元年6月6日指定

生坂村役場から国道19号を西へ進むと日置神社があり、幹囲3メートル以上のスギ4本、モミ1本、ケヤキ3本ほか多数の大木があります。延喜式内神社で境内は広く、鬱蒼と茂る大木が見事で風格と威厳のある社叢を成しています。

（●一般向き ●交通／JR篠ノ井線明科駅から車で15分）

日置神社社叢

中房温泉の膠状珪酸および珪華

国指定

中房温泉の膠状珪酸および珪華

●安曇野市穂高有明
●昭和3年10月4日指定

北アルプス燕岳への登山口としても知られる中房温泉。その一角に「中房温泉の膠状珪酸および珪華」があります。膠状珪酸は、温泉成分中の珪酸成分が原始的な微生物に付着した、ゼリー状の物質です。珪華は、温泉水の温度低下などにより珪酸成分が沈殿したもので、厚さ1メートルに達するものもあります。

尚、この地は中房温泉の敷地内にあり、温泉利用を兼ねて事前に必ず見学を申請して下さい。また、見学の際は指示に従い、現地保全に努めて下さい。

（●一般向き ●申請必要〈中房温泉(株)／℡0263-77-1488／冬季閉館〉 ●交通／JR大糸線穂高駅から中房温泉駐車場まで車で60分、さらに中房温泉受付から徒歩10分）

撮影・町田和義

市指定

正福寺の杉

●安曇野市穂高有明7574
●平成20年10月29日指定（合併に伴う新指定）

正福寺は北アルプス燕岳の手前に聳える修験の山・有明山の麓にあり、付近は「八面大王」伝説の地としても知られます。「正福寺の杉」は、幹囲5.4メートル、樹高38メートル、主幹はまっすぐ上へ伸び、周囲を圧倒するばかりです。

（●一般向き ●交通／JR大糸線穂高駅から車で20分）

正福寺の杉

安曇野市の天然記念物

国指定　中房温泉の膠状珪酸および珪華（全1件）

市指定　大室のシダレヒガンの巨木、上鳥羽のとげなし栗、旧温明小学校跡のヒマラヤスギ・ユリノキ、旧浄心寺跡のクロマツ・カヤ・イチョウ、熊倉のケショウヤナギ、小泉金井氏氏神のコノテガシワ、小芹荒神社のケヤキ、小日向のクヌギ、塩川原天狗社のケヤキ、正福寺の杉、住吉神社御神木「ヒノキ」、住吉神社の社叢、田沢神明宮社叢、田沢山の巨大礫、寺所の山桑の古木、等々力家のビャクシン、中曽根のオオシマザクラ、一日市場西の桑の大樹、一日市場東の桑の大樹、穂高神社大門の欅、穂高神社若宮西の欅、本村の大シダレザクラ、南小倉古原のカスミザクラ、南小倉のシダレヒガンの巨木、矢原社宮地のマユミ、吉野荒井堂の大銀杏、吉野熊野権現神社のビャクシン並びにツルマサキ、吉野神社のシダレヒノキ（全28件）

※安曇野市の天然記念物リストはP140に掲載されています。

南小倉のシダレヒガンの巨木

市指定 南小倉（みなみおぐら）のシダレヒガンの巨木（きょぼく）

●安曇野市三郷小倉2190－ニ
●平成20年10月29日指定

室山（793㍍）の北を走る県道沿いにあるシダレザクラの老木で、目通り幹囲4.5㍍、地上1.5㍍ほどで二股に分岐しています。樹高は15㍍ほどで、老衰のため頂部は切られましたが、特徴のある樹姿でカメラを向ける人々もよく見られます。また、県道の反対側の墓地にも3本の巨木があり、開花期にはあたりは華やかな彩りとなります。（花期／4月中～下旬）

●一般向き ●交通／JR篠ノ井線松本駅から車で40分、JR大糸線一日市場駅から車で10分

市指定 本村（ほんむら）の大（おお）シダレザクラ

●安曇野市豊科2068
●平成20年10月29日指定

安曇野の広い田園地帯の真ん中にあり、西方には北アルプス常念山脈の山並みが展開します。

目通り幹囲3.3㍍、樹高は12㍍ほどですが、主幹はいくつにも大きく分岐し、がっしりとした樹姿を見せます。小林家の共同墓地に植えられているシダレヒガンですが、墓地への立ち入りはご遠慮下さい。（花期／4月中～下旬）

●一般向き ●交通／JR大糸線豊科駅から車で5分

残雪の常念山脈と、本村の大シダレザクラ、

市指定 等々力家（とどりきけ）のビャクシン

●安曇野市穂高2945－1
●平成20年10月29日指定

等々力家のビャクシン

等々力家は江戸時代、松本藩主の本陣とされ、その屋敷や桃山期の流れをくむ庭園が見事です。（現在、閉館中。再開未定）

「等々力家のビャクシン」はその庭園の小高い地にあり、幹囲は2・93㍍、根は地表を四方に張り、幹は木肌を露出させ、雄々しい感があります。

●閉館中 ●交通／JR大糸線穂高駅から車で5分

市指定 小日向（こびなた）のクヌギ

●安曇野市明科東川手3369－ロ
●平成20年10月29日指定

明科から国道403号を東へ10分余り、さらに南への細い市道を登ると「小日向のクヌギ」が小高い地に立っています。目通り幹囲3.9㍍、樹高22㍍、根元近くで主幹2本のうち1本は失われていますが樹勢は良く、根元には月夜見の神などを祀る、小さな石の祠が置かれています。

●一般向き ●交通／JR篠ノ井線明科駅から車で20分

小日向のクヌギ

市指定 住吉神社（すみよしじんじゃ）の社叢（しゃそう）

市指定 住吉神社御神木（すみよしじんじゃごしんぼく）「ヒノキ」

●安曇野市三郷温5931－1ほか
●平成20年10月29日指定

御神木のヒノキをメインに、ミズナラ・ニシキギなどの樹林、フクオウソウ・マイヅルソウなど62科・200種の植物が自生します。注連縄が張られ鉄柵に囲まれた「ヒノキ」は目通り幹囲5.4㍍、樹高33㍍、推定樹齢1000年ともいわれます。

●一般向き ●交通／JR篠ノ井線松本駅から車で20分

住吉神社の社叢

◀住吉神社御神木「ヒノキ」

市指定
穂高神社大門の欅

●安曇野市穂高6653-3
●平成20年10月29日指定

穂高神社の参道入口に立つ幹囲5メートルの巨木ですが、地上4メートルほどで主幹を失っています。樹齢は400年を超え、古くは江戸時代の文書に、この木陰で参拝者が涼んだ…と記載されています。

(●一般向き ●交通／JR大糸線穂高駅から徒歩5分)

穂高神社大門の欅

市指定
田沢神明宮社叢

●安曇野市豊科田沢4746・4747・7564
●平成20年10月29日指定

光城山の南側、県道57号沿いにあり、ゆるやかな登りの参道をゆくと鬱蒼とした社叢となります。2760平方メートルの広大な社叢には草木81科、378種が生育しますが、訪れる人も少なく、静寂の境内はひとり、無心に休むにはなによりでしょう。

(●一般向き ●交通／JR篠ノ井線田沢駅から徒歩10分)

静寂の境内、田沢神明宮社叢

市指定
穂高神社若宮西の欅

●安曇野市穂高6079
●平成20年10月29日指定

穂高神社、若宮の西側にあり、井上靖の短編小説『欅』のモデルともなった名木。幹囲4.2メートル、樹高18メートル、樹齢500年は優に超えた老木ですが、緑濃く樹勢は旺盛です。

(●一般向き ●交通／JR大糸線穂高駅から徒歩5分)

穂高神社若宮西の欅

市指定
吉野荒井堂の大銀杏

●安曇野市豊科3278
●平成20年10月29日指定

安曇野市豊科の住宅地の一角に「吉野荒井堂の大銀杏」があります。さりげなく安曇野の発展を見守ってきたような大イチョウです。

(●一般向き ●交通／JR大糸線豊科駅から車で10分)

市指定
旧温明小学校跡のヒマラヤスギ・ユリノキ

●安曇野市三郷明盛4810-3
●平成20年10月29日指定

明治42年(1909)、旧・温明小学校卒業の学者が母校に植えたものです。交流学習センター「ゆりのき」の南側に、ヒマラヤスギ2本とユリノキ1本がたくましい姿を見せます。

(●一般向き ●交通／JR篠ノ井線松本駅から車で20分、JR大糸線一日市場駅から徒歩15分)

吉野荒井堂の大銀杏

ユリノキ(中央)とヒマラヤスギ

市指定
田沢山の巨大礫

●安曇野市豊科5609-3
●平成20年10月29日指定

平成4年、田沢小松沢山の採石場から出土。鉢盛山付近から運ばれ堆積したものと推定され、その移動距離は30～40キロメートルにも達します。新第三紀層の泥岩に含まれる礫としてはフォッサ・マグナの中で最大級で、古地理や列島の成因に迫るものです。現在は南安曇教育文化会館の南庭に置かれています。

(●一般向き ●交通／JR大糸線豊科駅から徒歩5分)

田沢山の巨大礫

特別名勝及び特別天然記念物

天然保護区域

国指定

上高地（かみこうち）

●松本市安曇上高地
●昭和27年3月29日指定

日本を代表する山岳景勝地で、北アルプスへの登山基地、近代アルピニズム発祥の地としても知られます。

槍・穂高連峰を源流とする梓川（あずさがわ）が横尾・徳沢・明神・大正池と亜高山帯樹林を縫って流れ下り、梓川沿いの自然観察歩道からは見上げるばかりの高峰に圧倒されます。さらに、幻想的な大正池や明神池には白い峰々が映り込み、3000メートル級の高峰との壮大な自然美を展開します。

上高地、梓川と穂高連峰。5月中旬

※松本市の天然記念物リストはP139～140に掲載されています。

松本市の天然記念物

国指定（特別名勝及び特別天然記念物）上高地（全1件）

国指定（特別天然記念物）白骨温泉の噴湯丘と球状石灰石（全1件）

県指定　反町のマッコウクジラ全身骨格化石、シナノトド化石、穴沢のクジラ化石、梓川のモミ、大野田のフジキ、千手のイチョウ、八幡宮鞠子社のメグスリノキ、矢久のカヤ、横川の大イチョウ（全9件）

市指定　赤怒田のフクジュソウ群生地、安養寺のシダレザクラ、内田のケヤキ、岡田神社旧参道のケヤキ、牛伏寺のカラマツ、槻井泉神社の湧泉とケヤキ、中村のカヤ、奈川のゴマシジミ、波田小学校のアカマツ林、波多神社のコナラ、芳川のタキソジューム、和田萩原家のコウヤマキ 他（全38件）

「廣澤寺参道のケヤキ並木」は平成30年に新たに松本市天然記念物に指定され、「島立南栗の三本松」（市指定）は平成30年、枯死のため指定解除手続き中です。

北アルプス 蝶ヶ岳の稜線と槍・穂高連峰

天然保護区域・上高地

中部山岳国立公園の中南部に位置し、周囲を槍ヶ岳、穂高連峰、常念山脈などの高山に囲まれた広大な地域で、原始そのままの高山・亜高山性自然景観と、青く澄み切った梓川と流域の原生林のもたらす幻想的な自然美は、まさに「山紫水明」そのものといえるでしょう。

上高地は保護すべき天然記念物(動植物・地質鉱物)に富む天然保護区域として厳格に保護されています。その一方で、梓川の河床上昇や外来動植物の侵入など、自然保護に関わる課題も多くあります。

(●**一般向き** ●交通/JR松本駅から車で40分、沢渡からバス・タクシー乗換えで20分)

上高地の四季

春

上高地の春は5月、梓川沿いに見られるケショウヤナギの芽吹きから始まります。田代池一帯や明神池などではズミ(コナシ)の花が咲き、続いて徳沢への林床にはニリンソウの純白の花が敷き詰められます。

清流・梓川

夏

7月、梅雨明けと同時に夏山シーズンを迎え、カラフルな装備の登山者が高山を目指します。この頃、穂高連峰の涸沢・岳沢や槍沢などは、ミヤマキンポウゲ・シナノキンバイ・ハクサンイチゲなどが槍・穂高連峰の岩峰をバックに咲き競います。

そして、ハイマツに覆われた稜線では運が良ければライチョウの親子やオコジョに出会えるかも…。

穂高連峰・涸沢錦秋

秋

9月下旬、高山から紅葉が始まります。涸沢は紅葉のメッカとして多くの登山者、山岳写真愛好家を招きます。その最大の魅力は赤(ナナカマド)、黄(ダケカンバ)、緑(ハイマツ)の織り成す華麗な三色紅葉と、それらをさらに包み込むような広大な穂高連峰の岩峰でしょう。

冬

上高地入口の釜トンネルで通行ゲートは閉鎖されますが、松本から富山への安房峠のルート開通により、日帰りハイキングも可能となり、近年は冬の自然美を訪ねて散策する人々も多く見られます。

厳冬の早朝、大正池付近の木々や水辺は霧氷に覆われ、純白の神秘的な世界が出現します。

厳冬の上高地、霧氷の大正池と穂高連峰

特別天然記念物

国指定 ライチョウ

●地域を定めず（全県）
●昭和30年2月15日指定

2500㍍以上の高山帯で、一年を通して過ごす唯一の鳥で、長野県の「県鳥」にも指定されています。夏は上半身が黒褐色、冬は全身が真っ白い羽毛に覆われます。近年、キツネやニホンザルによる捕食被害も危惧されています。

冬毛から夏毛に換毛中のライチョウ

イヌワシ（撮影・轟達広）

国指定 イヌワシ

●地域を定めず（全県）
●昭和40年5月12日指定

イヌワシは本州に生息するワシタカ類としては最大で、翼開長は2㍍を超えます。中部山岳地帯を主として高山・亜高山帯や上信越県境付近の深山などにも見られますが、広大なテリトリー（占有生息環境）を必要とし、その生息環境保全が最重要といえるでしょう。

県指定 ホンドオコジョ

●地域を定めず（全県）
●昭和50年11月4日指定

亜高山から高山帯にかけて生息する食肉目イタチ科の小動物で体長20㌢メートルほど。夏は腹部以外は薄茶色、冬は純白に換毛します。

登山道や山小屋などにも現われ、愛らしい姿ですが、時にはノウサギなどさえ襲うといわれます。すばしこく動き回り「小さな猛獣」とも呼ばれます。

夏毛のホンドオコジョ

県指定 オオイチモンジ タカネヒカゲ（高山蝶）など

●地域を定めず（全県）
●昭和50年2月24日指定

長野県指定の高山蝶10種のうち、上高地周辺にはミヤマシロチョウを除く9種が生息しています。梓川沿いや岳沢などにはオオイチモンジやコヒオドシなど7種、常念山脈のハイマツ帯稜線などの高山帯にはタカネヒカゲとミヤマモンキチョウが見られます。これらの稀少な蝶類の保護のためには、その生息環境を守ることが第一といえます。

（●保護育成中）

盛夏の北アルプス・穂高連峰（左）と槍ヶ岳（右）

特別天然記念物

国指定

白骨温泉の噴湯丘と球状石灰石

●松本市安曇白骨 ●昭和27年3月29日指定

乗鞍岳の山麓にある名湯・白骨温泉。噴湯丘は、温泉水中に多量に含まれた炭酸カルシウムが噴出口周囲に沈殿し、次第に高く円錐状に成長したものです。現在は噴湯していませんが、かつて大量に温泉が湧出していたことを物語るものです。

また、球状石灰石は炭酸カルシウムが沈殿し球状をなしたものです。噴湯丘と共に国内では類例が少なく、学術上の価値が高いとして特別天然記念物に指定されています。

（●一般向き ●交通／JR篠ノ井線松本駅から車で70分）

白骨温泉の噴湯丘

球状石灰石

（写真提供・松本市教育委員会）

県指定

シナノトド化石

●松本市七嵐85-1（松本市四賀化石館）
●昭和60年11月21日指定

大正9年（1920）頃に、当時の東筑摩郡五常村（現在の松本市五常）の谷底から発見され、和名シナノトドと命名されました。その後の研究により、この仲間の化石はデスマトフォカ科のアロデスムス属に移り、現在ではシナノアロデスムスとして知られています。

（●一般向き・入館料 ●交通／JR篠ノ井線松本駅から車で30分、長野自動車道安曇野ICから車で20分）

シナノトド化石

県指定

反町のマッコウクジラ全身骨格化石

●松本市七嵐85-1（松本市四賀化石館）
●平成17年3月28日指定

昭和63年（1988）に松本市四賀の保福寺川の護岸で発掘され、シガマッコウクジラと命名されました。四賀化石館のメイン展示（レプリカ）となっています。

マッコウクジラの全身骨格化石は世界に2例しかなく、世界最古の大変貴重なものです。

（●一般向き・入館料 ●交通／JR篠ノ井線松本駅から車で20分、長野自動車道安曇野ICから車で20分）

▲反町のマッコウクジラ全身骨格化石レプリカ

▲全身骨格化石産状レプリカ

県指定

穴沢のクジラ化石

●松本市取出大平1236-1
●昭和48年3月12日指定

昭和11年（1936）、穴沢川の砂防工事中に発見されたもので、別所層（約1300万年前、海に溜まった泥岩層）の地層から出土しました。発見された現地に展示施設をつくり、そのままの状態で保存、展示公開されています。平成30年より風化を防ぐための修復工事が始まりました。

（●一般向き ●交通／JR篠ノ井線松本駅から車で40分）

穴沢のクジラ化石展示施設

穴沢のクジラ化石。発見された現地で保存展示公開

県指定

梓川のモミ

●松本市梓川梓4419（大宮熱田神社）
●昭和37年9月27日指定

大宮熱田神社は旧県社の威厳ある神社で、本殿は国の重要文化財指定を受けています。

参道入口の鳥居をくぐると、すぐ左手に「日本一の樅ノ木」と記されたモミの巨木が立っています。とにかく、そのパワーに圧倒されます。みなぎる生命力と風格、目通り幹囲6.3メートル、樹高43メートル、樹齢は推定600年とされますが、まだまだ将来が楽しみです。

（●一般向き ●交通／JR篠ノ井線松本駅から車で20分）

梓川のモミ

県指定

大野田のフジキ

●松本市安曇タテ394
●昭和43年5月16日指定

「フジキ」というより「ナンジャモンジャの木」という方がわかりやすいでしょう。フジキは暖地系のマメ科の樹木で、長野県内では数少ないといわれます。

「大野田のフジキ」は、大野田の氏神、伊勢二ノ宮神社の境内にあり、幹囲3.5メートル、樹高20メートル、樹齢は不明で、樹勢が心配されます。

（●一般向き ●交通／JR篠ノ井線松本駅から

大野田のフジキ

県指定

横川の大イチョウ

●松本市中川字横道下4825-1・4825-4
●平成17年9月26日指定

松本と上田を結ぶ国道143号の脇にどっしりとした樹景を見せます。目通り幹囲5.3メートル、樹高25メートル、主幹は地上4～5メートルあたりから四方へ太枝を伸ばし、枝張りも見事です。

秋の黄葉は一段と美しく、10月下旬、訪れた日はびっしりと黄色に彩られていました。

（●一般向き ●交通／長野自動車道安曇野ICから車で25分）

県指定

矢久のカヤ

●松本市中川6229
●平成19年1月11日指定

矢久のカヤ

胸高幹囲4メートル、樹高18メートル、カヤの木としては長野県下有数の大木で、緑濃く樹形も申し分ありません。地区の召田家の墓地内にあり、ノキシノブの付いた幹は、長い歳月を感じさせます。

（●一般向き ●交通／JR篠ノ井線明科駅から車で20分、長野自動車道安曇野ICから車で30分）

横川の大イチョウ

県指定

八幡宮鞠子社のメグスリノキ

●松本市梓川上野1942-1
●平成15年9月16日指定

梓川左岸の山沿いに八幡宮鞠子社が鎮座しています。メグスリノキは日本固有種で、民間医療を支えてきた薬木です。幹囲3・06メートル、樹高28メートル、北相木村のメグスリノキと並ぶ全国有数の巨木です。

（●一般向き ●交通／JR篠ノ井線松本駅から車で30分）

八幡宮鞠子社のメグスリノキ

県指定

千手のイチョウ

●松本市入山辺千手8548
●昭和40年7月29日指定

入山辺の千手地区、山の入口に薬師堂があり細い道を数分登ると、古い小さな観音堂が見えてきます。

「千手のイチョウ」は観音堂を覆うばかりに立っていましたが、かつての主幹は枯れてしまい、現在は切り株（幹囲11㍍）でのみ、その大きさを知ることができます。その切り株からは、元気な若木が伸びており、今なお地元の人々により大切に守られています。

（●一般向き　●交通／JR篠ノ井線松本駅から車で25分、さらに徒歩5分）

千手のイチョウ（写真提供・松本市／2018年撮影）

市指定

奈川のゴマシジミ

●松本市奈川
●平成25年6月20日指定

かつては長野県内でも各地で生息していましたが、全国的に絶滅の危惧にあります。奈川地区では平成24年、本州中部亜種が発見されました。奈川でも生息地はごく限られ、官民一体での保護活動が進められています。

（●保護育成中　●交通／JR篠ノ井線松本駅から車で60分）

奈川のゴマシジミ（撮影・小田高平）

市指定

安養寺のシダレザクラ

●松本市波田1660
●平成23年3月22日指定

松本から上高地への国道158号沿いに名刹・安養寺があります。境内には樹齢500年以上になるシダレザクラの巨木2本（幹囲4.8㍍・3.9㍍、樹高12㍍・19㍍）をはじめ、数多くのシダレザクラがあり、4月中旬の開花期には安養寺全体を包みこむように淡紅色に染めます。

また、庫裏の西側には市天然記念物の「安養寺の三本スギ」と「安養寺のコウヤマキ」があり、いずれも巨樹ですが、残念ながら立入禁止となっています。（花期／4月中旬頃）

（●一般向き　●交通／JR篠ノ井線松本駅から車で15分、アルピコ交通上高地線三溝駅から徒歩5分）

安養寺のシダレザクラ

赤怒田のフクジュソウ群生地

市指定

赤怒田のフクジュソウ群生地

●松本市赤怒田962-2ほか
●平成18年3月27日指定

春一番、残雪から頭を出すようにフクジュソウが咲き始めます。ここ赤怒田は北斜面の約2㌶いっぱいにフクジュソウが大群落をつくり、黄金色の花が咲き競います。

毎年3月中旬には赤怒田地区をあげての「フクジュソウ祭り」が行われ、県内外から多くの観光客が訪れます。（花期／3月中～下旬）

（●一般向き　●交通／JR篠ノ井線松本駅から車で30分、同明科駅から車で20分）

市指定

波田小学校のアカマツ林

●松本市波田10286-1
●平成23年3月22日指定

旧・波田町役場の北側にあり、上高地への国道158号に沿った校庭の南側にアカマツ約450本が植えられています。古くは松本藩の御林として、その後は官林として保護されてきました。

(●一般向き ●交通／JR篠ノ井線松本駅から車で20分、アルピコ交通上高地線波田駅から徒歩5分)

波田小学校のアカマツ林

市指定

波多神社のコナラ

●松本市波田4751
●平成23年3月22日指定

旧・波田町にある波多神社は田村堂に隣接し、境内は鬱蒼とした森になっています。ひときわ際立つのは、まっすぐに伸びたコナラの大木。ご神木を示す注連縄が張られています。

目通り幹囲5.1メートル、樹高30メートル、樹齢800年以上と推定されます。定期的に伐採されるコナラとしては驚異的な長寿命です。これからも地域のシンボルとして皆を見守りつつ長生きしてほしいものです。

(●一般向き ●交通／JR篠ノ井線松本駅から車で30分、アルピコ交通上高地線渕東駅から徒歩10分)

波多神社のコナラ

市指定

内田のケヤキ

●松本市内田322
●昭和42年2月1日指定

国重要文化財・馬場家住宅の祝殿の境内にあり、「馬場家のケヤキ」とも呼ばれています。

馬場家住宅は江戸時代の豪農屋敷で、ケヤキは住宅から100メートルほど離れた祝殿に立っています。幹囲7・34メートル、松本市内のケヤキでは最大で、圧倒的な存在感です。

(●一般向き ●交通／JR篠ノ井線村井駅から車で10分)

内田のケヤキ

ケヤキの立つ祝殿

市指定

岡田神社旧参道のケヤキ

●松本市岡田下岡田487ほか
●昭和62年4月14日指定

岡田神社は平安時代の『延喜式』にも記載がある古い由緒ある神社で、その旧参道の大鳥居の手前に2本の大ケヤキがあります。

目通りの直径はともに2メートル、高さは20メートルほどです。広い参道の両側には車道がありますが、ゆったりと立つケヤキはなにか懐かしさを感じさせます。

(●一般向き ●交通／JR篠ノ井線松本駅から車で15分)

岡田神社旧参道のケヤキ

和田萩原家のコウヤマキ

市指定

●松本市和田330
●昭和50年11月11日指定

和田地区の旧家・萩原家の邸内にあり、端正な樹姿は屋敷塀の外からも一段と目を引きます。

幹囲4・28メートル、樹高30メートル。屋敷入口の格式ある門を入ると、すぐ左にすっくと聳えています。コウヤマキとしては長野県下随一の巨木と推定されます。

尚、個人宅の屋敷内なので、見学の際は申請と挨拶を忘れなく願います。

（●一般向き ●宅地内要申請 ●交通／JR篠ノ井線松本駅から車で20分）

芳川のタキソジューム

芳川のタキソジューム

市指定

●松本市村井町北1－594－42
●昭和51年10月21日指定

北米産の樹木で、明治末期に日本に渡来したものです。その珍しさから旧芳川小学校の校庭に植栽されたと思われます。幹囲2.5メートル、樹高30メートル、校庭の一角に悠然と立っています。

（●一般向き ●交通／JR篠ノ井線村井駅から徒歩20分）

槻井泉神社の湧泉とケヤキ

市指定

●松本市清水1－2ほか
●昭和42年2月1日指定

ケヤキは幹囲4.8メートル、高さ20メートルの老木です。松本市の中心部にありながら、その根元にある湧泉とともに静寂な佇まいを醸し出しています。

この地一帯は豊富な湧水や湧泉が見られ、江戸時代からこの水を利用して染色・製紙業が興りました。

（●一般向き ●交通／JR篠ノ井線松本駅から車で10分）

槻井泉神社の湧泉とケヤキ

中村のカヤ

市指定

●松本市入山辺2529
●昭和42年2月1日指定

「千手のイチョウ」のすぐ下、中村集落の一角にあるカヤで、所有者の阿部さん宅前の小道を20メートルほど入ると、屋根を覆うばかりの巨木に驚かされます。幹囲4.4メートル、樹高18メートル、地上2メートルあたりで6本の太枝に分かれ、うねるように枝を張っています。阿部さん宅にはご挨拶願います。

（●一般向き ●交通／JR篠ノ井線松本駅から車で20分）

中村のカヤ

牛伏寺のカラマツ

市指定

●松本市内田2573
●昭和42年2月1日指定

松本平きっての名刹、牛伏寺の本堂裏手の山中にひときわ大きなカラマツが見えます。幹囲3・69メートル、樹高は40メートル、樹齢は推定400年とされます。ひたすら天上を目指し伸びる姿は、天と地とを繋ぐかのようです。

（●一般向き ●交通／JR篠ノ井線村井駅から車で15分）

牛伏寺のカラマツ

41 山形村

アララギ（村指定）
枝垂桜（村指定）

●東筑摩郡山形村7764-1（清水寺）
●昭和42年7月27日指定

清水寺は標高1200メートルという山中の高所にあります。創建は古く、奈良時代だといわれます。清水寺の仁王門を入ると、山門近くの参道の左手に樹高約27メートルのアララギ（イチイの別称）の大木が聳えています。地上から4メートル程まで枝がなく、その上から勢いのある枝が張り出しています。

また、本堂前庭に、樹高約13・5メートル、樹齢推定150年のシダレザクラの古木があります。清水寺開基伝承によると、この桜は開山した僧の名から地元では「行基桜」と呼ばれ、親しまれてきました。

（●一般向き ●交通／JR松本駅から車で50分、アルピコ交通上高地線波田駅から車で20分）

アララギ

枝垂桜

建部社のサワラ（村指定）

●東筑摩郡山形村5093
●平成4年3月17日指定

山形村役場の北西1キロメートルあたりの住宅地の一角に建部神社があります。境内拝殿の右横に幹囲約4.3メートル、樹高32メートル、樹齢推定300年のサワラの大木が聳えています。肌の艶が良く、苔は少なく、幹に空洞もありません。

（●一般向き ●交通／JR松本駅から車で30分、長野自動車道塩尻北ICから車で20分）

建部社のサワラ

〈主な天然記念物〉

建部社のサワラ
旧酒屋のカヤ
小坂諏訪社のケヤキ
山形村役場
地蔵様のアカマツ
アララギ
枝垂桜
宗福寺のコウヤマキ
291
25
N
0 2km

宗福寺のコウヤマキ（村指定）

●東筑摩郡山形村7894
●平成4年3月17日指定

本堂前の境内中央に、幹囲約3.8メートル、樹高約19メートル、樹齢推定350年のコウヤマキの大木があります。

根元はしっかりしていますが地上3メートル程まで枝はなく、その上からたくさんの枝が張っていて、樹勢は良く全体の姿も手入れが行き届いています。

（●一般向き ●交通／JR松本駅から車で30分、長野自動車道塩尻北ICから車で20分）

宗福寺のコウヤマキ

山形村の天然記念物

村指定　アララギ、池ノ戸カタクリ群生地、小坂諏訪社のケヤキ、旧酒屋のカヤ、椹清水座禅草群生地、枝垂桜、地蔵様のアカマツ、宗福寺のコウヤマキ、建部社のサワラ（全9件）

※山形村の天然記念物リストはP139に掲載されています。

小坂諏訪社のケヤキ（村指定）

●東筑摩郡山形村3389
●平成4年3月17日指定

訪れた時は晩秋、幹囲5・15メートル、樹高約30メートル以上のケヤキ回りで、小さなお子さんとお父さんが、その落葉をホウキで集めている真っ最中…焚き火か家庭菜園の堆肥にされるのでしょうか。

（●一般向き ●交通／JR松本駅から車で30分、長野自動車道塩尻北ICから車で20分）

小坂諏訪社のケヤキ

旧酒屋のカヤ（村指定）

●東筑摩郡山形村3510-1
●平成4年3月17日指定

下大池コミュニティーセンター南側の庭に、目通り幹囲2.3メートル、樹高18メートルの大きなカヤの木があります。高さ2メートル程の所から幹が二つに分かれています。樹齢推定150年といわれます。

（●一般向き ●交通／JR松本駅から車で30分、長野自動車道塩尻北ICから車で20分）

村指定 斉藤氏共同墓地のシダレザクラ

●東筑摩郡朝日村古見
●昭和50年7月10日指定

朝日村役場から車で約5分、間登男之湯に登る坂道の左手にある大木で、幹囲4.2メートル、樹高18メートル。根元から3～4メートルのところで2本に分かれ、大きく傘を広げたように梢全体に花を咲かせます。
（花期／4月中～下旬）

●一般向き ●交通／JR篠ノ井線塩尻駅から車で25分

斉藤氏共同墓地のシダレザクラ

〈主な天然記念物〉

古川寺周辺のカタクリの群生
古川寺周辺のヒメギフチョウ
上條氏のカヤ
朝日村役場
熱田神社のケヤキ
中村氏のハナノキ
斉藤氏共同墓地のシダレザクラ
西洗馬外山沢のカタクリ群生
野俣沢のヒメギフチョウ
八幡神社のカツラ
291
292
N
0 2km

朝日村の天然記念物

村指定 古川寺周辺のカタクリの群生、古川寺周辺のヒメギフチョウ、上條氏のカヤ、熱田神社のケヤキ、西洗馬外山沢のカタクリ群生、野俣沢のヒメギフチョウ、八幡神社のカツラ、斉藤氏共同墓地のシダレザクラ、親明神のミズナラ、中村氏のハナノキ、薬師堂のカヤ（全11件）

「親明神のミズナラ」は深い森の中で日光不足により枯れてしまい、村指定の天然記念物の解除手続き中です。

※朝日村の天然記念物リストはP139に掲載されています。

村指定 中村氏のハナノキ

●東筑摩郡朝日村西洗馬中坂
●昭和50年7月10日指定

このハナノキは雌雄異株の雄株で、幹囲1・25メートル、樹高15メートル。春先、真紅の花が咲き、特に雄株の花は美しく華やかです。（花期／4月中旬頃）

●一般向き ●交通／JR篠ノ井線塩尻駅から車で20分

中村氏のハナノキ

村指定 熱田神社のケヤキ

●東筑摩郡朝日村針尾846
●昭和50年7月10日指定

熱田神社のケヤキは幹囲5.3メートル、樹高23・5メートル、枝張りは東西18メートル、南北17～19メートル。整った樹姿で、朝日村役場からは車で5分足らずの地にあります。

●一般向き ●交通／JR篠ノ井線塩尻駅から車で25分

熱田神社のケヤキ

村指定 八幡神社のカツラ

●東筑摩郡朝日村古見159
●昭和50年7月10日指定

本殿の右に小さな木の祠があり、その背後に目通り幹囲5.2メートル、樹高37メートル、枝張東西18・3メートル、南北18メートルの大きなカツラの木が立っています。根元から何本もの幹が出て、ひとつの大きな株となっています。

●一般向き ●交通／JR篠ノ井線塩尻駅から車で30分

八幡神社のカツラ

村指定 上條氏のカヤ

●東筑摩郡朝日村古見芦ノ窪
●昭和50年7月10日指定

芦ノ窪の上條氏邸の門の脇に、幹囲2・37メートル、樹高15・5メートル、枝張り東西10・4メートル、南北15・5メートルの村内最大のカヤの木が立っています。樹勢も良く、邸宅の入口の門として威厳を感じさせます。幹の苔は年代を感じさせ、カヤの実もよく付いています。

●一般向き・所有者挨拶 ●交通／JR篠ノ井線塩尻駅から車で25分

上條氏のカヤ

村指定 古川寺周辺のカタクリの群生

●東筑摩郡朝日村古見1146
●平成2年3月29日指定

境内裏手のゆるやかな里山の林床はよく手入れされ、春先、4月中旬頃にはカタクリの群生が見られ、ヒメギフチョウの生息地（村天然記念物）ともなっています。
（花期／4月中旬頃）

●一般向き ●交通／JR篠ノ井線塩尻駅から車で25分

古川寺周辺のカタクリの群生

県指定 贄川（にえかわ）のトチ

●塩尻市贄川荻ノ上1886
●昭和44年7月3日指定

▲贄川のトチ。巨大なコブシ状の根元

▶四方に張り出す大枝

昔から木曽のトチは人々から親しまれており、「木曽の橡（とち） 浮世の人のみやげかな」と芭蕉も詠んでいます。

その中でも、ひときわどっしりと聳えるトチの巨木が、贄川宿の南入口の山手にあります。幹囲8.6㍍、樹高32㍍、樹齢推定は600～1000年で、トチノキとしては長野県下第一といわれます。地元では「ウエジン様」と呼ばれ、大切にされてきました。

（●一般向き ●交通／JR中央本線贄川駅から徒歩15分）

県指定 矢彦小野神社社叢（やひこおのじんじゃしゃそう）

●塩尻市北小野、上伊那郡辰野町小野八彦沢3267
●昭和35年2月11日指定

小野神社は塩尻市、矢彦神社は辰野町に位置しますが、両社とも旧社格は県社で、信濃国二ノ宮です。

この社叢は典型的な針葉樹と広葉樹が混ざった混交林で、その種類は150種にも及びます。小野神社の御神木は夫婦杉で、幹囲6.6㍍ほどのヒノキの巨木なども目に止まります。古い時代の林相をそのまま見ることができ、この地方の天然林を残しています。

（●一般向き ●交通／JR中央本線小野駅から徒歩10分、JR篠ノ井線塩尻駅から車で20分）

小野神社の御神木・夫婦杉

市指定 東漸寺（とうぜんじ）のシダレザクラ

●塩尻市洗馬2038
●昭和46年3月5日指定

東漸寺は、塩尻市洗馬に1500年代から続く古刹で、その門前の道脇に「東漸寺のシダレザクラ」があります。

目通り幹囲4.5㍍、樹高5㍍、エドヒガンの老木で樹齢不明。樹高はすっかり低くなってきましたが、淡紅色の花を毎年しっかり咲かせます。

境内に進むと目通り幹囲3.4㍍のシダレザクラが、次代を繋ぐようにやや遅れて咲き誇ります。（花期／4月中旬頃）

（●一般向き ●交通／JR篠ノ井線塩尻駅から車で20分）

東漸寺のシダレザクラ

〈主な天然記念物〉

塩尻市の天然記念物

県指定　贄川のトチ、矢彦小野神社社叢（全2件）

市指定　相吉のシダレグリ自生地、麻衣廼神社社叢、飯綱稲荷神社樹叢、池生神社社叢、釜の沢マルバノキ自生地、権兵衛峠のカラマツ、鎮神社社叢、下西条のウラジロモミ大樹群、諏訪神社社叢、東漸寺のシダレザクラ、床尾神社のアサダ大木群（全11件）

※塩尻市の天然記念物リストはP139に掲載されています。

麻衣廼神社社叢

市指定 麻衣廼神社社叢

●塩尻市贄川1425
●昭和61年11月18日指定

木曽の歌枕「麻衣」を社名としますが、本殿は拝殿を兼ねた覆屋の中にあり、向拝などに古い技法が見られます。

境内は斜面に沿って作られ、ヒノキ林の中にあり、スギ・ケヤキ・カエデ・クリなどの大木がある社叢です。贄川の観音寺の裏手にあり、すぐ近くに「贄川のトチ」の巨木があります。

●一般向き ●交通／JR中央本線贄川駅から徒歩10分

床尾神社のアサダ大木群

市指定 床尾神社のアサダ大木群

●塩尻市宗賀2065
●昭和46年3月5日指定

平出遺跡から1キロメートルほど西南に床尾神社があり、社殿を取り囲むように珍しいアサダの大木群が見られます。

アサダは、カバノキ科の陽樹で、その辺材は黄白色、花材は暗褐色で、いずれも硬く粘りがあり、特に杓子などに用いられることから、地元ではこの木を「ひしゃく」と呼んできました。

●一般向き ●交通／JR篠ノ井線塩尻駅から車で15分

鎮神社社叢

市指定 鎮神社社叢

●塩尻市奈良井681-1・681-3
●昭和61年11月18日指定

この神社は旧・奈良井村の鎮守です。同社の「神名記」によると、奈良井宿に疫病がはやり、これを鎮めるため祭祀したといわれます。

奈良井宿の南端にあり、その前を中山道が通り、近くには宿場の高札場も置かれています。本殿の前には朱に塗られた舞台もあり、その周辺にスギやケヤキ、ハリモミなどの大木が並んでいます。

●一般向き ●交通／JR中央本線奈良井駅から徒歩20分

権兵衛峠のカラマツ

市指定 権兵衛峠のカラマツ

●塩尻市奈良井
●平成13年3月21日指定

峠から南へ良く整備された稜線の登山道を1キロメートル程登ると、西側緩斜面の窪地に天然カラマツの大木があります。周囲は苔むした木々が多く、落葉と笹に覆われた林となっています。

●コース要注意 ●交通／JR中央本線奈良井駅から車で30分、さらに登山道40分、長野自動車道塩尻ICから車で60分、さらに登山道40分

諏訪神社社叢

市指定 諏訪神社社叢

●塩尻市木曽平沢2207-1・2207-3・2208-2
●昭和61年11月18日指定

塩尻市楢川支所の南隣にあり、中山道が神社の鳥居の前を通っており、当時の石垣は「中山道石垣」として塩尻市史跡に指定されています。

立派な石の鳥居や石灯籠、本殿の向いには宝物殿の蔵があり、アカマツやスギ・モミ・クリ・オニイタヤカエデなどの大木に囲まれて、その歴史の歳月を感じさせます。

●一般向き ●交通／JR中央本線木曽平沢駅から徒歩10分

村指定 菅のエドヒガン

●木曽郡木祖村菅2410
●昭和52年7月1日指定

十王堂前の土手の斜面に、お堂と村道を覆うように優美に大枝を広げています。目通り幹囲3.9メートル、樹高20メートル。樹下に古くから伝わる十王堂と、江戸時代前期に建立された44基もの石碑があることから、おそらく時を同じく植えられたものと思われます。（花期／4月中～5月上旬）

（●一般向き ●交通／JR中央本線薮原駅から車で20分）

菅のエドヒガン

村指定 田ノ上のシダレザクラ

●木曽郡木祖村小木曽1788
●昭和52年7月1日指定

田ノ上観音堂の境内にあり、幹囲4.3メートル、樹高約17メートル。村内最大の桜の巨木で、樹齢は約700年といわれます。

枝が細く垂れ下ることから、別名「イトザクラ」とも呼ばれます。紅色に色付くと、茅葺屋根のお堂と相まって、いっそうの風情です。（花期／4月中～5月上旬）

（●一般向き ●交通／JR中央本線薮原駅から車で15分）

田ノ上のシダレザクラ

村指定 鳥居峠のトチノキ群

●木曽郡木祖村薮原528-1
●平成4年12月17日指定

旧・中山道は薮原前から鳥居峠を越え、奈良井宿（塩尻市）へと下りますが、この道はウォーキングルートとしても人気があります。その目玉が「鳥居峠のトチノキ群」。幹囲3～5メートル程の巨木が次々と現れ、樹姿もさまざまです。

（●一般向き ●交通／JR中央西線薮原駅から車で20分、及び徒歩）

鳥居峠のトチノキ群
（写真提供・NPO法人木曽川水の始発駅）

村指定 大平のシダレグリ

●木曽郡木祖村菅2618
●昭和52年7月1日指定

村道沿いの大平観音堂境内にあり、幹囲1.6メートル、樹高約10・5メートル。幹は大きく分かれつつ左右にくねり曲がり、小枝はしだれ下り、特異な樹姿を見せます。

江戸末期から明治初期にかけてのころ、奉納のため、植栽したと伝えられます。

（●一般向き ●交通／JR中央本線薮原駅から車で20分）

大平のシダレグリ

村指定 天降社のオオモミジ

●木曽郡木祖村薮原607
●昭和52年7月1日指定

鳥居峠の麓、天降社境内の石段横に、ゴツゴツとしたオオモミジの古木が目に入ります。幹囲2・45メートル、樹高約14メートル、幹には注連縄が張られ、長野県では珍しいモミジの巨木です。

（●一般向き ●交通／JR中央本線薮原駅から徒歩20分）

天降社のオオモミジ

木祖村の天然記念物

村指定

大平のシダレグリ、菅のエドヒガン、田ノ上のシダレザクラ、天降社のオオモミジ、鳥居峠のトチノキ群、ハッチョウトンボとその生息地、花ノ木のハナノキ、ヒメギフチョウとその生息地（全8件）

〈主な天然記念物〉

26
奥木曽湖
田ノ上のシダレザクラ
鳥居峠のトチノキ群
大平のシダレグリ
天降社のオオモミジ
菅のエドヒガン
木祖村役場
薮原
JR中央本線
19
N
0 2km

※木祖村の天然記念物リストはP139に掲載されています。

御嶽山(後方)と木曽馬の里

県指定 木曽馬（きそうま）

●木曽郡木曽町開田高原（木曽馬の里）●昭和58年7月28日指定

木曽馬保存会が指定している登録馬のうち木曽町開田（かいだ）高原で飼育しているもので、現在約35頭ほどが町営木曽馬牧場で放牧公開されています。（南木曽町の木曽馬は未指定）

木曽馬は日本在来の中型馬で、木曽地方の風土が育んだ文化遺産です。従順で粗食に耐え、山坂に適合する重要な家畜で、明治中頃までは各農家で家族同様に飼われていましたが、昭和40年代に入ると山間地農耕馬としての必要性がなくなり、絶滅の危機にさらされました。そのため木曽馬を愛する地元の有志は昭和40年、木曽馬保存会を結成し、多くの試練を乗り越えて保存を続けています。

（●一般向き ●交通／JR中央本線木曽福島駅から車で30分）〈問い合わせ／木曽馬の里〈TEL・0264-42-3085〉

国指定 三岳（みたけ）のブッポウソウ繁殖地（はんしょくち）

●木曽郡木曽町三岳 ●昭和10年6月7日指定

ブッポウソウは局地的に生息する夏鳥で、霊鳥としても知られます。

長野県内では御岳（おんたけ）神社里宮若宮と日向八幡宮の社叢が繁殖地として指定されていますが、近年その姿が確認されていません。野鳥は繁殖地の移動もよくあり、その推移を注目しています。（フォトはP132参照）

（●現地確認困難 ●交通／JR中央本線木曽福島駅から車で10分）

木曽町の天然記念物

国指定	三岳のブッポウソウ繁殖地（全1件）
県指定	木曽馬（全1件）
町指定	井原のこぶし、小島のエドヒガンザクラ、九蔵のチャートの褶曲、熊野神社のシバタカエデ、小坂のエドヒガンザクラ、地蔵峠の縁結びの木、八幡宮の社叢、本社のとちのき、山吹山の欅群落、若宮のさわら（全10件）

※木曽町の天然記念物リストはP139に掲載されています。

〈主な天然記念物〉

九蔵のチャートの褶曲
熊野神社のシバタカエデ
木曽馬
開田高原
地蔵峠の縁結びの木
御嶽山
山吹山の欅群落
宮ノ越
井原のこぶし
JR中央本線
若宮のさわら
小坂のエドヒガンザクラ
木曽駒高原
本社のとちのき
木曽町役場
木曽福島
小島のエドヒガンザクラ
将棊頭山
駒ケ岳

町指定 小島（おじま）のエドヒガンザクラ

●木曽郡木曽町三岳小島 ●平成10年3月30日指定

幹囲5メートル、樹高12メートル、枝張り16メートル。大木のエドヒガンです。木曽義仲の家臣小島権兵衛が、この地に来た際に植えたとの伝説があります。

以前、天狗巣（てんぐす）病などで樹勢が衰え、天然記念物指定を一度解除されましたが、現在は地区の人達の手入れによって新しい枝も伸び樹勢が戻り、平成10年に再指定されました。

（●一般向き ●交通／JR中央本線木曽福島駅から車で10分）

小島のエドヒガンザクラ

町指定 小坂（こざか）のエドヒガンザクラ

●木曽郡木曽町三岳3262-6 ●平成6年3月27日指定

三岳地区の小坂集落の墓地に植えられた墓守のエドヒガンです。

幹囲4.5メートル、樹高13メートルで、幹はうねり曲がり、太い枝は折れた箇所が多く、樹皮の窪みに常緑性シダが着生しています。

巨樹ですが近年は花数は少なくなり樹勢は衰弱しているようで、この先が心配です。

（●一般向き ●交通／JR中央本線木曽福島駅から車で25分）

町指定

地蔵峠の縁結びの木

●木曽郡木曽町開田高原末川（地蔵峠）
●平成6年2月16日指定

地蔵峠のお地蔵様から開田高原側に30㍍程下ると、幹囲1.3㍍、樹高25㍍の「縁結びの木」があります。
2本のカエデの木が1本に合体して成長していることから、願掛けをすると恋が成就するといわれ、小作と地主の娘の悲恋の伝説も伝わります。

（●一般向き　●交通／JR中央本線木曽福島駅から車で30分、さらに徒歩5分）

地蔵峠の縁結びの木

町指定

九蔵のチャートの褶曲

●木曽郡木曽町開田高原（九蔵峠）
●昭和58年3月16日指定

今から約2億年前、海底チャートが隆起して出来たもの。御嶽山の展望が素晴らしい九蔵峠展望台の背後、国道361号の崖が天然記念物のチャートの褶曲となっています。折れ曲がり引きちぎれたチャートの地層が間近で良くわかります。

（●一般向き　●交通／JR中央本線木曽福島駅から車で35分）

九蔵のチャートの褶曲

町指定

熊野神社のシバタカエデ

●木曽郡木曽町開田高原末川
●昭和58年3月16日指定

境内に群生するシバタカエデは北方系古代の残存植物で、旧・開田村にはこのような残存植物が多く存在します。
熊野神社は、日本の数少ない北方系古代の残存植物自生地の中で南限・西限の分布地であり、大木はこの南限に位置します

（●一般向き　●交通／JR中央本線木曽福島駅から車で30分）

熊野神社のシバタカエデ

46 王滝村

中信・木曽地域

〈主な天然記念物〉

(剣ヶ峰)御嶽山
田ノ原天然公園
御岳高原
256
三浦貯水池
鳳泉寺の枝垂櫻
王滝村役場
御岳湖
八王子神社の社叢
N
0　2km

王滝村の天然記念物

村指定
八王子神社の社叢、鳳泉寺の枝垂櫻（全２件）

※王滝村の天然記念物リストはP139に掲載されています。

八王子神社の社叢

村指定

八王子神社の社叢

●木曽郡王滝村5100
●昭和54年1月15日指定

社叢は、針葉樹と落葉広葉樹の混合密林で、この他に低木、ツル性植物、シダ種子植物などが生い茂っています。
海抜1050㍍の農耕可能な盆地内に天然原生林を残し、樹下植物も多く、学術的価値が高いといわれます。

（●一般向き　●交通／JR中央本線木曽福島駅から車で50分）

村指定

鳳泉寺の枝垂櫻

●木曽郡王滝村3498
●昭和53年1月27日指定

幹囲3・88㍍、樹高10㍍、樹齢推定350年以上で、鳳泉寺の創立、承応元年（1652）当時に植えられたといわれています。昭和53年当時は枝張りが30㍍にも及んでいた巨樹でしたが近年は枝の傷みが多く、樹皮にも苔が付き樹勢は衰えていました。
末長く保存していくために、平成27年に土壌改良による樹勢回復事業を実施し、多くの花が付くようになりました。

（●一般向き　●交通／JR中央本線木曽福島駅から車で30分）

鳳泉寺の枝垂櫻

町指定 しだれ桜(新田墓地)

●木曽郡上松町上松1003-1
●昭和57年7月1日指定

上松の新田墓地には、推定樹齢約300年の2本のシダレザクラが立っています。町内には4本の天然記念物指定を受けたシダレザクラがあり、木曽地域でもこれだけそろっている場所は他にありません。

新田墓地は木曽川左岸にJR中央本線と旧国道19号が走る狭い斜面にあり、揃って咲く頃は墓地を温かく見守るかのようです。尚、墓地内には立ち入りご遠慮下さい。(花期/4月中～下旬)

●一般向き ●交通/JR中央本線上松駅から車で3分

しだれ桜(新田墓地)

町指定 黒松

●木曽郡上松町上松756
●昭和59年7月2日指定

上松駅から東北へ400メートル程の所に臨済宗の玉林院があり、その境内に樹齢推定270年の4本の黒松があります。以前は5本ありましたが、御堂建築の際に残念ながら1本は伐倒されました。

●一般向き ●交通/JR中央本線上松駅から車で3分

黒松

町指定 しだれ桜(天神様)

●木曽郡上松町上松756(天神様境内)
●昭和59年7月2日指定

玉林院は木曽家16代目木曽義元の次男「玉林」が創建したと伝えられています。春になると、玉林院から東に徒歩3分程登った場所にある上松氏館跡の「しだれ桜」が咲きます。天神様の桜として町民から親しまれてきました。

(花期/4月中～下旬)

●一般向き ●交通/JR中央本線上松駅から車で3分

しだれ桜(天神様)

〈主な天然記念物〉

しだれ桜(新田墓地)
しだれ桜(金毘羅様)
リュウキュウツツジ
栃の木(大木)
カヤの木(野口)
上松
黒松
しだれ桜(天神様)
寝覚の床
桂の木(寝覚)
カヤの木(大畑1)
カヤの木(大畑2)
カヤの木(大畑3)
木曽前岳
駒ケ岳
JR中央本線
19
473
508
0 2km

上松町の天然記念物

町指定 桂の木(寝覚)、カヤの木(大畑1)、カヤの木(大畑2)、カヤの木(大畑3)、カヤの木(野口)、黒松、しだれ桜(金毘羅様)、しだれ桜(新田墓地)、しだれ桜(天神様)、栃の木(大木)、リュウキュウツツジ(全11件)

※上松町の天然記念物リストはP139に掲載されています。

町指定 桂の木(寝覚)

●木曽郡上松町上松寝覚
●昭和58年5月2日指定

天下の名勝・木曽八景のひとつ、「寝覚の床」から歩いても5分足らずの寝覚地区の旧・中山道沿いに、このカツラがあります。

幹囲4.1メートル、樹高約10メートル、樹齢約300年、中山道を往く旅人たちの目印にもなったことでしょう。

●一般向き ●交通/JR中央本線上松駅から車で5分

桂の木(寝覚)

町指定 リュウキュウツツジ

●木曽郡上松町小川小脇66
●昭和57年7月1日指定

樹高2.5メートル、上松町中心市街地から十王沢川に沿って0.5キロメートル程。上流右岸の小脇にある集落の真ん中に、小脇氏先祖の長い歴史を経た墓があり、リュウキュウツツジが白い大きな花を咲かせています。樹下には馬頭観音石塔があります。(花期/5月頃)

●一般向き ●交通/JR中央本線上松駅から車で5分

リュウキュウツツジ

栃の木（大木）

町指定

●木曽郡上松町小川大木796
●昭和57年7月1日指定

栃の木（大木）

目通り8.7メートル、樹高不明、推定樹齢500年以上。圧倒的な存在感に、只々息を呑むばかりです。まるで屋久島の「縄文杉」に出会った時のように。

この巨木は、地元の人々にもよく知られていないようですが、狭い舗装道路の奥の草道を50メートルほど入ると、左手に聳え立っています。近寄ってみると、まさに巨大な恐竜が立ち上がり威嚇するような、凄まじいばかりの迫力をおぼえます。

（●一般向き　●交通／JR中央本線上松駅から車で10分）

カヤの木（大畑1～3）

町指定

●木曽郡上松町小川大畑
●昭和58年5月2日指定

上松から県道473号を3キロメートル程西に進み、橋を右岸に渡り大畑集落に入ります。その集落の中央の通りに大きなカヤの木が3本あります。太い幹には苔がびっしりと付き、歳月を感じさせます。

木の周囲はあまり整備されていなく、近づくのに草を分ける必要もあります。集落の段の境目に立っているので残されたのでしょう。

（●一般向き　●交通／JR中央本線上松駅から車で10分）

カヤの木（大畑1）

カヤの木（大畑2）

カヤの木（大畑3）

48 大桑村

中信・木曽地域

スギ

村指定

●木曽郡大桑村須原（上郷神明神社）
●昭和51年11月15日指定

須原駅から国道19号を北上し、上郷で中央線の線路東側に杉の森が見えてきます。それが上郷神明神社の「夫婦大杉」です。

小さな社ですが、石段の上の左右に幹囲9.6メートル、6.2メートルの大きな杉の木が立っており、驚く程立派でした。左の大杉は地面から2メートル付近より幹が2本に分かれており、2本の木が合体しているように見えます。

（●一般向き　●交通／JR中央本線須原駅から徒歩20分）

スギ（上郷神明神社）

大桑村の天然記念物

村指定　アラガシ、イチョウ、伊奈川神社社叢、エドヒガン、カヤ、コウヤマキ、シダレザクラ、スギ、スギ、須佐男神社社叢、タラヨウ、チャンチン、ハナノキ群生地、ムクロジ（全14件）

※大桑村の天然記念物リストはP138～139に掲載されています。

〈主な天然記念物〉

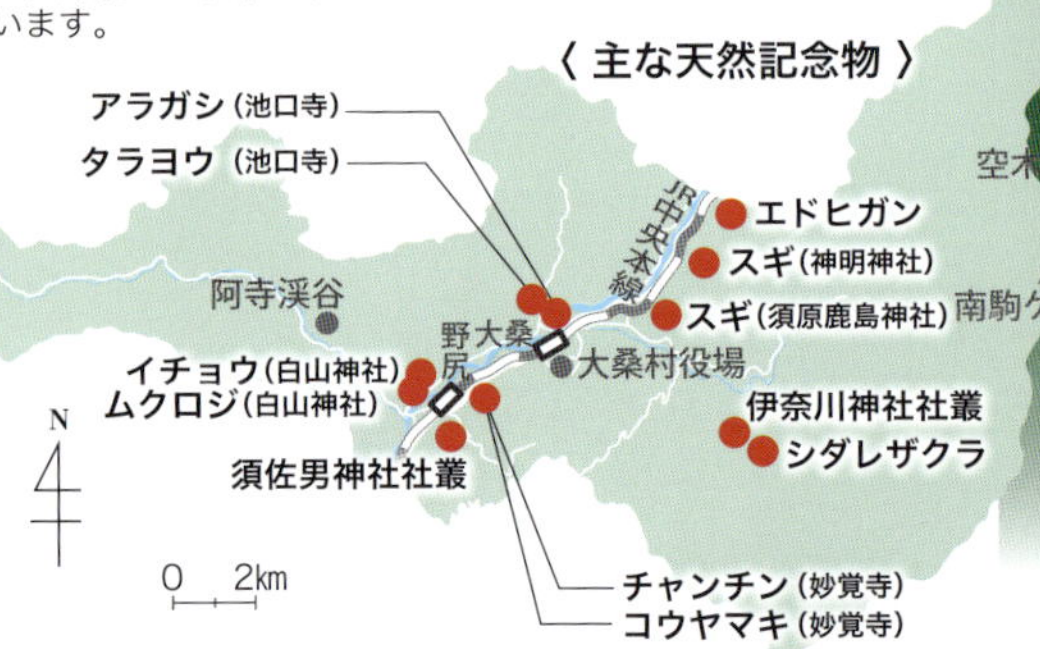

スギ

村指定

●木曽郡大桑村須原
●昭和51年11月15日指定

須原駅の東100メートル程の場所に須原鹿島神社があります。その境内の一番手前に幹囲7.8メートル、樹齢推定800年の大きなスギが聳えています。地面から4メートル程まで枝は無く（切られている）その上から枝が広がっています。樹勢は良く、空洞もありません。

（●一般向き　●交通／JR中央本線須原駅から徒歩5分）

スギ（須原鹿島神社）

村指定

アラガシ・タラヨウ

●木曽郡大桑村殿
●昭和51年11月15日指定

大桑駅前の木曽川対岸に池口寺があります。この境内の本堂のすぐ裏、山の斜面に「アラガシ」は立っています。ブナ科の木なので肌は白いはずですが、びっしりと苔が付いていて白い肌は見えません。このアラガシはあまり葉が付いていませんが、周囲は緑に溢れています。

さらに境内にはもうひとつの村天然記念物の「タラヨウ」の木もあります。

（●一般向き ●交通／JR中央本線大桑駅から徒歩10分）

アラガシ

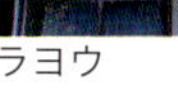
タラヨウ

村指定

ムクロジ・イチョウ

●木曽郡大桑村野尻
●昭和51年11月15日指定

野尻駅から木曽川を右岸にわたり、対岸あたりに白山神社があります。その境内、石段の左に「ムクロジ」は立っています。樹勢は良好です。本殿の裏手には樹勢の良い「イチョウ」（村天然記念物）も見られます。

（●一般向き ●交通／JR中央本線野尻駅から車で10分）

ムクロジ

村指定

エドヒガン

●木曽郡大桑村須原
●昭和51年11月15日指定

旧中山道沿いにあり、どっしりと座したような樹姿で幹囲4.9メートル、樹高14メートル。400年前、豊臣秀吉の朝鮮出兵の折、九州から持ち帰ったものとされます。（花期／4月中～5月中旬）

（●一般向き ●交通／JR中央本線須原駅から車で15分）

エドヒガン

村指定

チャンチン・コウヤマキ

●木曽郡大桑村野尻（妙覚寺）
●昭和51年11月15日指定

野尻宿の東、国道19号沿いに名刹・妙覚寺があります。その境内入口の山門、外から見て右の内側に「チャンチン」が立っています。地上3メートル程から上は失われていますが、葉は良く繁っています。

山門の左の内側に端正な姿を見せるのが、「コウヤマキ」です。樹高20メートル余り、手入れの行き届いた樹姿です。

（●一般向き ●交通／JR中央本線野尻駅から車で5分）

コウヤマキ（左）、チャンチン（右）

村指定

須佐男（すさのお）神社社叢（しゃそう）

●木曽郡大桑村野尻
●昭和51年11月15日指定

野尻宿の国道19号から脇道を入ると、須佐男神社の社叢が見えてきます。入口の鳥居から杉並木の中を進むと鬱蒼とした森が広がっています。

（●一般向き ●交通／JR中央本線野尻駅から車で10分）

須佐男神社社叢

村指定

伊奈川（いながわ）神社社叢（じんじゃしゃそう）

●木曽郡大桑村長野
●昭和51年11月15日指定

伊奈川右岸に沿って3キロメートル程上がり、橋を渡った大野集落の奥に伊奈川神社があります。境内には大きな杉林があり、鬱蒼と茂っています。

本殿の左後側には特に驚くばかりの巨杉が1本聳え立ち、昼間でも薄暗い程、見事な社叢です。

（●一般向き ●交通／JR中央本線須原駅から車で20分）

伊奈川神社社叢

県指定 妻籠のギンモクセイ

●木曽郡南木曽町吾妻597
●昭和43年3月21日指定

幹囲1・92メートル、樹高8メートルで、神官の矢崎家の庭木として代々愛育されてきました。幹肌のヨウラクランの着生はこの木が古木であることを示し、栽培した巨木として近隣に例をみないものです。

9月中旬から白い花が咲き始め、キンモクセイより優しくさわやかな香りを放ちます。妻籠宿の観光案内所横の石段を上まで上がると、左側の石垣の上に聳えています。

（●一般向き ●交通／JR中央本線南木曽駅から車で10分、さらに徒歩5分）

妻籠のギンモクセイ

初秋に咲く花

◀妻籠宿

南木曽町の天然記念物

県指定	妻籠のギンモクセイ（全1件）
町指定	一石栃の枝垂桜、柿其八幡様のアカシデと社叢、坪川の銀杏、八剣神社の大杉、天白のつつじ群落、槇平のガヤの木、三留野本陣の枝垂梅、与川白山神社の大杉、与川白山神社の社叢、和合のアラガシ、和合の枝垂梅（全11件）

※南木曽町の天然記念物リストはP138に掲載されています。

町指定 八剣神社の大杉

●木曽郡南木曽町読書2452-1
●昭和59年2月1日指定

国道19号から木曽川の柿其橋を渡る対岸に、1本の巨木が望めます。「八剣神社の大杉」です。目通り幹囲11・8メートル、樹高38メートル、推定樹齢530年。昭和30年（1955）頃までは、合体した4本の幹が聳えていましたが、今では地上3メートルほどで枯死と台風により2本が失われ、幹囲は4本を含めたものです。2本だけでも迫力充分ですが、根元に立つとその佇まいに畏怖の念さえおぼえます。

（●一般向き ●交通／JR中央本線十二兼駅から車で5分）

八剣神社の大杉

町指定 槇平のガヤの木

●木曽郡南木曽町田立668
●昭和51年12月22日指定

「ガヤ」とはこの地方の方言で「カヤ」のことをいいます。幹囲4・23メートル、樹高14メートルの老木で、シノブ・ツタ・コバノツルマサキ・カヤランなどが幹に寄生しています。

（●一般向き・所有者挨拶 ●交通／JR中央本線田立駅から車で5分）

槇平のガヤの木

町指定 天白のつつじ群落

●木曽郡南木曽町読書2937-160
●昭和50年5月22日指定

天白公園にあるミツバツツジの大群落のツツジ園は、鮮やかなピンク色の花が公園を埋め尽くします。園内には6種類・約400株のツツジが群生しており、中でもナギソミツバツツジは当町近辺にしか見られない珍種です。名所・桃介橋のすぐ近くにあり、周辺散策にも最適です。（花期／4月中旬頃）

（●一般向き ●交通／JR中央本線南木曽駅から徒歩10分）

天白のつつじ群落

町指定
一石栃の枝垂桜
●木曽郡南木曽町吾妻1589
●昭和50年5月22日指定

一石栃の枝垂桜

中山道の馬籠から妻籠に向かう途中、馬籠峠を下ると、「一石栃の白木改番所跡」があります。このすぐ先の子安観音堂の境内脇に、幹囲3・55㍍、樹高12㍍のシダレザクラの巨木があります。老木で幹には苔も多く枯れ枝も目立っており、花の数も少ないものの、往時を偲ぶように咲いています。（花期／4月中旬頃）
（●一般向き ●交通／JR中央本線南木曽駅から車で25分）

町指定
坪川の銀杏
●木曽郡南木曽町田立1484
●昭和59年2月1日指定

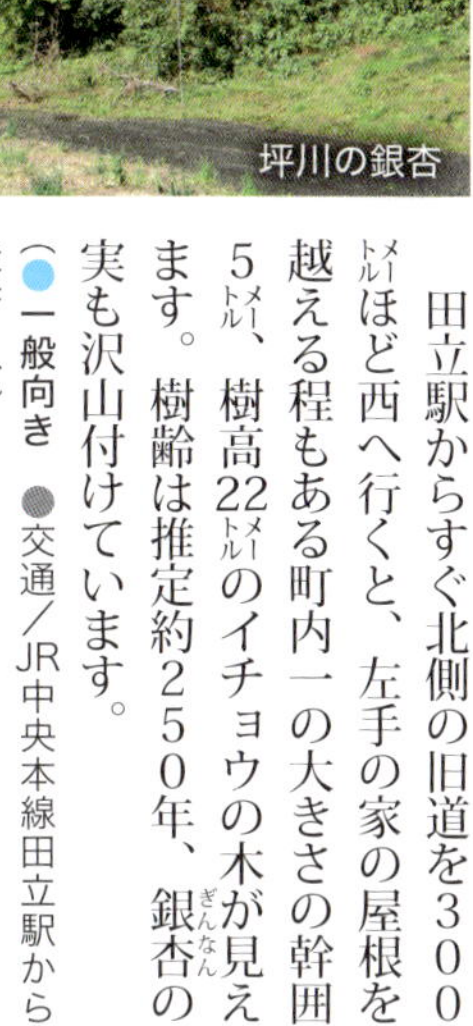
坪川の銀杏

田立駅からすぐ北側の旧道を300㍍ほど西へ行くと、左手の家の屋根を越える程もある町内一の大きさの幹囲5㍍、樹高22㍍のイチョウの木が見えます。樹齢は推定約250年、銀杏の実も沢山付けています。
（●一般向き ●交通／JR中央本線田立駅から徒歩5分）

町指定
三留野本陣の枝垂梅
●木曽郡南木曽町読書3994
●昭和47年5月24日指定

幹囲1.7㍍、樹高8㍍のシダレウメの木で、屋敷内の庭木として育てられてきたものです。どっしりとした風格ある樹姿は、木曽路の歴史を感じさせます。
（●一般向き ●交通／JR中央本線南木曽駅から車で5分、または徒歩15分）

町指定
柿其八幡様のアカシデと社叢
●木曽郡南木曽町読書1455-1、1537-7
●昭和50年5月22日指定

柿其渓谷入口駐車場の西側、小さな森が八幡様の社叢です。この社叢には「アカシデ」の巨木2本のほか、多数の植物が狭い地域に生育する珍しい場所です。特にアカシデは高さ約20㍍、目通り幹囲2・35㍍とひときわ大きく、なめらかな木肌の特徴をよく表しています。
柿其渓谷はここから片道20分ほどの原生美の渓谷巡りコースとなっており、アカシデとともに訪れてみて下さい。
（●一般向き ●交通／JR中央本線十二兼駅から車で15分）

アカシデの巨木

町指定
与川白山神社の大杉
●木曽郡南木曽町読書741
●昭和41年12月14日指定

町指定
与川白山神社の社叢
●木曽郡南木曽町読書741
●昭和50年5月22日指定

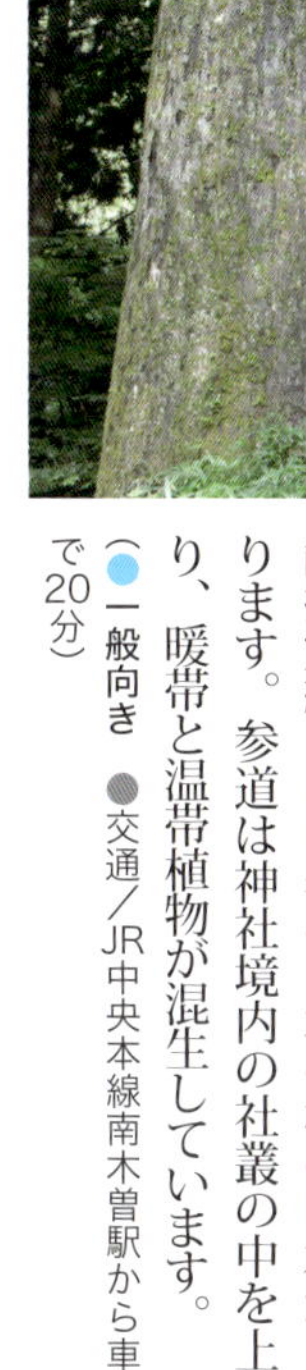
与川白山神社の大杉

木曽川沿いの中山道は水害でたびたび通行不能となり、迂回路として与川道が出来ました。その街道の途中に与川白山神社があり、境内に幹囲8.2㍍、6.7㍍、樹齢推定約800年の2本の杉の巨木があります。参道は神社境内の社叢の中を上り、暖帯と温帯植物が混生しています。
（●一般向き ●交通／JR中央本線南木曽駅から車で20分）

50 岡谷市（おかやし）

南信・諏訪地域

市指定

小坂中村地籍（おさかなかむらちせき）のシダレザクラ

●岡谷市湊4-11
●平成2年4月10日指定

諏訪湖を見下ろす湊（みなと）地区の住宅地内にある共同墓地に立つ一本桜で、幹囲5・35メートル、樹高17メートル、樹齢推定は200年とされます。岡谷市内では最大の桜で、湖岸から登っていくと、どっしりとした樹姿と花姿が見上げるほどに見事です。

シダレザクラはよく整理された墓地のほぼ中央にありますが、墓地内には立ち入りご遠慮下さい。

（花期／4月中旬～下旬）

（●一般向き ●交通／JR中央本線岡谷駅から車で10分）

小坂中村地籍のシダレザクラ

市指定

船魂社（ふなたましゃ）のシダレザクラ

●岡谷市湊3-3 ●平成2年4月10日指定

諏訪湖畔にほど近い高台にある船魂社の境内に立つ、エドヒガンです。幹囲3.3メートル、樹高18メートルで、樹齢は推定約100年とされ、樹勢もよく、花の盛りには諏訪湖をバックに地表に着くほどに花枝が垂れ下がります。（花期／4月中旬～下旬）

（●一般向き ●交通／JR中央本線岡谷駅から車で15分）

船魂社のシダレザクラ

N
高ボッチ山
0 2km
〈主な天然記念物〉
出早雄小萩神社の社叢
岡谷唐櫃石古墳ヒカリゴケ
鎮社のサワラ
岡谷IC
20
小井川賀茂神社のハリギリ
神の木
岡谷市役所
小口賀茂神社のアオナシ
育恩堂のシダレザクラ
JR中央本線
岡谷
諏訪湖
船魂社のシダレザクラ
毘沙門堂のスギ
川岸
小坂中村地籍のシダレザクラ
駒沢諏訪社の
サワラ・ケンポナシ
中央自動車道
16
小坂観音院の寺叢
小坂観音院のブッポウソウ繁殖地
小坂観音院柏槙の大樹
昌福寺の
シダレザクラの大樹

市指定

小井川賀茂神社（おいかわかもじんじゃ）のハリギリ

●岡谷市加茂町3-6-8
●平成5年2月25日指定

小井川加茂神社のハリギリ

ハリギリは木目が美しいため、加工材として利用されます。そのため、年々各地で大木が減少し、幹囲2.5メートル、樹高24メートルのこの木は、岡谷市街地で見られる唯一最大のものです。神社は小井川郷の産土神（うぶすながみ）で、本殿境内の左側、赤い垣根に囲まれて立っています。

（●一般向き ●交通／JR中央本線岡谷駅から徒歩20分）

岡谷市の天然記念物

市指定

育恩堂のシダレザクラ、出早雄小萩神社の社叢、今井家のカキノキ、今井家のカツラ、小井川賀茂神社のハリギリ、岡谷唐櫃石古墳ヒカリゴケ、小口賀茂神社のアオナシ、小坂観音院の寺叢、小坂観音院のブッポウソウ繁殖地、小坂観音院柏槙の大樹、小坂中村地籍のシダレザクラ、神の木、駒沢諏訪社のケンポナシ、駒沢諏訪社のサワラ、鎮社のサワラ、昌福寺のシダレザクラの大樹、毘沙門堂のスギ、船魂社のシダレザクラ（全18件）

※岡谷市の天然記念物リストはP138に掲載されています。

市指定

小坂観音院柏槙の大樹

●岡谷市湊4-15-22（龍光山観音院）
●昭和42年3月6日指定

弘法大師空海のお手植えされたと伝えられる名木で、地元の人々は「御宝木」と呼び、大切に守ってきました。樹齢1200年以上と推定され、落雷のため半分は失われましたが、腐りにくく虫害もなく、残された半分はまだ青々と葉が残っています。

幹囲5.5メートル、その根元からは木肌を露出した10本近い幹が複雑にからみ合い、異形の美ともなっています。1200年の時を経たその生命力に圧倒されることでしょう。

また、この寺叢とブッポウソウ繁殖地は、岡谷市天然記念物に指定されています。

（●一般向き ●交通／JR中央本線岡谷駅から車で15分）

小坂観音院柏槙の大樹

市指定

鎮社のサワラ

●岡谷市長地鎮2-19-18
●平成2年4月10日指定

社殿に向って進むと小さな石殿があり、その両側に1本ずつ大きなサワラがそびえ立っています。右の木は幹囲4.7メートル、樹高23メートル、左は幹囲3・95メートル、樹高28メートルで、樹齢推定約200年以上。鎮社のご神木として植えられました。右の木は現存する市内のサワラでは駒沢諏訪社に次いで2番目の大きさです。

（●一般向き ●交通／JR中央本線岡谷駅から車で15分）

鎮社のサワラ

市指定

神の木

●岡谷市長地御所2-15
●昭和42年3月6日指定

幹囲5.5メートル、樹高14メートル、樹齢推定約1000年と稀にみるケヤキの古木で、空洞が多く主枝が落ち、その後に伸びた細い枝だけが残っています。

春の芽吹きの状態から、その年の農作物の豊凶を占ったといわれ、「陽気木」とも呼ばれてきました。渡辺千秋一門の祝殿が根元に祀ってあったため「神の木」と呼ばれましたが、のちに東堀区へ寄付されました。

（●一般向き ●交通／JR中央本線岡谷駅から車で10分）

神の木

市指定

小口賀茂神社のアオナシ

●岡谷市銀座1-5
●昭和59年12月6日指定

幹囲2.5メートル、樹高16メートル、枝張東西12メートル、樹齢推定約300年。小口賀茂神社のご神木であり、長年、人々から尊ばれ大切にされてきました。地元の壮年会ではこのアオナシを次代に伝えるため接木を行い、若木を境内に植樹してきました。

周辺の山地にアオナシは見られますが、大樹は大変珍しいものです。

（●一般向き ●交通／JR中央本線岡谷駅から徒歩で10分）

小口加茂神社のアオナシ

市指定

毘沙門堂のスギ

●岡谷市川岸西2-7（新倉毘沙門堂）
●昭和59年12月6日指定

天竜川の右岸、川岸西の小高い地に毘沙門堂があり、その前庭に幹囲6・68メートル、樹高24メートルの巨杉があります。樹齢推定200年、岡谷市内では最も太く、うねるようなたくましい幹には圧倒されます。

（●一般向き ●交通／JR中央本線川岸駅から徒歩20分）

毘沙門堂のスギ

市指定

育恩堂のシダレザクラ

●岡谷市山手町1-3-7
●平成8年2月26日指定

JR岡谷駅の南西約200メートルにあり、標高800メートルほどの山手にあり、石垣を築いた境内の縁に見上げるばかりに咲きます。胸高幹囲3.1メートル、樹高13メートル、枝張り18メートル、エドヒガンの変種で、花の色は濃いピンク色です。（花期／4月中旬～下旬）

（●一般向き ●交通／JR中央本線岡谷駅から徒歩15分）

育恩堂のシダレザクラ

市指定

昌福寺のシダレザクラの大樹

●岡谷市川岸東4-16-5（昌福寺）
●昭和42年3月6日指定

昌福寺のシダレザクラ

諏訪湖の西南方向の高台に真言宗の名刹・昌福寺があります。その境内に入ると、境内の主のようなシダレザクラの老木が座しています。コブだらけの幹は目通り3.3メートルとされますが、ひと回りは大きく見えます。

樹齢は300年以上とされ、花期にはゆったりとした優しげなシダレヒガンの花姿を見せてくれます。（花期／4月中～下旬）

（●一般向き ●交通／JR中央本線川岸駅から徒歩20分）

市指定

駒沢諏訪社のサワラ

●岡谷市川岸東4-15-22
●昭和59年12月6日指定

御神木として保護され、岡谷市内に生育するサワラでは最大級の大樹です。ヒノキ科、樹齢推定約200年。

（●一般向き ●交通／JR中央本線川岸駅から徒歩20分）

駒沢諏訪社のサワラ

駒沢諏訪社のケンポナシ

市指定

駒沢諏訪社のケンポナシ

●岡谷市川岸東4-15-22
●平成5年2月25日指定

岡谷市内に生育するケンポナシの内、最大です。クロウメモドキ科、落葉高木。

（●一般向き ●交通／JR中央本線川岸駅から徒歩20分）

市指定

岡谷唐櫃石古墳ヒカリゴケ

●岡谷市長地丸山5811-1（唐櫃石古墳玄室内）
●平成20年10月3日指定

古墳の玄室内、幅1メートル、奥行1.5メートルほどの範囲に分布しています。真っ暗な玄室の奥、目が慣れてくると緑色に光るヒカリゴケが見えてきます。

（●一般向き ●交通／長野自動車道岡谷ICから車で3分にて出早公園に駐車。出早公園から徒歩10分。※近隣駐車禁止）

岡谷唐櫃石古墳

玄室の奥、ヒカリゴケ

市指定

出早雄小萩神社の社叢

●岡谷市長地出早2-2-22
●昭和49年10月18日指定

常緑の中に映える紅葉の美しさは見事で、古くから紅葉の名所として知られています。また、カタクリ・アズマイチゲ・ヤマエンゴサク・ウバユリなど、付近の山野には稀な野草類も豊富です。

（●一般向き ●交通／JR中央本線岡谷駅から車で10分、中央自動車道岡谷ICから車で10分）

出早雄小萩神社の社叢

国指定

霧ヶ峰湿原植物群落

●諏訪市四賀、諏訪郡下諏訪町
●昭和35年6月10日指定
※P92参照

霧ヶ峰湿原植物群落（黎明の八島ヶ原湿原）

下諏訪町の天然記念物

国指定　霧ヶ峰湿原植物群落（全1件）
町指定　諏訪大社下社秋宮社叢、諏訪大社下社春宮社叢、高木のしだれ桜、武居桜、天桂松、専女の欅（全6件）

※下諏訪町の天然記念物リストはP138に掲載されています。

町指定

高木のしだれ桜

●諏訪郡下諏訪町9441
●昭和56年1月26日指定

高木のしだれ桜

幹囲3.4メートル、樹高19メートル、枝張19メートル、樹齢推定300年のベニシダレザクラです。下諏訪町北高木のみはらし台公園の墓地の一画に立っています。

この桜は、諏訪高島藩第二代藩主の忠恒が大坂夏の陣の際、戦勝凱旋で持ち帰った桜の苗を藩士に分けたという言い伝えがあります。

（●一般向き　●交通／JR中央本線下諏訪駅から車で20分）

町指定

武居桜

●諏訪郡下諏訪町武居5915-1
●昭和50年5月22日指定

幹囲3.5メートル、樹高17メートル、樹齢推定300年のエドヒガンザクラ。早春に咲くため、農作物の豊凶を占う陽気木として、苗代作りの目当てとされてきました。このため通称「苗間桜」と呼ばれています。

花は鮮やかな淡紅色で、群れ咲く様は見事ですが、枝の傷みと幹にも空洞が多く、樹脂を塗り補修されています。

（●一般向き　●交通／JR中央本線下諏訪駅から車で10分）

武居桜

ニッコウキスゲ

国指定天然記念物／諏訪市・下諏訪町

霧ヶ峰湿原植物群落

高原台地に形成された高層湿原

八ヶ岳中信高原国定公園のほぼ中央に位置する霧ヶ峰には、八島ヶ原湿原、車山湿原、踊場湿原の三つの湿原があり、そのすべてが昭和14年（1939）に国の天然記念物として個別に指定され、昭和35年（1960）6月に八島ヶ原湿原の西半分の旧御料地を加え、「霧ヶ峰湿原植物群落」として1件にまとめられました。

蓼科山とコバイケイソウ咲く車山高原（車山湿原方面）

踊場湿原

高層湿原と植物

八島ヶ原湿原は、諏訪市と諏訪郡下諏訪町にまたがる標高約1600メートルの高層湿原で、面積43・2ヘクタール、泥炭層の厚さは約8・05メートル。およそ1万年以上かかり、現在のような湿原になったといわれています。

三つの湿原を中心に、6月のレンゲツツジ、7月からのニッコウキスゲをはじめとして、8月中旬まで約800種の花々が咲き競います。キリガミネアサヒラン・キリガミネヒオウギアヤメなどの固有種も発見され、ミズゴケ類はじめ多くの湿性植物が群落を形成しています。

また、泥炭層にふくまれる花粉の分析によって、古代から現代までの気候の移り変わりを推測することもできます。

（●一般向き ●交通／JR中央本線上諏訪・下諏訪駅から車で40分、霧ヶ峰高原各所にハイキングコース）

湿性植物の宝庫、八島ヶ原湿原

国指定

霧ヶ峰湿原植物群落（きりがみねしつげんしょくぶつぐんらく）

●諏訪市四賀、諏訪郡下諏訪町
●昭和35年6月10日指定
※P92参照

霧ヶ峰湿原植物群落（レンゲツツジ咲く車山高原）

市指定

温泉寺（おんせんじ）のシダレザクラ

●諏訪市湯の脇1-2-11
●昭和54年2月15日指定

臨済宗温泉寺は、諏訪高島藩諏訪氏の菩提寺で、第二代藩主忠恒が慶長20年（1615）に大坂夏の陣に出陣し、戦勝凱旋した際にシダレザクラの苗を持ち帰ったと伝わります。

かつて坂道の両側はシダレザクラの並木となっていましたが、現在は3本の名残りの古木が残っていて、そのうちの幹囲3・65メートルと2・83メートルの2本が市の天然記念物です。

（●一般向き ●交通／JR中央本線上諏訪駅から徒歩で15分）

温泉寺のシダレザクラ

市指定

貞松院（ていしょういん）のシダレザクラ

●諏訪市諏訪2-16-21
●平成13年3月16日指定

貞松院境内の見事な庭園の中にあり、伝承によると諏訪高島藩第二代藩主諏訪忠恒が、大坂夏の陣の際に持ち帰った苗木のうちの1本といわれています。樹姿も樹勢もよく、「延命桜（えんめいざくら）」とも呼ばれています。（花期／4月中旬頃）

（●一般向き ●交通／JR中央本線上諏訪駅から徒歩で15分、中央自動車道諏訪ICから車で20分）

貞松院のシダレザクラ

諏訪市の天然記念物

国指定　霧ヶ峰湿原植物群落（全1件）
県指定　諏訪大社上社社叢（全1件）
市指定　秋葉山ミツバツツジ群落、大祝家のイチョウ、温泉寺のシダレザクラ、江音寺シダレヤナギ、五本スギ、先の宮のケヤキ、地蔵院のカツラ、諏訪大社上社境内の社叢、高島城のキハダ、高島城のフジ、貞松院のシダレザクラ、手長の森、天狗山イチイ、天狗山のトチノキ、中金子第六天のケヤキ、仏法寺イチョウ、真志野峠のミズメ樹叢、宮之脇のカヤ、吉田のマツ（全19件）

※諏訪市の天然記念物リストはP138に掲載されています。

高島城のフジ

市指定

高島城（たかしまじょう）のフジ

●諏訪市高島1丁目（高島公園）
●昭和53年1月17日指定

諏訪湖岸にほど近い諏訪氏居城・高島城が公園となった明治9年（1876）頃、植栽されたとされます。

樹齢は推定130年、根囲3㍍。根元から太い蔓（つる）がからみ合い、見事な藤棚をつくっています。園内には市天然記念物の「高島城のキハダ」などもあります。

（花期／5月中～下旬）

（●一般向き ●交通／JR中央本線上諏訪駅から車で5分、さらに徒歩5分）

中金子第六天のケヤキ

市指定

中金子第六天（なかかねこだいろくてん）のケヤキ

●諏訪市中洲中金子
●平成17年12月26日指定

根元に第六天が祀られているため「第六天のケヤキ」と呼ばれています。根元幹囲7・55㍍、樹高20㍍、市内では3番目の大きさで、樹齢は600年といわれます。

幹の下部がうねるようにやや西に傾きつつ、宮川の度重なる氾濫にも耐え、堂々としたケヤキ特有の風格を感じさせます。

（●一般向き ●交通／JR中央本線上諏訪駅から車で20分、中央自動車道諏訪ICから車で10分）

宮之脇のカヤ

市指定

宮之脇（みやのわき）のカヤ

●諏訪市中洲神宮寺52
●昭和46年2月12日指定

古来より「カヤノキサマ」と呼ばれてきた2本ある雌株で、市内では最も大きく、幹囲は4・87㍍、2・67㍍。樹齢推定約370年、170年とされます。

（●一般向き ●交通／JR中央本線上諏訪駅から車で25分）

市指定

五本（ごほん）スギ

●諏訪市中洲神宮寺
●昭和46年2月21日指定

神宮寺普賢堂跡の南側に並んで立つ大杉です。落雷で1本を失い、伐り株だけが残っていますが、1本欠けた今でも「五本スギ」と呼ばれています。樹齢推定いずれも約370年。

（●一般向き ●交通／JR中央本線上諏訪駅から車で25分）

五本スギ

市指定

先の宮（さきのみや）のケヤキ

●諏訪市大和3-18-2
●昭和43年4月10日指定

旧甲州街道沿い、先ノ宮神社社殿の西側にあります。諏訪市内では諏訪大社上社本宮布橋横のケヤキとともに最大級。幹囲8・47㍍、樹高約21㍍、樹齢推定約670年とされます。

（●一般向き ●交通／JR中央本線上諏訪駅から車で5分）

先の宮のケヤキ

市指定

仏法寺イチョウ

●諏訪市四賀桑原4373(佛法紹隆寺)
●昭和46年2月12日指定

仏法寺イチョウ

佛法紹隆寺山門を入った左手にある樹齢推定220年の雄株。幹囲4・11メートル、樹高29メートルと、諏訪市内では最も大きいイチョウです。

その隣には大きな雌のイチョウの木もありますが、なぜか神宮寺大祝家の雌木と夫婦であるという伝説があります。

(●一般向き ●交通/JR中央本線上諏訪駅から車で15分)

市指定

江音寺シダレヤナギ

●諏訪市豊田有賀4565
●昭和46年2月12日指定

江音寺シダレヤナギ

有賀峠入口にある江音寺の山門左にある樹齢推定150年、ヤナギ科のシダレヤナギです。別名「イトヤナギ」。

幹囲3・82メートル、樹高約14メートルの雌株で市内では最も大きく、その細く垂れ下がった枝の風情は、古来より夏の風物詩として文人をはじめ、多くの人に親しまれてきました。

(●一般向き ●交通/JR中央本線上諏訪駅から車で30分)

市指定

手長の森

●諏訪市上諏訪9556ほか
●平成元年11月22日指定

由緒ある手長神社の社叢にあり、古くから「手長の森」として人々に親しまれてきました。目通り幹囲3メートル以上のケヤキ13本を主に30種、400余本の樹木から成ります。

現在は、市街地の自然の保存されている数少ない地域として、森に集まる鳥類や昆虫類等をはじめ、市民にとっても憩いや安らぎを与える貴重な森となっています。

(●一般向き ●交通/JR中央本線上諏訪駅から徒歩7分)

手長の森

市指定

天狗山イチイ

●諏訪市中洲神宮寺
●昭和46年2月12日指定

天狗山は諏訪市と茅野市の境界にある小高い森で、イチイはこの森(天狗山)にある守矢氏祝殿の神木です。木には北と西南に空洞が開いていますが、樹勢は良く枝分かれが多いため、開いた枝振りは見事です。

根元には二つの祠があり、一つは天狗を祀る祠で、天狗山の小字名はここからきたものといわれています。

(●一般向き ●交通/JR中央本線上諏訪駅から車で25分)

市指定

天狗山のトチノキ

●諏訪市中洲神宮寺
●昭和54年2月15日指定

天狗山の石の鳥居から守矢氏祝神のイチイへと続きます。その左上の段に「天白　岩波神社」と額付けられた新しい木の鳥居があり、これがトチノキの鳥居です。

幹囲4・35メートル、樹高約19メートル、樹齢は推定約250年です。木の根元には岩波一族の祝殿の祠があり、御神木として保存されてきました。

(●一般向き ●交通/JR中央本線上諏訪駅から車で25分)

天狗山のイチイ(右奥)とトチノキ(左)

市指定

下菅沢の祖霊桜（しもすげさわのそれいざくら）

●茅野市豊平下菅沢145
●平成30年10月24日指定

市内最大の桜であり、長野県内でも有数の幹周を誇る桜の巨木です。樹姿も優れ、周囲の農地や背景の八ヶ岳ともあいまって優れた景観を示しています。

胸高幹周5・22メートル、樹高約15メートル、樹齢推定400年以上。地域の墓地内にあり、墓地内には立ち入りご遠慮下さい。平成30年10月、新たに茅野市天然記念物に指定されました。（花期／4月中～下旬）

（●一般向き ●交通／JR中央本線茅野駅から車で20分）

下菅沢の祖霊桜

（写真提供・茅野市）

市指定

峰たたえのイヌザクラ（みねたたえのイヌザクラ）

●茅野市宮川1066
●昭和63年7月29日指定

市内の同種では最大のイヌザクラで、根囲6メートル、樹高約20メートル、樹齢推定約200年です。

「諏訪上社物忌令之事」に記載のある七木の一つ「峰タタイノ木」にあたり、古くこの場所で神事が行われたことがわかります。昭和63年（1988）4月の雪で北側の大枝が折損しましたが、なお風格あり、「七木たたえ木」の伝承を今後に伝えるにふさわしい名木です。（花期／5月中旬頃）

（●一般向き ●交通／JR中央本線茅野駅から車で10分、徒歩10分）

峰たたえのイヌザクラ

小さな花

茅野市の天然記念物

※茅野市の天然記念物リストはP137～138に掲載されています。

市指定　傘松、だいもんじ・亀石周辺のカタクリの群生、古御堂の枝垂桜、笹原のシダレヤナギ、神長官邸のみさく神境内社叢、達屋酢蔵神社境内社叢、中村の二本松、中道の神明宮のサワラ、長円寺のセンダンバノボダイジュ、峰たたえのイヌザクラ、頼岳寺山門前杉並木、下菅沢の祖霊桜（全12件）

「下菅沢の祖霊桜」は平成30年新たに茅野市天然記念物に指定され、「白山社の大柏樹」は指定解除されました

〈主な天然記念物〉

蓼科山
横岳
縞枯山
蓼科高原
麦草峠
152
192
299
中村の二本松
笹原のシダレヤナギ
頼岳寺山門前杉並木
下菅沢の祖霊桜
茅野市役所
茅野
諏訪IC
傘松
長円寺のセンダンバノボダイジュ
神長官邸のみさく神境内社叢
峰たたえのイヌザクラ
達屋酢蔵神社境内社叢
20
中央自動車道
JR中央本線
諏訪南IC
硫黄岳
八ヶ岳
横岳
赤岳
阿弥陀岳
0　2km
N

市指定

頼岳寺山門前杉並木（らいがくじさんもんまえすぎなみき）

●茅野市ちの上原
●昭和57年2月26日指定

最大幹囲3.5メートル、樹高28メートルの杉の古木を中心とした20余本の並木で、深遠な雰囲気が漂います。由緒深い寺に風格を添えており、周辺の樹林と共に風致上も貴重な樹林です。最大の杉の樹齢推定約270年。

諏訪高島藩初代藩主・諏訪頼水は諏訪大社の大祝職（神職の最高位）で、諏訪の領主として平安時代からの名門諏訪氏の系統です。頼岳寺はこの諏訪頼水によって寛永8年（1631）開創された、頼水と父母の菩提寺です。

（●一般向き ●交通／JR中央本線茅野駅から車で10分）

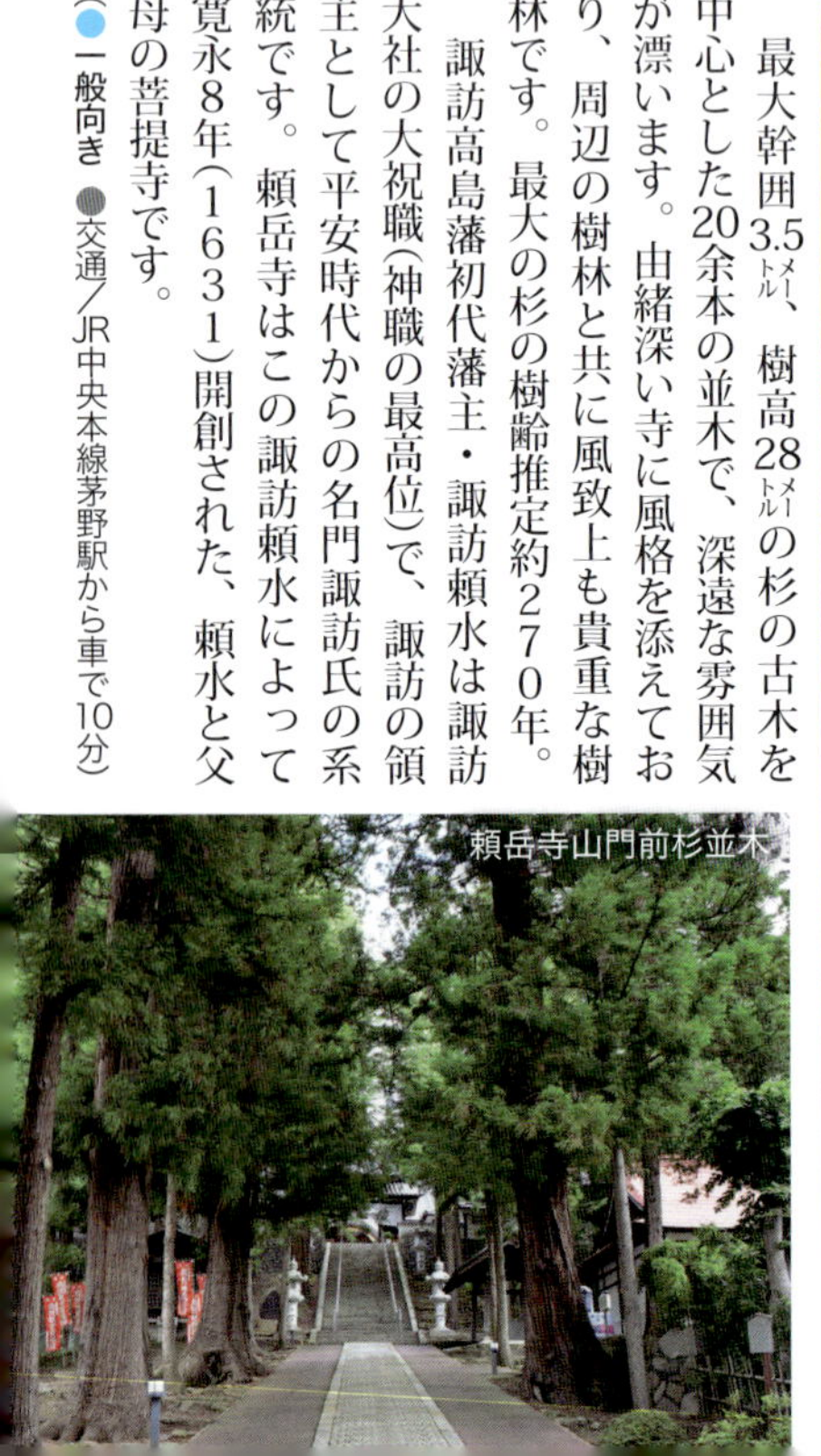

頼岳寺山門前杉並木

市指定

長円寺のセンダンバノボダイジュ（ちょうえんじのセンダンバノボダイジュ）

●茅野市玉川穴山
●昭和58年4月26日指定

一名モクゲンジ。葉がセンダン（オウチ）に似て、実がボダイジュに似るところから名が出たといわれます。幹囲2・04メートル、樹高約10メートル、樹齢推定約140年。

（●一般向き ●交通／JR中央本線茅野駅から車で20分）

（写真提供・茅野市）

長円寺のセンダンバノボダイジュ

市指定

神長官邸のみさく神境内社叢

●茅野市宮川393-2
●昭和55年3月14日指定

みさく神は、諏訪地方の原始信仰に関する神とされ、このみさく神は、各地のみさく神を統率する総みさく神であるといわれます。社叢は簡素で、古代信仰をしのぶにふさわしいといえます。

カジノキは諏訪大社神紋に由緒を持ち、樹齢推定約100～150年、7本を数えます。

（●一般向き　●交通／JR中央本線茅野駅から車で10分）

神長官邸のみさく神境内社叢

市指定

達屋酢蔵神社境内社叢

●茅野市ちの横内
●昭和55年3月14日指定

達屋酢蔵神社境内社叢

市内で最大の推定樹齢約500年のケヤキを含む、ケヤキ4本、サワラ、スギなどより成ります。神社境内でケヤキを主とした社叢は珍しいものです。

この神社は「達屋社」と「酢蔵社」の2社を合祀したものです。諏訪大社とも縁の深い神社で縁起には「寅申の干支御造営に関し当社はその御用材を本宮様八ヶ岳御小屋山神林より伐り出せる特権を有している。」と記されています。

（●一般向き　●交通／JR中央本線茅野駅から徒歩15分）

市指定

中村の二本松

●茅野市湖東中村
●昭和52年12月1日指定

「傘松」に次ぎ茅野市2番目の大松。東平から上菅沢にまっすぐ向かう道沿いに立っています。

幹囲3.9メートル、樹高約10メートルの松で、小さな塚の上に立っています。根元から1.8メートルの高さで幹が二つに分離。「二本松」の名は、地上2メートル弱で二幹に分かれていることから付けられたと思われます。樹齢推定約300年で樹勢は旺盛です。

（●一般向き　●交通／JR中央本線茅野駅から車で20分）

中村の二本松

市指定

傘松

●茅野市宮川高部
●昭和47年12月26日指定

旧道の杖突峠への途中にあり、諏訪湖を見下ろす高台に聳えています。幹囲6.6メートル、樹高約14メートル、樹齢推定約350年で、県下でも最大級のものです。

幹の途中で男松と女松に分かれ、からかさ状の樹形を形づくっています。南側の根元の祠は、右から金毘羅社、浅間社、御岳社。浅間社が中央で古いことから、ここは富士山信仰に関する塚であるとも考えられます。

（●一般向き　●交通／JR中央本線茅野駅から車で10分、さらに山道徒歩30分）

傘松

市指定

笹原のシダレヤナギ

●茅野市湖東笹原
●昭和55年3月14日指定

幹囲4・22メートル、樹高約20メートル(剪定前)、樹齢推定約110年のシダレヤナギの木。諏訪地方でも最大ですが、安全のため太枝のほとんどが定期的に大きく刈り払われ、ヤンチャ坊主の頭のような、なにかユーモラスな姿です。

（●一般向き　●交通／JR中央本線茅野駅から車で40分）

笹原のシダレヤナギ・2016年剪定後

町指定 高森観音堂の枝垂桜

●諏訪郡富士見町境高森愛宕山
●昭和42年7月1日指定

幹囲3.7メートル、樹高約15メートル、樹齢推定約250年のシダレザクラで、高森諏訪社に隣接する愛宕山観音堂の境内にあります。根元に石造物の円柱残欠を抱き込んでいて、宝篋印塔や古い石碑、石塔が沢山立っています。無住の観音堂ですが、茅葺屋根とシダレザクラの古木の風情が、遠く南アルプスの白い雪とコントラストを見せています。(花期／4月中～下旬)

(●一般向き ●交通／JR中央本線信濃境駅から徒歩10分)

高森観音堂の枝垂桜

諏訪南IC
富士見町役場
富士見高原
神戸八幡社の欅
JR中央本線
富士見
484
中央自動車道
大泉水源の樹林
入笠山▲ 入笠湿原
20
高森観音堂の枝垂桜
信濃境
池袋の椿
川除古木
敬冠院境内付近の樹木
N
0 2km

富士見町の天然記念物

町指定　池袋の椿、大泉水源の樹林、川除古木、敬冠院境内付近の樹木、神戸八幡社の欅、高森観音堂の枝垂桜、とちの木の風除林、ナウマンゾウの臼歯化石、入笠湿原（全９件）

「若宮八幡社の柏」(町指定)は平成30年に指定解除となりました。

※富士見町の天然記念物のリストはP137に掲載されています。

町指定 入笠湿原

●諏訪郡富士見町入笠山
●昭和52年1月30日指定

初夏のスズラン、冬のスキーリゾートとしても有名な入笠山(標高1955メートル)の1730メートル付近に位置する陸地化の進んだ湿原。スズランの群生をはじめ、ミズゴケ・シダ・ゼンマイ等が見られます。

(●一般向き ●交通／JR中央本線富士見駅から車で40分、さらに徒歩10分)

入笠湿原

スズラン

町指定 池袋の椿

●諏訪郡富士見町境池袋
●昭和42年7月1日指定

池袋区にある武藤氏の玄関前の庭に植えられているヤブツバキ(またはヤマツバキ)で、樹高は約5メートルに剪定されており、根元は地中に埋まっています。

樹齢は推定約200年余で、初代忠右エ門の時代に植えられたといわれています。現在の当主は武藤晃夫氏で、沢山の実を絞って椿油を採り、その綺麗に澄んだ油は奥様が髪に付けているそうです。

(●一般向き・所有者挨拶 ●交通／JR中央本線信濃境駅から徒歩10分)

池袋の椿と武藤御夫妻

椿の花▼

町指定 大泉水源の樹林

●諏訪郡富士見町境高森大泉
●昭和55年4月10日指定

湧水源の保護林で、クロベ17株、ウラジロモミ59株、スギ52株、モミ24株などが鬱蒼とした自然樹林となっています。遊歩道沿いには幹囲3.2～5.3メートルのクロベなどの大木も見られます。

(●一般向き ●交通／JR中央本線信濃境駅から車で5分、さらに徒歩10分)

大泉水源の樹林

敬冠院境内付近の樹木

町指定

●諏訪郡富士見町落合下蔦木
●昭和55年4月10日指定

推定樹齢200年のサルスベリのほか、ヤブツバキ、シュロ、ビワ、キヅタなどが生育しています。

富士見町は高冷地のため、暖地に生育する植物がこれほど大木に成長していることはきわめて稀で、真夏に真紅の花を付けたサルスベリの樹勢はとても良好です。

（●一般向き　●交通／JR中央本線信濃境駅から車で10分）

敬冠院境内付近の樹木

神戸八幡社の欅

町指定

●諏訪郡富士見町富士見神戸
●昭和41年7月15日指定

神戸八幡社の欅

幹囲7.7メートル、樹高30メートル、富士見町で見られるケヤキの中で一番の大木で、樹齢推定約390年。

国道20号の「神戸八幡」信号のすぐ西に八幡神社があり、境内には幹囲5.6メートルのケヤキをはじめ何本ものケヤキの大木があります。天然記念物の大ケヤキは、その奥の社殿のすぐ横に立っています。

（●一般向き　●交通／JR中央本線富士見駅から車で10分）

川除古木

町指定

●諏訪郡富士見町落合上蔦木
●昭和55年4月10日指定

水害から蔦木宿を守るためにつくられた「信玄堤」と呼ばれる堤防の内側に植えられた川除け木の名残りです。

明治31年（1898）の大水の際には、この地の大木を切り倒して大水の向きを変え、集落を水害から守ったといわれています。

（●一般向き　●交通／JR中央本線信濃境駅から車で10分）

川除古木

55 原村

南信・諏訪地域

からかさまつ

村指定

●諏訪郡原村菖蒲沢9891
●昭和47年4月1日指定

胸高幹囲3.2メートル、樹高8.4メートル、樹齢推定300年余で、アカマツとしては老大樹です。地上部より1.3メートルのところで二つに分岐しているので、「二子松」とも呼ばれています。

傘を広げた景観を成していて樹形が大変美しく、地元の人々が名木として保護してきた貴重な樹木です。

（●一般向き　●交通／JR中央本線茅野駅から車で20分）

からかさまつ

原村の天然記念物

村指定
からかさまつ、津島社の大藤、道祖神の桜、ひめばらもみ（全4件）

道祖神の桜
八ヶ岳自然文化園
原村役場
ひめばらもみ
からかさまつ
津島社の大藤
中央自動車道
諏訪南IC
484
17
0 2km

※原村の天然記念物のリストはP137に掲載されています。

ひめばらもみ

村指定

●諏訪郡払沢5980（臥竜公園）
●昭和47年4月1日指定

村内では最大級のもので、樹勢、枝張りともに見事です。マツ科、ヒメバラモミ、樹齢推定約450年。

（●一般向き　●交通／JR中央本線茅野駅から車で30分）

ひめばらもみ

津島社の大藤

村指定

●諏訪郡原村中新田13418
●昭和47年4月1日指定

幹囲2.4メートル、全長約40メートル、樹齢推定約300年の近在稀にみる大藤です。3本のサワラの木と並立し、1本の幹からなっていますが樹勢が心配です。

（●一般向き　●交通／JR中央本線茅野駅から車で40分）

津島社の大藤

56 辰野町（たつのまち）

南信・上伊那地域

国指定 小野（おの）のシダレグリ自生地（じせいち）

●上伊那郡辰野町小野字楡沢5983-1
●大正9年7月17日指定

日本一のシダレグリの群生地で、その本数は約1000本余り。一本一本が根元から複雑怪奇にねじれ曲がり、枝先は垂れ下がっています。

この特異な樹景は、突然変異型が自然更新され続けた結果で、一年を通して見ることができますが、晩秋から春先にかけての落葉期がいっそう際立ちます。

（●一般向き ●交通／JR中央本線小野駅から車で10分、JR篠ノ井線塩尻駅から車で30分）

複雑怪奇な樹景、小野のシダレグリ自生地

国指定 横川（よこかわ）の蛇石（じゃいし）

●上伊那郡辰野町横川1
●昭和15年7月12日指定

経ケ岳（きょうがたけ）に源を発する横川の上流部に「横川の蛇石」があります。

粘板岩に貫入した閃緑岩の岩脈が川底から露出し、その岩脈にほぼ1㍍置き位に白い石英脈が入り込んでいます。これが数十㍍もの巨大な蛇のように見えるため、「蛇石」と呼ばれてきました。

また地元には、2匹の兄弟龍にまつわる民話も残されています。

（●一般向き ●交通／JR中央本線辰野駅から車で40分）

横川の急流をうねるような蛇石

〈 主な天然記念物 〉

矢彦小野神社社叢
小野のシダレグリ自生地
小野
熊野諏訪神社のトチノキ社叢
宮ノ原神明宮のケンポナシ
JR中央本線
辰野のホタル発生地
岩花のコウヤマキ
辰野
宿ノ平のサイカチ
辰野町役場
蛇石キャンプ場
古城のケヤキ
浦の沢のトチノキ
横川の蛇石
原牛の臼歯化石出土地点
明光寺のシダレザクラ
中央自動車道
伊北IC
0 2km

県指定 原牛（げんぎゅう）の臼歯化石（きゅうしかせき）

●上伊那郡辰野町樋口2407-1（辰野美術館）
●平成10年6月15日指定

原牛とは現在の家畜化された牛の祖先です。約3万6千年前のテフラ（ローム）層中のアルカリ性の不透水層中にあったため風化されずに残ったものであり、学術的に大変貴重です。

（●一般向き・入館料 ●交通／JR中央本線辰野駅から徒歩10分）

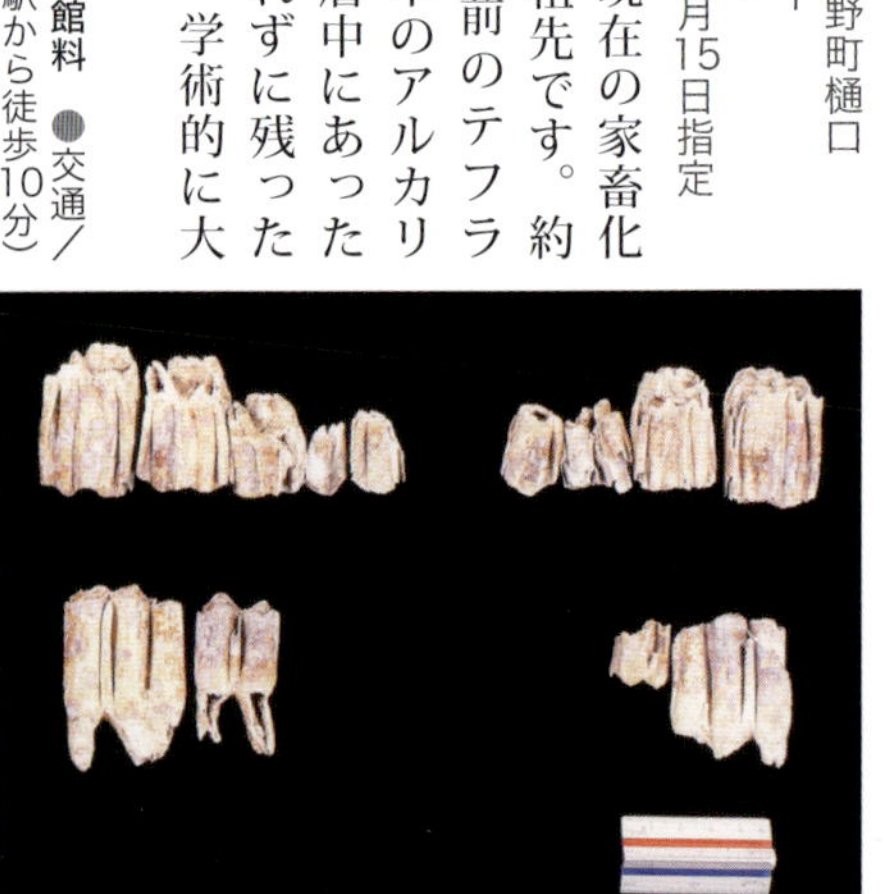

（写真提供・辰野町）

辰野町の天然記念物

国指定	小野のシダレグリ自生地、横川の蛇石（全2件）
県指定	矢彦小野神社社叢、辰野のホタル発生地、原牛の臼歯化石（全3件）
町指定	岩花のコウヤマキ、浦の沢のトチノキ、上辰野のヒカリゴケ、熊野諏訪神社のトチノキ社叢、荒神山のヒカリゴケ、古城のケヤキ、宿ノ平のサイカチ、宮ノ原神明宮のケンポナシ、明光寺のシダレザクラ、御陵塚とサワラ、木地師の墓とヒノキ（全11件）

※辰野町の天然記念物のリストはP137に掲載されています。

町指定

宿ノ平のサイカチ

●上伊那郡辰野町伊那宿2065-75（小横川宿ノ平）
●平成17年3月14日指定

目通り幹囲約6㍍、樹高約20㍍、枝張り南北約28㍍のサイカチは、県内はもとより全国的に見ても貴重な大きさです。

根元に祠られている「大山祇命」の石碑により、古くから山の神のご神木として、大事にされていたものと考えられます。

（●一般向き ●交通／JR中央本線辰野駅から車で25分、中央自動車道伊北ICから車で30分）

県指定

辰野のホタル発生地

●上伊那郡辰野町辰野北畑2276-イほか
●昭和35年2月11日指定

天竜川右岸の松尾峡は、ゲンジボタルの名所として全国的にも知られています。6月中旬の最盛期には町をあげての盛大な「ほたる祭り」が行われますが、生息地内への立ち入り、カメラ三脚使用やフラッシュ撮影の禁止など厳守して下さい。

（●一般向き ●交通／JR中央本線辰野駅から徒歩10分）

ふるさと通信

「町をあげてホタルを復活!!」

辰野町の自然はゲンジボタルの生息に適していましたが、昭和30年代頃から水質悪化や水路改修などが行われ、ホタルやその幼虫が食べるカワニナなどが激減しました。このため、沢のきれいな水を加えたり、休耕田にホタルの住める小川を作りました。

水路には木クギを使ったり、川幅を広くするなどして、ホタルの幼虫やカワニナを放ちながら小川のまわりを手入れしてきました。そして今、昔のようにたくさんのホタルが見られるようになりました。（辰野町誌から）

県指定

矢彦小野神社社叢

●上伊那郡辰野町小野八彦沢3267、塩尻市北小野
●昭和35年2月11日指定

同じ社叢にそれぞれ鎮座する矢彦神社と小野神社ですが、古くは一つの神社でした。戦国時代の領地争いにより、神社境内も分割されたと伝わっています。

矢彦神社は塩尻市内の飛び地で、社叢にはカツラ、ヒノキなどの巨木が多く、この地方の古代の平地林を残しています。両社のある小野盆地は「頼母の里」または「憑の里」といわれ、地元の人々からは「たのめの森」として親しまれています。

（●一般向き ●交通／JR中央本線小野駅から徒歩10分、JR篠ノ井線塩尻駅から車で20分）

矢彦神社、御神木のスギ

町指定

古城のケヤキ

●上伊那郡辰野町平出1888
●昭和48年4月1日指定

推定樹齢約200年の大木で、かつての伝承から「古城」と呼ばれていますが、現在はその面影はありません。

木は根元から2本に分かれており、春の芽吹きの時期が異なることから、成長に伴って2本の木の根元が癒着したものと考えられます。目通りの幹囲は北側が3・84㍍、南側が4・19㍍で樹高はともに30㍍余あります。

（●一般向き ●交通／JR中央本線辰野駅から徒歩15分）

古城のケヤキ

町指定

熊野諏訪神社のトチノキ社叢

●上伊那郡辰野町小野字宮ノ平4555-1
●昭和48年4月1日指定

最大樹は幹囲5・15㍍、樹高26㍍のトチノキの巨木5本を中心とした社叢で、オオモミジ、ヒノキ、エノキなどの大木も林立しています。明治40年に熊野神社と諏訪神社が合祀された神社で、本殿の軒には二つの同じ大きさの額が掲げられています。

（●一般向き ●交通／JR中央本線小野駅から車で10分）

熊野諏訪神社のトチノキ社叢

57 箕輪町（みのわまち）

南信・上伊那地域

中曽根のエドヒガン

県指定 中曽根（なかぞね）のエドヒガン

●上伊那郡箕輪町中曽根296-3
●昭和42年5月22日指定

幹囲8.2メートル、樹高15メートル、樹齢約1000年といわれる大樹。この地がまだ原野だった平安時代に根をおろしたものと伝わります。根元に桜の所有者である伊藤家の熊野権現の祝殿が祀られていることから「権現桜（ごんげんざくら）」と呼ばれています。

地上1.0メートルから2本に分かれ、花色や開花時期がそれぞれ異なることから2本の桜が癒着したともいわれています。樹幹内部の空洞は明治35年（1902）の落雷による火災の焼け跡です。樹勢は旺盛で、満開の桜の花と背後に中央アルプスの残雪も望めます。

（花期／4月中～下旬）

（●一般向き ●交通／JR飯田線伊那松島駅から車で10分）

県指定 木ノ下（きのした）のケヤキ

●上伊那郡箕輪町中箕輪芝宮12284
●昭和40年2月25日指定

幹囲11・57メートル、樹高25メートル、樹齢推定約1000年の大ケヤキ。芝宮の御神木で、ケヤキでは長野県で3番目の大きさといわれます。

箕輪町立木下北保育園の敷地内にあり、ゴツゴツと張り出した巨大な幹回りは園児の絶好の遊び場ともなってきました。なお、木下北保育園は近々、移転する見込みとのことです。

（●一般向き・保育園に挨拶 ●交通／JR飯田線木下駅から徒歩10分）

〈 主な天然記念物 〉

木ノ下のケヤキ

箕輪町の天然記念物

県指定　木ノ下のケヤキ、中曽根のエドヒガン（全2件）

町指定　大出のカツラ、大南のカヤ、下古田のヒカリゴケ、下古田白山神社社叢、高橋神社のエノキ、長岡新田熊倉沢鐘乳洞、普済寺庭園及び寺叢、三日町のコナラ、三日町のマツ、南小河内のカヤ、箕輪南宮神社社叢、箕輪古田神社のモミ（全12件）

「宮脇のハリギリ」（県指定）は、樹齢300年といわれ県内では稀な老大木でしたが、平成29年6月に枯死が確認され伐採、指定解除されました。

※箕輪町の天然記念物リストはP137に掲載されています。

三日町のマツ

町指定 三日町（みっかまち）のマツ

●上伊那箕輪町三日町
●昭和40年8月5日指定

三日町から萱野高原に登る山中の道沿い、御射山（みさやま）神社の社地にあるアカマツの古木。以前は幹が6本に分かれていたため「六本松」と呼ばれてきましたが、現在は2本の幹を残すのみです。

幹囲5.3メートル、樹高20メートルの巨木で、現在なお旺盛で見事な樹勢を備えています。

（●一般向き ●交通／JR飯田線伊那松島駅から車で15分）

町指定

箕輪古田神社のモミ

●上伊那郡箕輪町中箕輪7318-1
●平成11年11月24日指定

箕輪町西部地区に位置する古田神社境内のご神木で、幹囲4・75㍍、樹高23㍍。樹齢は不詳。
適潤な肥沃地を好み、古田神社の適地で樹勢は旺盛です。

(●一般向き ●交通/中央自動車道伊北ICから車で15分)

箕輪古田神社のモミ

町指定

下古田白山神社社叢

●上伊那郡箕輪町中箕輪5292-イほか
●平成9年4月22日指定

古くからの伊那谷の植生を保っている鎮守の森で、4054平方㍍の広大な面積に233種類の植物が生育します。静寂さが漂います。

(●一般向き ●交通/中央自動車道伊北ICから車で10分)

下古田白山神社社叢

町指定

普済寺庭園及び寺叢

●上伊那郡箕輪町東箕輪3632
●平成4年9月1日指定

普済寺の参道に沿って広がり、樹齢400~450年以上の老杉やマツ・ヒノキ・スギ・カヤなど25本が茂っています。樹齢500年の老松に枯山水を配した庭園も素晴らしい。
いずれも長年風雪に耐え、今なおたくましく根を張り、鬱蒼と茂って歴史の古さを物語っています。堂宇を囲むこれら大樹からなる寺叢は、広い竹林をともなって禅寺にふさわしい佇まいを見せています。

(●一般向き ●交通/JR飯田線伊那松島駅から車で10分)

普済寺庭園及び寺叢

町指定

南小河内のカヤ

●上伊那郡箕輪町東箕輪2892
●昭和40年8月5日指定

幹囲4㍍、樹高28㍍、樹齢推定約400年の稀にみる大樹です。かつては県の天然記念物に指定された事もあります。垂直に伸び、枝は四方に繁茂して樹勢は極めて旺盛です。多年多くの実を結び、熟すと地を覆うほど落果します。
路地の奥、個人の方の屋敷前にあり、見事なカヤの木の勢いには圧倒されます。

(●一般向き・所有者挨拶 ●交通/JR飯田線伊那松島駅から車で10分)

南小河内のカヤ

町指定

高橋神社のエノキ

●上伊那郡箕輪町中箕輪3216
●平成11年11月24日指定

目通り幹囲4・56㍍、根囲7・35㍍、樹高27㍍。箕輪町大出地区にある高橋神社の風致保安林に生育します。神社は貞和元年(1345)の創立と伝えられ、宝永6年(1709)建立の本殿は箕輪町有形文化財に指定されています。

(●一般向き ●交通/JR飯田線沢駅から車で5分)

高橋神社のエノキ

町指定

大南のカヤ

●上伊那郡箕輪町中箕輪555
●平成11年11月24日指定

幹囲5.2㍍、樹高15㍍、推定樹齢400年以上の大カヤは雌木で、箕輪町沢区の民家の敷地内に生育しています。幹周りが地上1㍍の位置で5.2㍍あり、県内で指定されているカヤの中でも上位に入る大きさです。

(●一般向き・所有者挨拶 ●交通/JR飯田線沢駅から車で5分)

大南のカヤ

58 南箕輪村

南信・上伊那地域

村指定 エドヒガン桜

●上伊那郡南箕輪村4797
●昭和52年4月1日指定

幹囲6.5メートル、樹高17メートル、樹齢推定約270年といわれます。根元に6基の庚申塔がありますが、その中の元文5年（1740）のものを建立の際に、この桜も記念植樹されたと伝えられます。

道路に挟まれた中央にあり四方から見る事ができます。向いにも桜の並木があり、周囲は桜の名所となっています。（花期／4月中〜下旬）

（●一般向き ●交通／JR飯田線北殿駅から徒歩10分）

エドヒガン桜

▲根元には6基の庚申塔

村指定 コウヤマキ

●上伊那郡南箕輪村
●平成12年12月11日指定

幹囲5.3メートル、根囲5.4メートル、直径1.8メートル、樹高25メートル、樹齢推定700年以上で、コウヤマキとしては最大級の大きさです。幹全体にねじれが生じているほか、地上1メートル程の高さのところにコブ状の突起物があります。

村内の樹木の中では、かなりの古木で希少性が高いものです。所有者の屋号から「酒屋のコウヤマキ」といわれています。

（●一般向き・所有者挨拶 ●交通／JR飯田線田畑駅から徒歩15分）

コウヤマキ

▲ひときわ高いコウヤマキ

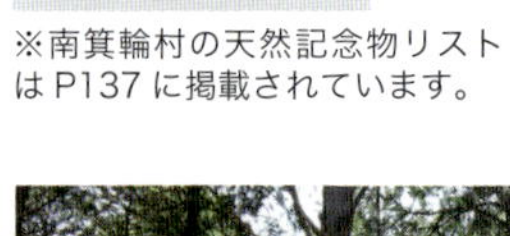

南箕輪村の天然記念物

村指定
エドヒガン桜、恩徳寺大銀杏、コウヤマキ、殿村八幡宮社叢
（全4件）

〈主な天然記念物〉

エドヒガン桜
殿村八幡宮社叢
南箕輪村役場
北殿
中央自動車道
JR飯田線
伊那IC
コウヤマキ
恩徳寺大銀杏
361
88
153
N
0 2km

※南箕輪村の天然記念物リストはP137に掲載されています。

村指定 殿村八幡宮社叢

●上伊那郡南箕輪村3023-3
●昭和54年2月19日指定

殿村八幡宮の社叢は、神社の古い歴史と共に豊かな自然が残る美しい森林です。特に大木が多く残る景観は素晴らしい。

境内に見られる多くの大木はヒノキ・スギ・マツで、これらの樹齢は200〜400年余りとみられています。参道に沿った杉並木も見事です。

社殿南側の大杉と東側のヒノキは神木とされており、境内の中では最も古く大きなものです。

（●一般向き ●交通／JR飯田線田畑駅から徒歩15分）

殿村八幡宮社叢

村指定 恩徳寺大銀杏

●上伊那郡南箕輪村8632
●昭和54年9月21日指定

幹囲3・25メートル、樹高20メートル、樹齢推定約360年の大イチョウ。地上3メートルほどで四方に枝分かれし、キノコ状になっており、秋の黄葉は実に見事です。

言い伝えによると恩徳寺の前身である薬師堂の時、境内の大イチョウを切り、本尊薬師如来を刻んだといわれ、その切株に生えたのが現在のものであると伝わります。

（●一般向き ●交通／JR飯田線伊那市駅から車で5分）

恩徳寺大銀杏

高遠のコヒガンザクラ樹林

県指定

高遠（たかとお）のコヒガンザクラ樹林（じゅりん）

●伊那市高遠町東高遠
●昭和35年2月11日指定

「天下第一の桜」として知られる高遠の桜は、タカトオコヒガンザクラで、ソメイヨシノより少し小振りで赤味のある花が絢爛と咲き誇り、見事なばかりです。

園内には約1500本もの桜があり、満開時には公園全体が薄紅色に染まり、毎春、約20万人もの観光客が訪れます。地元ではこの桜を保護育成・継承していくために「桜憲章」を制定し、高遠城址公園内に掲げています。（花期／4月上～中旬）

（●一般向き ●交通／JR飯田線伊那市駅から車で30分）

『桜憲章・前文』

わたくしたちが遠い祖先から受け継いできた、
三峯川水系県立公園地内にある国の指定史跡、
高遠城跡一帯に群生する長野県天然記念物「コヒガンザクラ」の
樹林を中心に、町内各所に点在するコヒガンザクラの貴重な財産を、
後世に継承するため、適切な管理のもとに、
保護育成する必要からここに桜憲章を制定する。

県指定

前平（まえひら）のサワラ

●伊那市西箕輪1030
●昭和37年7月12日指定

幹囲7.5メートル、樹高20メートル、推定樹齢約1000年の吹上神社の御神木で、長野県下第一位のサワラの巨木です。かつては35メートル程ありましたが、伊勢湾台風で頂上が折れ、現在はこの高さとなっています。

伊那市西箕輪の山際の集落の奥に吹上神社があります。境内左手に、見上げるばかりのサワラの巨木があります。その存在感は御神木にふさわしいものです。

（●一般向き ●交通／JR飯田線伊那市駅から車で30分）

前平のサワラ

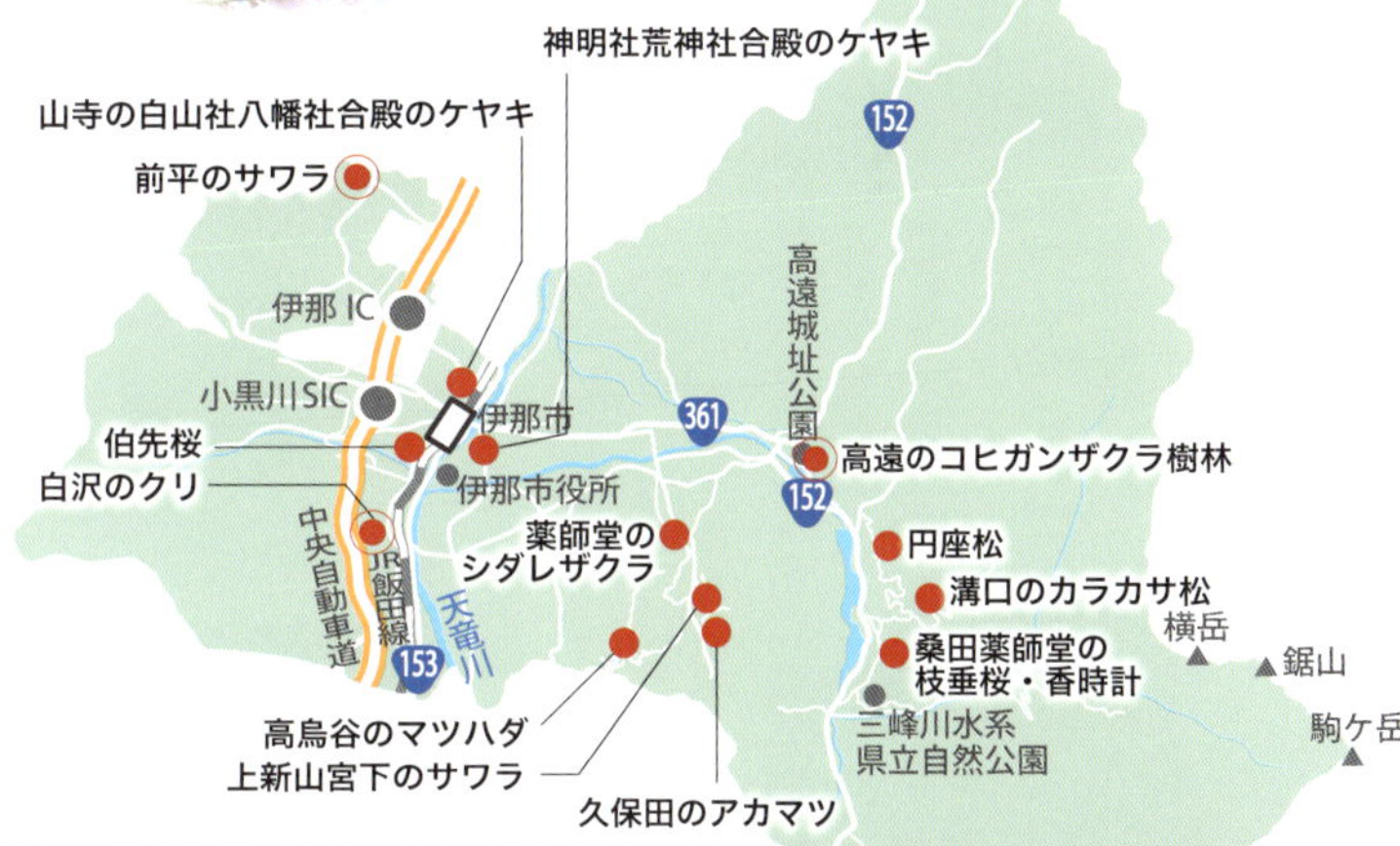

伊那市の天然記念物

県指定　高遠のコヒガンザクラ樹林、前平のサワラ、白沢のクリ（全3件）

市指定　円座松、桑田薬師堂の枝垂桜・香時計、神明社荒神社合殿のケヤキ、高烏谷のマツハダ、タマサキフジ、仲仙寺周辺の植物群落、トリアシカエデ、伯先桜、溝口のカラカサ松、ヤエヤマツツジ、薬師堂のシダレザクラ、山寺の白山社八幡社合殿のケヤキ、上新山宮下のサワラ、久保田のアカマツ 市野瀬古城址・城山の松（全15件）

※伊那市の天然記念物リストはP137に掲載されています。

白沢のクリ

県指定

白沢のクリ

●伊那市西春近3837-1
●昭和40年7月29日指定

このクリは自生していたのではなく、白沢山崩れの扇状地の上に植えられたものです。幹囲6.1メートル、樹高11メートル、根張り14メートル余。樹齢は300年以上といわれています。明治初年の火災で側面をこがし、その部分が空洞となっています。

実は一般的な山栗より大きく、中形で色は特に濃厚で美しい。今でも秋には沢山の実を付けます。

（●一般向き・所有者挨拶 ●交通／JR飯田線伊那市駅から車で10分）

市指定

神明社荒神社合殿のケヤキ

●伊那市狐島4029
●平成17年11月22日指定

神明社荒神社合殿のケヤキ

境内に樹齢推定約200～250年と約100年の7本のケヤキが生育しています。いずれも樹勢が良く、ケヤキ本来の樹形を保っています。河川が運搬してきた砕屑物が堆積した氾濫原に、これだけの巨木が生育しているのは珍しいことです。

数本が直線的に配置され、河川の出水を防ぎ、風除けの役割も果たしてきました。

（●一般向き ●交通／JR飯田線伊那市駅から車で5分）

市指定

山寺の白山社八幡社合殿のケヤキ

●伊那市山寺2017
●平成12年3月15日指定

目通り幹囲9.8メートル、樹高22メートル、樹齢推定約800年。県無形民俗文化財「やきもち踊り」は、この樹の下で行われます。

ケヤキとしては県天然記念物の「木ノ下のケヤキ」(上伊那郡箕輪町)に次ぐ巨樹で、幹に大きな瘤が無数にあり、他では見ることのない樹形をしています。天災などで度々損傷を受けましたが、近年は樹勢が回復してきました。

（●一般向き ●交通／JR飯田線伊那北駅から徒歩5分）

山寺の白山社八幡社合殿のケヤキ

市指定

伯先桜

●伊那市西町伊那部
●昭和44年11月19日指定

伯先桜

幹囲6メートル、樹高10メートル、樹齢推定約200年のシダレザクラです。文化・文政期に儒医で知られた中村伯先が、幼少のころ自宅の庭前に植樹したと伝えられています。

伯先が名医であり俳諧の巨匠であったことを記念して、指定されたものです。

（●一般向き ●交通／JR飯田線伊那市駅から車で5分）

市指定

薬師堂のシダレザクラ

●伊那市富県北新区今泉
●昭和47年4月15日指定

富県地区の集落の東側、今泉公民館の上の小高い丘の上に薬師堂とシダレザクラの大木が立ち、「今泉薬師堂のシダレザクラ」と呼ばれています。

目通り幹囲5.5メートル、樹高12メートル、樹齢推定約150年のウバヒガンの一変種。風当りの強い東側は、損傷が多いものの、反対側にはまだ沢山の花が付いています。

（●一般向き ●交通／JR飯田線伊那市駅から車で25分）

薬師堂のシダレザクラ

市指定

高烏谷（たかずや）のマツハダ

高烏谷のマツハダ

●伊那市富県南福地
●平成17年11月22日指定

幹囲約1メートル、樹高約30メートルで伊那地域では貴重な稀産種です。美しい樹形で高くそびえ立ち、樹勢も旺盛です。このマツハダは先端の樹勢は健全ですが、西向き傾斜地で風当たりが強いため、西方へ巨大な走り根が地表にも長く現れています。

昭和61年（1986）頃、一帯のツガ、モミ、雑木等を伐採しましたが、このマツハダはその稀少さから1本残されて現在に至っています。

（●**一般向き** ●交通／JR飯田線伊那市駅から車で45分）

市指定

上新山宮下（かみにゅうやまみやした）のサワラ

●伊那市富県954
●平成17年11月22日指定

上新山宮下のサワラ

胸高幹囲約5.7メートル、樹高23メートル、樹齢推定約400～500年、上新山宮下の個人宅内の庭にあり、氏神の御神木として保護されてきたサワラの巨樹です。

樹幹部は太く、枝振りも良好で雄大な姿を見せています。樹勢も良く下枝から樹冠部まで美しい円錐状を成し、サワラ本来の樹形を保っています。

（●**一般向き・宅地内要申請** ●交通／JR飯田線伊那市駅から車で30分）

市指定

久保田（くぼた）のアカマツ

●伊那市富県上新山
●昭和47年4月15日指定

樹高12メートル、目通り幹囲4.5メートル、樹齢約400年。枝は地上2メートルのところから直径30～50センチメートルの太枝を交互に十数本出し、枝先が地面近くまで垂れて全景が傘のように見えます。

根株は四方に分根を張り、南側は土砂が削られ、分根は2メートル余の高さに露出していることから「根上がりの松」ともいわれています。

（●**一般向き** ●交通／JR飯田線伊那市駅から車で30分）

久保田のアカマツ

市指定

円座松（えんざまつ）

●伊那市長谷非持
●昭和47年8月25日指定

長谷地区の「道の駅南アルプスむら長谷」から東の斜面を2キロメートル程登った地点で、とても解りにくい場所にあります。

この円座松の古木は、年に一度天狗がやって来て腰をかけ休んだ…という伝説があります。そこで村人は木に触らず、近付かず、戒めあって松を守り、木の根元に祠を建て、摩利支天などを祀っています。

（●**コース難あり** ●交通／JR飯田線伊那市駅から車で30分、山道徒歩30分）

円座松

市指定

溝口（みぞくち）のカラカサ松（まつ）

溝口のカラカサ松

●伊那市長谷溝口東山の御平地籍
●平成9年6月25日指定

幹囲5.5メートル、枝張り南北21メートル、東西17・7メートル、樹齢推定約400年のアカマツの古木。この地域の人たちはこの松を「カラカサ松」と呼びます。

現在は車道が開いてこの場所に容易に来ることができますが、以前は麓から長い山道を歩いてきました。

（●**一般向き** ●交通／JR飯田線伊那市駅から車で40分）

市指定

桑田薬師堂（くわだやくしどう）の枝垂桜（しだれざくら）・香時計（こうどけい）

●伊那市長谷溝口
●昭和47年8月25日指定

桑田薬師堂の創設は定かではありません。境内のシダレザクラは推定樹齢1000年に近く、かつては県指定の天然記念物でしたが、現在では本幹も朽ちていて、往時の面影はありません。（左側の小さな桜）また、香を燃やし、その速度によって時間を測ったという珍しい箱形の器具「香時計」が所蔵されています。

（●**一般向き** ●交通／JR飯田線伊那市駅から車で30分）

桑田薬師堂の枝垂桜・香時計

中央アルプス駒ヶ岳（ちゅうおうアルプスこまがたけ）

県指定

●上伊那郡宮田村4749-1、駒ヶ根市赤穂1-1
●昭和46年8月23日指定
※P109参照

新田の栗の木（しんでんのくりのき）

村指定

●上伊那郡宮田村新田
●昭和56年3月10日指定

目通り幹囲4.3メートル、樹高約12メートル程で、山裾の宅地裏にある巨木です。村の平野部にある木の中では最も大きいもので、樹齢約400年と推定され、江戸時代の初め頃に植えられたものと考えられます。

新田集落は宮田市街地を見下ろす高台で、すぐ下に中央道も見えます。まだ樹勢も良く沢山の栗の実が周辺に落ちていました。

（●一般向き・所有者挨拶　●交通／JR飯田線宮田駅から車で10分）

新田の栗の木

北割の榧の木（きたわりのかやのき）

村指定

●上伊那郡宮田村北割
●昭和56年3月10日指定

北割の榧の木

目通り幹囲5.1メートル、樹齢約450年と推定され、室町時代の終わり頃に植えられたものと考えられます。個人の屋敷内にあり、挨拶して撮影の許可を頂きました。

この家の祝殿が根元に置かれていて、祝殿の中には諏訪大社から授かったという、江戸時代に遡る古いお札も置かれていました。

カヤの実は、昔は製菓業者が買い付けに来ましたが、今は誰も来ないとのこと。帰りにお土産に、灰でアクを抜いて食べられるようにした実を頂いてきました。

（●一般向き・所有者挨拶　●交通／JR飯田線宮田駅から車で10分）

根元には祝殿▲

秋、収穫されたカヤの実▲

中越の榧の木（なかこしのかやのき）

村指定

●上伊那郡宮田村中越
●昭和56年3月10日指定

目通り幹囲3・53メートル、樹齢約350年と推定され、江戸時代の前半頃に植えられたものと考えられます。宮田村役場から東へ700メートル程の場所、民家の庭に立っています。樹勢が良く道路の上まで枝が張り出しています。木の下には所有者のベンチとテーブルが置かれていました。

（●一般向き・所有者挨拶　●交通／JR飯田線宮田駅から車で10分）

中越の榧の木

将棊頭山
駒ヶ岳
中央アルプス駒ヶ岳
宝剣岳
千畳敷
ロープウェイ
しらび平
0　2km
北割の榧の木
中越の榧の木
宮田村役場
宮田
JR飯田線
153
中央自動車道
新田の栗の木
駒ヶ根IC
N

〈主な天然記念物〉

宮田村の天然記念物

県指定　中央アルプス駒ヶ岳（全１件）
村指定　北割の榧の木、新田の栗の木、中越の榧の木（全３件）

※宮田村の天然記念物リストはP137に掲載されています。

長野県天然記念物／駒ヶ根市・宮田村

中央アルプス駒ヶ岳

氷河遺跡・四季の千畳敷カールへ

中央アルプス(木曽山脈)は花崗岩の山脈で、駒ヶ岳(2956㍍)・宝剣岳(2931㍍)などが中心となっています。

その駒ヶ岳・宝剣岳の東、宮田村と駒ヶ根市にまたがる千畳敷一帯は標高約2600㍍、約60㌶にわたる広大なカール(氷河地形)となっており、長野県天然記念物に指定されています。

カール地形は、氷河期に山肌の窪地に積った雪が氷河となり、それによって山肌が削られ、その繰り返しの長い歳月を経て、お椀を斜めに切って山肌に埋め込んだような形をしています。

末端のモレーン(氷堆石)は貴重な存在で、その一帯はお花畑ともなり、カール底には雪解けの水が小さな池をつくっています。

赤・黄・緑…。三色の紅葉と宝剣岳の岩峰

厳冬・宝剣岳モルゲンロート

コイワカガミ

ヒメウスユキソウ

コバイケイソウ

千畳敷カール一帯は、豊富な高山植物で知られ、夏山シーズンには、コバイケイソウ・シナノキンバイ・クロユリ・クルマユリ・ウサギギクなどを、よく整備された自然観察路(周遊約40分)から気軽に見ることができます。

また、ヒメウスユキソウは中央アルプス特産種で、コマウスユキソウとも呼ばれますが、ヒメの名のとおり、ごく可憐なウスユキソウの一種で、絶滅危惧種にも指定されています。

しらび平から千畳敷までのロープウェイは通年運行で、四季を通して、だれでも豊かな高山の自然美に出会えます。しかし、ここは高山です。登山靴・雨具・防寒具など充分な装備で大自然と触れ合ってください。

(●一般向け ●交通／JR飯田線駒ヶ根駅からバス・ロープウェイで千畳敷駅まで約1.5時間、さらに徒歩にて千畳敷自然観察路)

千畳敷カール・四季のアルペンムード

県指定 中央アルプス駒ヶ岳

●上伊那郡宮田村4749-1、駒ヶ根市赤穂1-1
●昭和46年8月23日指定
※P109参照

市指定 中山上の森

●駒ヶ根市中沢8076-イ
●昭和45年4月24日指定

急坂を登りきった所に滝沢家所有の祝殿があります。「上の森」と呼ばれている社叢には、幹囲5.9㍍、樹高16㍍のコナラ、幹囲1㍍のフジの大木などがあります。コナラの巨木に幹周1㍍以上のフジが幹根元から巻き付いています。さらに、幹周3㍍を超すアカマツ・モミ・サワラ・ケヤキなども混生しています。

5月にはコナラの青葉とフジの紫が調和し、美しい景観となります。

（●一般向き・所有者挨拶 ●交通／JR飯田線駒ヶ根駅から車で30分、中央自動車道駒ヶ根ICから車で40分）

中山上の森

県指定 高鳥谷神社社叢

●駒ヶ根東伊那7705ほか
●昭和46年8月23日指定

境内の面積は1万平方㍍で、社叢全域がよく育った針葉樹の老大木で埋め尽くされています。

樹齢300年を超えるものも含め、アカマツが全体の約3割を占め、他にヒノキ・サワラ・スギ・モミ等の古木で形成されています。特に参道に並び繁る40余本のアカマツは伸びがよく、その樹肌は赤褐色に輝き、老松の特性を発揮しています。県下でもこのように樹肌の美しい老大木が揃っていることは珍しく、この社叢の特色といえます。

（●一般向き ●交通／JR飯田線駒ヶ根駅から車で30分）

高鳥谷神社社叢

市指定 火山峠芭蕉の松

●駒ヶ根市東伊那7496-12
●昭和45年4月24日指定

道端の小高い場所に、幹囲3・11㍍、樹高12㍍、枝張り17㍍のアカマツがあります。よく手入れされ、地表近くまで枝が垂れ下がっており、見事な老松です。

根元に芭蕉の句碑があることから、「芭蕉の松」と呼ばれています。その句碑は明治2～3年頃に俳人井月の門人達が建てたものです。

（●一般向き ●交通／JR飯田線駒ヶ根駅から車で30分）

火山峠芭蕉の松

市指定 コウヤマキ

●駒ヶ根市下平1450（長春寺）
●平成28年1月20日指定

長春寺の境内、本堂と客殿の間にあります。コウヤマキはスギ科の常緑針葉樹で、長春寺が戦国時代の末期に、現在の地に移って再建されたときの記念樹といわれます。樹齢は420年を超えるものと推定されますが、樹勢は旺盛です。

（●一般向き ●交通／JR飯田線駒ヶ根駅から車で10分、中央自動車道駒ヶ根ICから車で20分）

コウヤマキ

〈主な天然記念物〉

駒ヶ岳 中央アルプス駒ヶ岳 ロープウェイ 千畳敷 しらび平 駒ヶ根IC 中央自動車道 駒ヶ根市役所 駒ヶ根 JR飯田線 153 18 コウヤマキ 空木岳 火山峠芭蕉の松 高鳥谷神社社叢 戸倉山 中山上の森 49 0 2km N

駒ヶ根市の天然記念物

県指定 高鳥谷神社社叢、中央アルプス駒ヶ岳（全2件）
市指定 コウヤマキ、中山上の森、火山峠芭蕉の松（全3件）

※駒ヶ根市の天然記念物リストはP137に掲載されています。

南羽場のシラカシ

県指定

南羽場（みなみはば）のシラカシ

●上伊那郡飯島町本郷2279
●平成13年9月20日指定

幹囲3.9㍍、樹齢推定400～500年のシラカシの巨木です。近世史料中に「大木」として登場するほど、古くから人間と植物との心豊かな関係を保ち続けています。

伊那谷の気象条件での常緑樹シラカシの自生は珍しく、過去の気象を知る上からも貴重な存在です。桃澤邸の南側の庭に立っており、庭木の風格もあって周辺の庄屋を務めた家の歴史を感じさせます。

（●一般向き・宅地内申請必要 ●交通／JR飯田線飯島駅から車で10分）

西岸寺のカヤ

町指定

西岸寺（せいがんじ）のカヤ

●上伊那郡飯島町本郷1724
●昭和58年10月1日指定

西岸寺境内の真ん中に立つ、幹囲4.8㍍、樹高18㍍、樹齢推定約500年のカヤ。

太いカヤの幹の地上2㍍付近から、25㌢メートル程の太さの杉が、カヤの枝の1本のように出て15㍍程伸びているので、別名「抱き杉のカヤ」「抱寿貴（だきすぎ）のカヤ」と呼ばれます。その大きさから、カヤの木が相当な大木になってから杉を抱き込んだか、カヤの空洞から芽を出して一体化したものと思われます。

（●一般向き ●交通／JR飯田線飯島駅から車で10分）

飯島町の天然記念物

県指定　南羽場のシラカシ（全1件）

町指定　御嶽山のマツ並木、西岸寺のカヤ、遠山八幡社のヤマフジ、宝光山座禅岩、慈福院のシダレザクラ（全5件）

「慈福院のシダレザクラ」は平成30年、新たに飯島町天然記念物に指定されました。

※飯島町の天然記念物リストはP136～137に掲載されています。

町指定

御嶽山（おんたけやま）のマツ並木（なみき）

●上伊那郡飯島町飯島3907-877ほか
●平成6年5月20日指定

幹囲3㍍を超える、通称「御嶽山の傘松」。そして樹齢推定400年、アカマツの群生20本以上が、傘山への登山道の入口から続く並木となっています。

地元では「飯島八景」に数えられ、南アルプスと伊那谷の展望も素晴らしい場所です。

（●一般向き ●交通／JR飯田線飯島駅から車で10分、登山道15分）

御嶽山のマツ並木

町指定

遠山八幡社（とおやまはちまんしゃ）のヤマフジ

●上伊那郡飯島町飯島2425-1・2425-2
●平成19年11月27日指定

胸高幹囲1.5㍍のヤマフジは、平成18年8月まで高さ30㍍の杉に取り付き、立ち登っていました。境内の高木が強風などで折損すると危険であるため、伐採が検討されましたが、このフジだけは保存されることになりました。

総重量2トンのフジを棚に載せる前代未聞の工事が成功し、飯島町天然記念物に指定されました。樹齢推定約200年。

（●一般向き ●交通／JR飯田線飯島駅から徒歩10分）

遠山八幡社のヤマフジ

63 中川村（なかがわむら）

南信・上伊那地域

村指定 中西（なかにし）の桜（さくら）

●上伊那中川村片桐3809-2
●昭和52年4月1日指定

幹囲6・45メー、樹高22メー、徳川時代の検地の際、目標にされたと伝えられるエドヒガンです。片桐の集落の一段高い斜面に立ち、はるか東には南アルプスの白い峰々が望めます。

根元には小さな社が置かれています。以前、クマザサに覆われ樹勢が弱まったので地元の方が一人で刈取り、蘇ったという事でした。（花期／4月中旬頃）

●一般向き ●交通／JR飯田線飯島駅から車で15分

中西の桜

▲はるか東には南アルプスの白い峰々

中川村の天然記念物

村指定
石神の松、ウチョウラン、中西の桜、丸尾のブナ（全4件）

※中川村の天然記念物リストはP136に掲載されています。

〈主な天然記念物〉
陣馬形山
折草峠
丸尾のブナ
JR飯田線
153
中西の桜
中川村役場
石神の松
伊那田島
18
小渋湖
0 2km

村指定 石神（いしがみ）の松（まつ）

●上伊那郡中川村大草5404
●昭和52年4月1日指定

幹囲3・24メー、樹高約7メーの松の大木で、天竜川が大きくうねる左岸の斜面に立ちます。県道18号からは眼下に松と河岸段丘、その上に中央アルプスが良く見えます。

「石神の松」は、地面近くまで何本もの太枝を垂らして、悠然とその景色を眺めているかのようです。

傍に立つ石碑に元和（1615～24）の頃、山伏が手向けたと刻まれています。

●一般向き ●交通／JR飯田線飯島駅から車で15分

石神の松

丸尾のブナ

村指定 丸尾（まるお）のブナ

●上伊那中川村大草1658-1
●平成16年4月13日指定

幹囲6・45メー、樹高14・5メー、樹齢推定約600年のブナで、陣馬形（じんばがた）山の標高約1280メー地点に立ちます。車で山頂まで行くことができますが、ブナの木は麓からの登山道の途中に聳えています。

文明元年（1469）、丸尾村の宮澤家が御神木に定め、根元に祠を建て、御神体として薙鎌（なぎがま）を祭ってきました。根元から幹が3本に分かれていますが、かつて切られた後の切株から芽が伸びた株立ちかもしれません。

●一般向き ●交通／中央自動車道松川ICから車で30分、さらに登山道60分

円満坊のエドヒガンザクラ

町指定

●下伊那郡松川町生田福与福沢
●平成4年11月1日指定

かつては桜の名所として有名な場所で、阿島藩主知久氏の奥方が桜並木を女中衆と花見に来たという話も伝わっていますが、現在は参道入口にある2本のみです。目通り幹囲4.5メートル、樹高約20メートル、樹齢推定約400年以上。

昭和初期には「桜塚円満坊彼岸桜」と呼ばれ、伊那谷十景の第1位に推挙されました。境内には長野県宝に指定された「木造阿弥陀如来坐像」が安置されています。（花期／4月中旬頃）

（●一般向き ●交通／JR飯田線伊那大島駅から車で20分）

円満坊のエドヒガンザクラ

御射山神社の枝垂れ桜

町指定

●下伊那郡松川町上片桐
●平成26年3月31日指定

目通り幹囲3.4メートル、樹高約10メートル、樹齢推定約400年、鎌倉時代に創建されたと伝わる御射山神社のシダレヒガンザクラです。境内の入口左手、手水舎・狛犬近くにあります。幹が腐食空洞化し、空洞内に新しい根が伸び地下まで及んでいます。

この神社は、平安時代から鎌倉時代末まで一帯を支配した信濃源氏の片切氏により築城された、船山城の北隅に祀られています。城跡は長野県史跡に指定されています。（花期／4月中旬頃）

（●一般向き ●交通／JR飯田線上片桐駅から車で10分）

御射山神社の枝垂れ桜

円通庵の枝垂れ桜

町指定

●下伊那郡松川町大島中部
●平成26年3月31日指定

目通り幹囲3.5メートル、樹高約10メートル、樹齢推定約400年のシダレザクラの古木です。境内入口、街道に面して立っています。円通庵の口伝によると、天和元年（1681）に庚申堂を建て、桜を植えたとあります。

寺院の桜としてだけではなく伊那街道大島町南外れの目印、またここから東へ分岐する秋葉街道道標の目印とされました。長い歴史を見つめてきた桜です。（花期／4月中旬頃）

（●一般向き ●交通／JR飯田線伊那大島駅から車で15分）

円通庵の枝垂れ桜

〈主な天然記念物〉

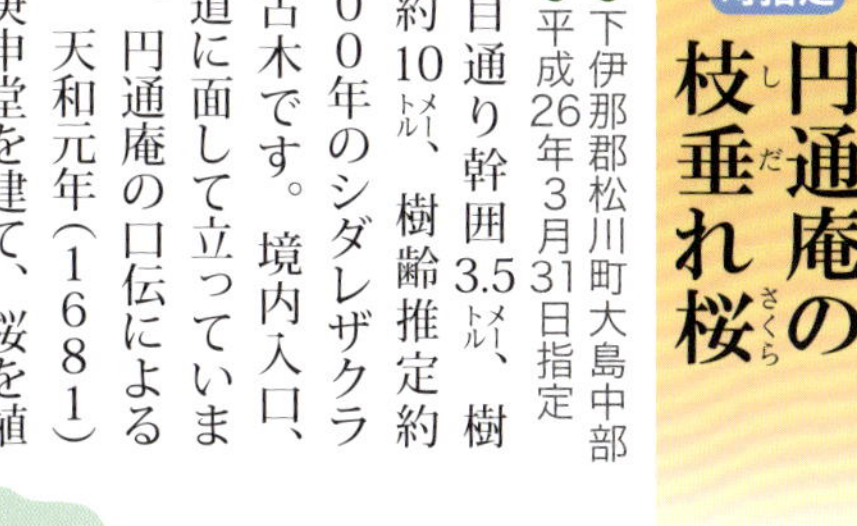

ツツザキヤマジノギク

町指定

●下伊那郡松川町各所
●平成7年3月1日指定

カワラノギクの一種で、花びらが筒状に咲くことからこの名が付きました。下伊那北部から中川村の陣馬形山山頂まで自生しています。乾燥地に強く、貧栄養地の河原に自生が多く見られます。同種でも筒咲きにならないものもあります。

別名カワラノギク、クダザキヤマジノギクともいわれ、小渋川・片桐松川・天竜川の河原などに見られます。（花期／9～10月頃）

（●保護育成中）

ツツザキヤマジノギク

松川町の天然記念物

町指定　池の平湿地帯、円通庵の枝垂れ桜、円満坊のエドヒガンザクラ、大洲七椙神社社叢、コブシ、御射山神社の枝垂れ桜、ミヤマトサミズキ、ツツザキヤマジノギク（全8件）

※松川町の天然記念物リストはP136に掲載されています。

町指定

大洲七椙神社社叢（おおしまななすぎじんじゃしゃそう）

●下伊那郡松川町元大島新井宮本
●昭和56年11月1日指定

目通り幹囲6メートル以上が3本、樹齢推定約500〜600年の7本の神木を中心とする杉の巨木からなる社叢林。天養年間（1144〜45）に片切氏分流の大島氏が居館を構え、平治年間（1159〜60）に鎮守として鶴岡八幡宮より奉祀されたものです。

一の杉から七の杉まで7本の大杉が鬱蒼と繁る境内の社叢は見事です。

（●一般向き ●交通／JR飯田線伊那大島駅から車で10分）

大洲七椙神社社叢

町指定

コブシ

●下伊那郡松川町
●平成7年6月1日指定

生田柄山（いくたがらやま）の奥、伊那山脈白沢山尾根周辺に多く、大島の新井・城山・原田周辺の段丘崖、上片桐の清泉地・大栢・城周辺の沢筋にも自生しています。

花期は3〜4月、雑木林の高木が芽吹く前に、白に近い淡いクリーム色の花を枝いっぱいに咲かせることから、町に春を告げる山の花として指定されました。

（花期／3〜4月頃）
（●一般向き）

コブシ

町指定

ミヤマトサミズキ

●下伊那郡松川町生田柄山
●平成7年3月1日指定

マンサク科トサミズキ属の落葉亜高木で、高さ5メートル程になります。本州の長野県南東部、山梨県西部、近畿・中国地方、四国に分布します。生田柄山奥の間沢川（まざわがわ）沿いに自生しており、伊那谷での自生地の北限になります。

早春、葉が出る前に、長さ4〜6センチメートルの淡黄色の花房を垂れ下げ咲きます。

（花期／3月下旬頃）
（●保護育成中 ●交通／JR飯田線伊那大島駅から車で50分）

ミヤマトサミズキ

65 高森町（たかもりまち）

南信・飯伊地域

県指定

下市田のヒイラギ（しもいちだのヒイラギ）

●下伊那郡高森町下市田1401
●昭和37年7月12日指定

根囲5.1メートル、樹高7メートル、樹齢推定約560年のヒイラギの古木。樹は根元から4本に分れ、3本の大枝が出ています。JR飯田線下市田駅すぐ東側、上沼家の庭にあります。

伝承によると、応永年間、上沼家の祖・伊賀守細川清家がこの地に移り住み、居を構えた際に、その境界木として植えた3本のうちの1本だといわれます。暖地性の常緑植物で、北限は伊那谷あたりといわれ、県内でもまれにみる大木です。尚、町道から望めますが個人宅なので、宅地内には入れません。

（●一般向き・宅地内不可 ●交通／JR飯田線下市田駅から徒歩1分）

下市田のヒイラギ

町指定

高森南小学校のソメイヨシノ（たかもりみなみしょうがっこうのソメイヨシノ）

●下伊那郡高森町下市田2228
●平成18年3月7日指定

ソメイヨシノは通常60年の寿命といわれますが、このソメイヨシノは80年を超えています。

高森南小学校といえば「桜の学校」といわれるほど近隣で知られ、1985年には日本桜協会から「日本一の学校桜」の表彰を受けました。開花期には町民手作りのペットボトルキャンドルを灯す「キャンドルナイト」が行われています。（花期／4月上〜中旬）

（●一般向き ●交通／JR飯田線市田駅から車で10分、中央自動車道松川ICから車で15分）

高森南小学校のソメイヨシノ

町指定

光明寺の黒松

●下伊那郡高森町山吹8382-1
●昭和59年4月1日指定

光明寺の黒松

樹齢推定約250年。寺伝では600年とされています。昭和47年(1972)に中央自動車道建設に伴って現在の地に移植されました。

移植に携わった庭師も、これほど樹齢の大きい松の経験はなく、当時の住職、檀家、地域の人々の願いが通じて見事に芽を吹きだした時は、大きな喜びであったと今でも話されています。

(●一般向き ●交通/JR飯田線下平駅から車で10分、中央自動車道松川ICから車で10分)

高森町の天然記念物

県指定	下市田のヒイラギ(全1件)
町指定	一本杉(夫婦杉)、牛牧神社の大杉、光明寺の黒松、高森南小学校のソメイヨシノ、橋都家墓地の槙の木と枝垂桜(全5件)

※高森町の天然記念物リストはP136に掲載されています。

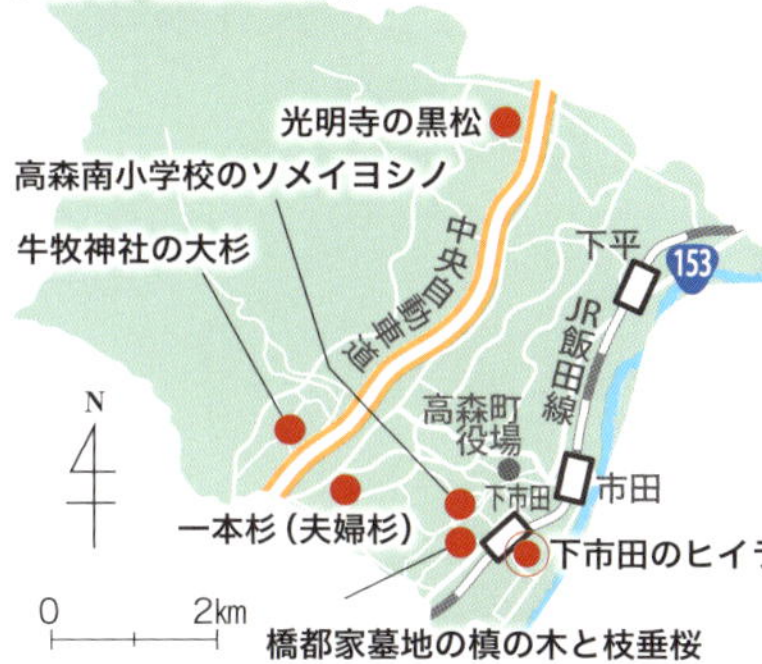

枝垂桜の右に槙の木が寄り添う

町指定

橋都家墓地の槙の木と枝垂桜

●下伊那郡高森町下市田994 ●平成18年9月8日指定

槙の木は樹高18㍍、胸高幹囲2・76㍍。和名は「クヌギ」。下伊那ではクヌギの自生はみられず、このような高さと太さを兼ね備えた古木は少なく、貴重といえます。

寄り添うように、樹高13㍍、胸高幹囲2・52㍍のシダレザクラがあります。和名は「エドヒガン」。この親木は樹齢推定500年近くで、現在の桜は樹齢推定約200年以上の二世です。尚、墓地内には立ち入りご遠慮下さい。(花期/4月中旬頃)

(●一般向き ●交通/JR飯田線下市田駅から車で5分、中央自動車道松川ICから車で15分)

町指定

牛牧神社の大杉

●下伊那郡高森町牛牧2104 ●平成19年12月13日指定

牛牧神社の大杉

胸高幹囲5.8㍍、樹高43㍍、樹齢推定約600年の牛牧神社のご神木です。また地域のシンボルでもあり、名木として区民に崇められています。牛牧神社は永享12年(1440)の創建で、武神たる八幡神を祀ったのに始まります。

樹勢は良く、地上20㍍程まではまっすぐに枝がなく、その上から勢いよく枝が張り出しています。

(●一般向き ●交通/JR飯田線市田駅から車で10分、中央自動車道松川ICから車で15分)

町指定

一本杉(夫婦杉)

●下伊那郡高森町上市田784 ●平成27年3月9日指定

幹囲6㍍、樹高25㍍、樹齢600年の杉。平安時代末期から一帯を治めていた松岡氏が、最初に居を構えたとされる「古城」と呼ばれる場所にあります。地元では一本杉、夫婦杉、城原の杉とも呼ばれています。

かつては座光寺の如来寺参りの際に目印とされた有名な名木でした。現在でも樹勢は良く、枝張りもほぼ四方に均一ですが、幹は双幹となっています。

(●一般向き ●交通/JR飯田線市田駅から徒歩40分・車で10分、中央自動車道松川ICから車で20分)

一本杉(夫婦杉)

村指定 笹見平しだれ桜

●下伊那郡豊丘村河野5242
●平成15年9月29日指定

急な斜面の阿弥陀堂跡の墓地の中に立つ、幹囲2メートル、樹高13メートル、枝張り15メートル、樹齢推定約400年のヒガンザクラ(エドヒガン系)。

かつて鎌倉時代に戦に敗れた一族がここに定住し、後に植えたとされています。現在は、肌は苔に覆われ、やや樹勢が弱くなっています。尚、墓地には立入りご遠慮下さい。(花期／4月上旬頃)

(●一般向き ●交通／JR飯田線市田駅から車で30分、中央自動車道松川ICから車で45分)

笹見平しだれ桜

村指定 大栃の木

大栃の木

●下伊那郡豊丘村鬼面山
●平成3年5月17日指定

幹囲約4メートル、樹高30メートル、樹齢推定約300年以上で、鬼面山登山道(虻川林道コース)の傍らに立つ独立樹。鬼面山山麓の原生林は、昭和35～40年頃の間に皆伐されましたが、その際、唯一残されたのがこのトチノキです。

かつては、この地の木々を使った木地の制作が盛んに行われていて、木地師に関わる遺跡が多く存在します。その生き証人として天然記念物に指定されました。

(●一般向き ●交通／JR飯田線市田駅から林道の奥まで車で50分、さらに登山道30分)

村指定 野田平コブシの群生林

●下伊那郡豊丘村野田平
●昭和60年4月16日指定

野田平の鳥屋つるねの北方、虻川へ延びた3ヘクタール一帯の山林に群生しています。

野田平キャンプ場の虻川沿岸の斜面に開花を迎えると、深山に春の彩りを添えるように大きめの白い花が山を覆います。

(●一般向き ●交通／JR飯田線市田駅から車で40分)

野田平コブシの群生林

村指定 クダザキ(ツツザキ)ヤマジノギク

●下伊那郡豊丘村
●昭和57年12月15日指定

豊丘村内の標高450～900メートルの山野に分布しています。昭和5年(1930)村内で発見、クダザキヤマジノギクと命名されました。(花期／9～10月頃)

(●保護育成中 ●交通／JR飯田線市田駅から車で20分)

※フォトP113参照

村指定 ミヤマトサミズキ

●下伊那郡豊丘村
●平成元年4月13日指定

早春に咲くマンサク科の潅木で、間沢川流域が伊那谷の北限地といわれますが、虻川上流以外には稀です。(花期／3月下旬頃)

(●一般向き ●交通／JR飯田線市田駅から車で45分)

※フォトP114参照

〈主な天然記念物〉
18
455
豊丘村役場
笹見平しだれ桜
野田平キャンプ場
野田平コブシの群生林
大栃の木
鬼面山
0 2km
● クダザキ(ツツザキ)ヤマジノギク
● ミヤマトサミズキ
(地域を定めず)

豊丘村の天然記念物

村指定　大栃の木、笹見平しだれ桜、野田平コブシの群生林、クダザキ(ツツザキ)ヤマジノギク、ミヤマトサミズキ(全5件)

※豊丘村の天然記念物リストはP136に掲載されています。

67

喬木村

南信・飯伊地域

県指定

毛無山の球状花こう岩

●下伊那郡喬木村9115-7
●昭和48年9月13日指定

喬木村の大島には長野県では2ヶ所、全国でも数ヶ所でしか見られない球状花崗岩(菊目石)があります。球の直径は平均4.5センチメートル、稀に7センチメートルになるものもあります。模様が菊の花のようなため「菊目石」と呼ばれます。昭和48年(1973)に県天然記念物に指定されました。

現在、この花崗岩がある大島地区のルートには、小沢沿いに観察路がつけられています。

(●保護育成中 ●交通/JR飯田線元善光寺駅から車で40分、さらに徒歩20分)

毛無山の球状花崗岩(みやざわ橋)▲

別名「菊目石」。菊の花のような模様▶

(写真提供・喬木村)

村指定

球状花崗岩

●下伊那郡喬木村9115-7
●昭和46年3月31日指定

大正11年(1922)、旧・飯田中学校の北原寛先生が下伊那地質誌執筆のため調査中に発見しました。

別名「菊目石」は大島の南、毛無山中腹の中口沢上流から入った下幕岩沢に幅2メートル、長さ10メートルの大きさで露出し、金網で保護されています。

大島に行く途中、みやざわ橋の袂に説明板と菊目石が置かれており、また村の図書館の入口前には50センチメートル大の標本が置かれています。

(●保護育成中 ●交通/JR飯田線元善光寺駅から車で40分、さらに徒歩20分)

金網で保護された球状花崗岩・下幕岩沢

氏乗のシダレザクラ(中央後方)のある山村風景

喬木村の天然記念物

県指定
毛無山の球状花こう岩
(全1件)

村指定
氏乗のシダレザクラ、
球状花崗岩
(全2件)

※喬木村の天然記念物リストはP136に掲載されています。

〈主な天然記念物〉
18
喬木村役場
456
毛無山の球状花こう岩
球状花崗岩
氏乗のシダレザクラ
251
N
0 2km

村指定

氏乗のシダレザクラ

●下伊那郡喬木村10146-1
●平成19年6月21日指定

幹周3.3メートル、樹高22メートル、樹齢推定100年のシダレザクラ。10メートル程、枝先を垂れ下げ、樹勢は旺盛です。

明治40年代初頭、氏乗分教場の校庭に記念植樹され、昭和33年(1958)に廃校となり、現在はその跡地に立っています。地元の人達には「苗代桜」として親しまれ、この桜が咲くと苗代づくりに取りかかったといわれています。(花期/4月中旬頃)

(●一般向き ●交通/JR飯田線元善光寺駅から車で25分、中央自動車道松川IC、または同飯田ICから車で40分)

県指定 長姫（おさひめ）のエドヒガン

●飯田市追手町2-655-7（飯田市美術博物館）
●昭和42年5月22日指定

幹囲5.4メートル、樹高20メートル、樹齢推定450年以上で、5本の幹がほうき状に立ち上がり樹勢も旺盛です。飯田城代々の家老安富家の邸址であった事から、「安富桜（やすとみざくら）」とも呼ばれています。

明治4年（1871）に飯田城は破却され、大正10年（1921）に飯田長姫高校の敷地となりました。その後、高校は移転し現在は飯田市美術博物館の庭に勇姿を見せます。（花期／4月上旬頃）

●一般向き ●交通／JR飯田線飯田駅から車で5分

長姫のエドヒガン

◀長姫のエドヒガン

県指定 川路（かわじ）のネズミサシ

●飯田市川路4693 ●昭和43年3月21日指定

幹囲3.5メートル、樹高18メートル、樹齢推定1000年。長野県下随一のネズミサシで全国的にも珍しい大樹です。樹肌は老木らしい美しさを示し、小枝の垂れた姿も美しい。根元に祠があり、ご神木として崇められてきました。秋葉山大権現、金毘羅大権現と彫られた石碑もあります。ヒノキ科の雌雄異株でこの木は雌株です。

●一般向き ●交通／JR飯田線天竜峡駅から徒歩5分

川路のネズミサシ

県指定 飯田城桜丸（いいだじょうさくらのまる）のイスノキ

●飯田市追手町2-678（長野県飯田合同庁舎）
●平成26年9月25日指定

目通り幹囲約2.3メートル、樹高約12メートルで飯田城跡の一角「桜丸」にあります。

この地域は自生地の北限を越えた場所であり、大切に守られてきました。イスノキとしても注目すべき巨樹であり、長野県における植栽植物を考える上で重要なものです。

●一般向き ●交通／JR飯田線飯田駅から車で5分

飯田城桜丸のイスノキ

飯田市の天然記念物

※飯田市の天然記念物リストはP136に掲載されています。

県指定 飯田城桜丸のイスノキ、長姫のエドヒガン、風越山のベニマンサクの自生地、川路のネズミサシ、立石の雄スギ雌スギ、三石の甌穴群、モリアオガエルの繁殖地、山本のハナノキ（全8件）

市指定 愛宕神社の清秀桜、阿弥陀寺のシダレザクラ、黄梅院の紅しだれ桜、麻績の里舞台桜、風折のエノキ、風越山山頂のブナ林・ミズナラ・イワウチワ等の自生地及び花崗岩露頭、鼎一色の大杉、毛賀くよとのシダレザクラ、嵯峨坂ざぜん草自生地、正永寺原の公孫樹、浅間塚の一本杉、龍江大屋敷のイワテヤマナシ、千代のアベマキ、遠山土佐守一族墓碑裏方杉の木、鳥屋同志のカヤの木、羽場の大柊、万古の栃の木、丸山の早生赤梨、水佐代獅子塚のエドヒガン、立石寺前のシダレザクラ、ギフチョウ、遠山川の埋没林と埋没樹（全22件）

「遠山川の埋没林と埋没樹」は平成30年、新たに飯田市天然記念物に指定されました。

県指定

風越山のベニマンサクの自生地

●飯田市上飯田6998-ロほか
●昭和43年5月16日指定

マルバノキともいわれる日本の固有種で、葉が円形で紅葉が美しいことが名前の由来とされます。秋に赤い花が咲き、果実は翌年の秋に実を熟すので、紅葉と花と実を同時に見ることができます。飯田市のシンボル・風越山と虚空蔵山の標高約1000～1500メートル付近に分布しますが、本格的な登山コースです。また、風越山山頂のブナ林・花崗岩露頭なども市天然記念物に指定されています。

（●コース要注意 ●交通／JR飯田線飯田駅から車で15分、さらに登山道3時間）

風越山のベニマンサクの自生地・紅葉

秋に咲く花と実

県指定

三石の甌穴群

●飯田市下久堅知久平688-1ほか
●昭和51年3月29日指定

花崗岩の岩肌に二つの甌穴（ポットホール）が繋がっていて、ひょうたん形をしています。一つは長径1.4メートルの楕円形、深さ1・24メートル、もう一つは直径1.7メートルの円形、深さ0.6～0.9メートルの穴です。

かつての天竜川の河蝕作用と、その後の地盤隆起などを示すものとして地学上貴重なものです。現在の天竜川とは約40メートルの標高差があります。

（●一般向き ●交通／JR飯田線飯田駅から車で15分）

三石の甌穴群

県指定

山本のハナノキ

●飯田市山本大森6771ほか
●昭和40年4月30日指定

幹囲4・75メートル、樹高23メートル、枝張り東西22メートル、南北20メートルで、自生の雄株の巨木です。地上2メートルで主幹は3本に分かれ、北からの卓越風のため枝が著しく南になびいています。

落葉高木で花楓ともいわれます。早春、葉の出る前に真紅色の花が枝いっぱいに咲きます。水気を好み、飯田市山本から阿智村、阿南町にかけての水が湧く湿地に自生しています。

（●一般向き ●交通／JR飯田線飯田駅から車で25分）

▲鮮やかな雄花

◀紅葉の落葉

山本のハナノキ・紅葉

県指定

立石の雄スギ雌スギ

●飯田市立石
●昭和43年5月16日指定

雄スギ幹囲9.8メートル、樹高41メートル。雌スギ幹囲9.0メートル、樹高40メートル。どちらも樹齢推定1000年。立石集落の中央に、東西に約400メートル離れて立つ2本の杉で、「夫婦杉」とも呼ばれます。

春と秋の彼岸の頃になると、朝日で雌スギの影が雄スギの根元に、さらに夕日で雄スギの影が雌スギの根元に届くことから、雄スギは「夕日御影杉」、雌スギは「朝日御影杉」と呼ばれています。

（●一般向き・雌スギ所有者挨拶 ●交通／JR飯田線飯田駅から車で30分）

雄スギ

雌スギ

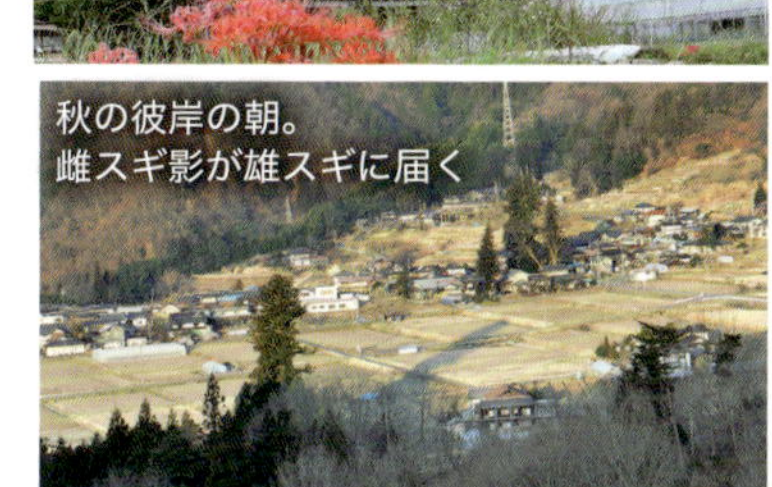

秋の彼岸の朝。雌スギ影が雄スギに届く

麻績の里舞台桜

市指定

麻績の里舞台桜

●飯田市座光寺2535（旧座光寺麻績学校前庭）
●平成23年3月22日指定

目通り幹囲4メートル、樹高12メートル、樹齢推定350年のエドヒガンの枝変りのシダレザクラです。県宝の旧座光寺麻績学校校舎の前庭に植えられています。

「舞台桜」という名前は、校舎に歌舞伎舞台がある事にちなんだもので、平成17年に座光寺地域が公募して命名しました。（花期／4月上旬頃）

（●一般向き ●交通／JR飯田線元善光寺駅から徒歩15分、中央自動車道飯田ICから車で20分）

市指定

愛宕神社の清秀桜

●飯田市愛宕町2781
●昭和48年12月25日指定

幹囲6.5メートル、樹高10メートル、樹齢推定750年以上のエドヒガン。以前この地にあった地蔵寺の清秀法印が植えたと伝えられ、市内最古の桜といわれています。

幹は落雷によって割れ、空洞ができて根元が数本に分かれています。枯死した部分は除去されていて、そのため樹齢の割には細く感じられます。（花期／3月下旬頃）

（●一般向き ●交通／JR飯田線飯田駅から車で5分、または徒歩15分）

愛宕神社の清秀桜

毛賀くよとのシダレザクラ

市指定

毛賀くよとのシダレザクラ

●飯田市毛賀685
●平成12年11月22日指定

幹囲3.8メートル、樹高約15メートル、樹齢推定約300年のシダレザクラ。この桜はかつて、飯田城主が脇坂氏の頃、戦死した人や行き倒れた旅人、馬への供養として付近の住民らによって植えられました。

旧遠州街道沿いの供養塔石碑群の中にあり、旧道を覆う枝は15メートルを超え、花の天蓋になります。名前にある「くよと」は供養塔が訛ったものです。（花期／3月下旬頃）

（●一般向き ●交通／JR飯田線毛賀駅から徒歩10分、中央自動車道飯田ICから車で10分）

市指定

水佐代獅子塚のエドヒガン

●飯田市松尾水城3457
●平成12年11月22日指定

水城コミュニティ消防センターから北を見ると、小高い丘になっている水佐代獅子塚古墳があります。この墳丘上に、幹囲5メートル、樹高約17メートル、樹齢推定350年以上のエドヒガンザクラがあります。

かつて、古墳に祀られた霊を慰めようと植えられた桜といわれています。地元の人からは「お立ち符の桜」と呼ばれ親しまれています。（花期／3月下旬頃）

（●一般向き ●交通／JR飯田線伊那八幡駅から徒歩10分、中央自動車道飯田ICから車で10分）

水佐代獅子塚のエドヒガン

市指定

正永寺原の公孫樹

●飯田市正永町2-1499-3
●昭和47年5月11日指定

幹囲5.8メートル、樹高30メートル、樹齢推定600年。市内で最も大きい雌株の大イチョウです。

かつて室町時代、飯田城主坂西由政が正永寺を建立したとき植えられたものといわれています。現在は5代続いている果樹農家、今村家の敷地内にあり、毎年沢山の銀杏の実を付けます。

（●一般向き・所有者挨拶 ●交通／JR飯田線飯田駅から車で10分）

正永寺原の公孫樹

市指定

鼎一色の大杉

●飯田市鼎一色15（一色諏訪神社）
●昭和60年6月20日指定

樹木に囲まれた、一色諏訪神社の参道右手、鎮守の杜に樹勢良く真っすぐに伸びる大木の杉があります。

幹囲4.9メートル、樹高40メートル、推定樹齢400年以上の杉は、飯田市内で屈指の大木で、社の御神木として大切に保存されています。

（●一般向き ●交通／JR飯田線飯田駅から車で10分、JR飯田線切石駅から徒歩15分）

鼎一色の大杉

市指定

鳥屋同志のカヤの木

●飯田市大瀬木3530（飯田市立旭ヶ丘中学校）
●昭和60年6月20日指定

鳥屋同志のカヤの木

幹囲4メートル、樹高20メートル、推定樹齢300年以上とされる雌木。かつて弘法大師が大瀬木鳥屋同志の百姓の家で数珠玉を埋め、芽を出したという伝説があり、「コウボウカヤ」とも呼ばれています。

（●一般向き・学校挨拶 ●交通／JR飯田線飯田駅から車で15分、中央自動車道飯田ICから車で10分）

市指定

龍江大屋敷のイワテヤマナシ

●飯田市龍江9637
●昭和46年3月15日指定

龍江大屋敷のイワテヤマナシ

▲所有者の中山さん

小振りな実▶

幹囲2.6メートル、樹高15メートル、樹齢推定350年。「イワテ」の名の通り、岩手県の原産で、龍江・千代・泰阜に分布し、この地域では「シモナシ」とも呼ばれます。

ナシ科の原種に近く、ピンポン玉くらいの大きさでナシとしては小振りな実です。所有者の中山さんは、かつては食用にしたといいます。

（●一般向き・所有者挨拶 ●交通／JR飯田線飯田駅から車で25分）

県指定

モリアオガエルの繁殖地

●飯田市上郷野底山池の平
●昭和43年5月16日指定

日本固有の種で、普段は樹上に住み、冬は土中で冬眠します。初夏、池畔の樹枝に直径15センチメートルほどの白い卵塊を産み付け、孵化して水中に落ち変態発育します。

野底山池の平の繁殖地は蛙沼とも呼ばれています。小さな沢地形にできた池で所々に浮島があります。蛙沼周囲は自然林が残されており、モリアオガエルの生息に適した環境になっています。

（●保護育成中・野底山森林公園管理事務所で要許可／TEL0265-22-0915 ●交通／JR飯田線伊那上郷駅から車で20分）

モリアオガエルの繁殖地

枝先に産まれた卵塊

◀四足が出る前のオタマジャクシ

万古の栃の木

万古の栃の木

市指定

●飯田市千代法全寺万古
●平成8年10月29日指定

幹囲8.7メートル、樹高25メートル、樹齢推定700年のトチノキで、飯田地方屈指の巨木です。林道千遠線の途中の標識に従い、急な斜面を20分程下った馬小屋沢の谷底にあります。

空洞化と腐朽が進み3年前に大枝が落ちましたが、樹勢は良好です。木の前には樵小屋と古い鳥居があり、根元には祠が祀られています。

（●**コース難あり** ●交通／JR飯田線天竜峡駅から車で45分、登山道20分）

丸山の早生赤梨

市指定

●飯田市滝の沢6994
●平成21年3月23日指定

樹齢推定約120年。栽培樹としては伊那谷で最も古いナシの木です。飯田下伊那地域における栽培の原点となった木です。

明治22年（1889）に上飯田で丸山氏が早生赤梨の栽培を始め、昭和初期の養蚕の不況も重なり、梨栽培は広まりました。今なお、明治時代の早生赤梨は多くの実を付けますが、滝の沢の丸山氏宅に4本残されているだけです。

（●**一般向き・所有者挨拶** ●交通／JR飯田線飯田駅から徒歩30分）

丸山の早生赤梨

千代のアベマキ

市指定

●飯田市千代1252-2 ●平成3年3月15日指定

幹囲3.9メートル、樹高16メートルで本樹種としては巨木です。JR飯田駅南方の千代地区にありますが、周囲は竹薮に覆われ、遠くからはよく確認できません。道路際の案内板だけではわからず、所有者の林さんにお伺いして案内していただきました。アベマキの根元には林氏の祝殿があります。

（●**一般向き・所有者挨拶** ●交通／JR飯田線飯田駅から車で45分、さらに徒歩3分）

千代のアベマキ

遠山土佐守一族墓碑裏方杉の木

市指定

●飯田市南信濃和田1198（龍淵寺）
●昭和63年6月1日指定

樹高50メートル、推定樹齢400年の龍淵寺にある4本の老木。遠山土佐守景直ら一族の墓所を護るように立っています。遠山一族没落を惜しみ、一族の霊を慰めるために村人が、後に植えたものといわれています。

（●**一般向き** ●交通／JR飯田線平岡駅から車で30分）

遠山土佐守一族墓碑裏方杉の木

風折のエノキ

風折のエノキ

市指定

●飯田市上村
●平成20年3月25日指定

上村風折地区の急な斜面の道路石垣の上に立つ、幹囲約5.6メートルの飯田市内を代表するエノキの巨木です。岩上に生えているため、根が板状に発達する板根になっています。

（●**一般向き** ●交通／交通／中央自動車道飯田ICから車で60分）

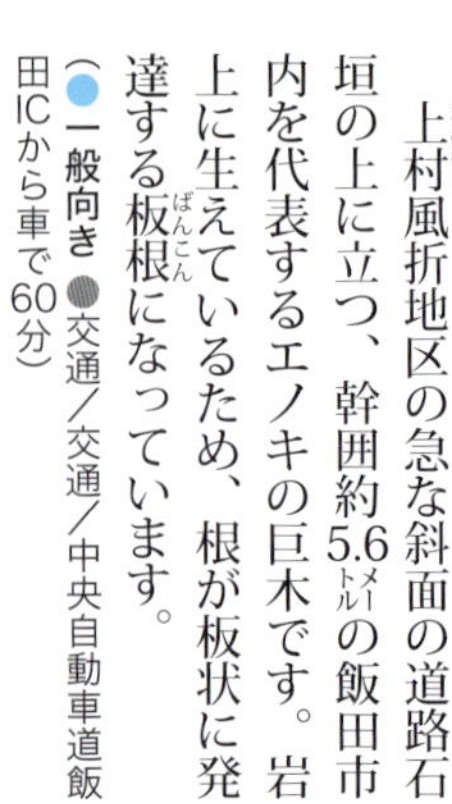

69 大鹿村（おおしかむら）

南信・飯伊地域

夜泣き松

大鹿村の中央構造線・安康露頭（写真提供・大鹿村）

国指定

大鹿村の中央構造線北川露頭・安康露頭

●北川露頭・下伊那郡大鹿村鹿塩434-1054
安康露頭・下伊那郡大鹿村大河原501-2-4
●平成25年10月17日指定

我が国最大級の断層である中央構造線。この露頭が見られる地は全国でも希少で、九州から群馬・埼玉県まで陸地を1000キロメートル以上追跡できる大断層です。

北川露頭は鹿塩川、安康露頭は青木川の洗掘によって現われたものです。中央構造線は、中生代白亜紀にアジア大陸の中に出来た断層です。出来方が違う岩石が、断層で接している様子を観察できます。

中央構造線の解説と北川露頭の実物標本が、大鹿村中央構造線博物館（大鹿村大河原988／TEL0265-39-2205）にあります。

（●一般向き ●交通／JR飯田線伊那大島駅から車で50分）

県指定

夜泣き松（よなきまつ）

●下伊那郡大鹿村鹿塩河合
●平成30年2月13日指定

目通り幹囲4.6メートル、樹高15メートル、樹齢推定650年の松。

その昔、宗良親王の姫の夜泣きに困っていたところ、観音の霊夢により、この松の小枝を枕辺に置いたらピタリと夜泣きが止んだ…という伝説があり、この木は夜泣きに霊験があるといわれています。

深い谷間を上から眺める場所にあり、小さな観音堂の脇に立っています。平成30年2月、村指定から県天然記念物に指定されました。菅沼鑑二さんの所有地に生育し、地元の河合自治会が管理しています。

（●一般向き ●交通／JR飯田線伊那大島駅から車で50分）

村指定

塩泉（えんせん）

●下伊那郡大鹿村鹿塩塩河
●昭和50年11月3日指定

村の北側に位置する鹿塩地区は地名の通り、「鹿のいる里、塩の湧く里」を意味し、古くから地元の人々に利用され、明治初めには製塩場がありました。貴重な塩分で、良馬が育ち、諏訪大社の軍馬や農耕に重宝されました。平成9年に新たな塩事業法が施行され、鹿塩温泉山塩館や塩の里直売所で製塩した塩を買う事ができます。

（●一般向き・山塩館要許可 ●交通／JR飯田線伊那大島駅から車で50分）

鹿塩地区の塩泉・山塩製塩所

地元で販売されている「山塩」

塩泉

〈主な天然記念物〉

矢立木の樰
大鹿村の中央構造線北川露頭
逆公孫樹
大池高原キャンプ場
樫の木
塩泉
夜泣き松
大鹿村役場
ひめまつはだ
小渋温泉
大鹿村の中央構造線安康露頭

大鹿村の天然記念物

国指定	大鹿村の中央構造線北川露頭・安康露頭（全1件）
県指定	夜泣き松（全1件）
村指定	塩泉、樫の木、逆公孫樹、ひめまつはだ、矢立木の樰（全5件）

「夜泣き松」は平成30年、村指定から県指定となりました。

※大鹿村の天然記念物リストはP136に掲載されています。

村指定

樫の木(かしのき)

●下伊那郡大鹿村鹿塩
●平成14年7月1日指定

幹囲6.2メートル、樹高27メートル、樹齢推定約400年の「樫の木」は天正18年(1590)、伊那郡代の菅沼定利が家臣と共に訪れ、その際に幼木を記念に植えたと伝わっています。

カシの木としては長野県随一。幹に空洞があるものの樹勢は良く、道路まで枝が張り出しています。根元には「山神社」と彫られた小さな石碑があります。

(●一般向き ●交通／JR飯田線伊那大島駅から車で50分)

樫の木

村指定

逆公孫樹(さかさいちょう)

●下伊那郡大鹿村鹿塩入沢井
●昭和50年11月3日指定

逆公孫樹

樹高12メートル、幹囲8.3メートル、樹齢約900年の古木。その名のとおり、大枝が下に向かって逆方向に覆い被さるように伸びています。

弘法大師が立ち寄った際、突き刺した杖にしてきたイチョウが抜けなくなり、根を張って大木となったという伝説があります。

安政元年(1854)、近火や落雷により一部損失しましたが、今でも樹勢が良く繁っています。雄木のため銀杏は付きません。

(●一般向き ●交通／JR飯田線伊那大島駅から車で60分)

村指定

矢立木の椹(やたてぎのさわら)

●下伊那郡大鹿村鹿塩北川
●昭和50年11月3日指定

目通り幹囲6.1メートル、樹高26メートル、推定樹齢440年のサワラ。戦国時代の天正年間、遠山郷を領した遠山土佐守が、武田氏へ参勤の途中、この木の根元に弓矢を立て弓術の練習をしたといわれています。

現地の案内板には明治中期の立木処分の際、この木は由緒あるものとして伐採を免れたとされます。秋葉街道古道の脇に立っていて、高遠へ続く分杭峠のすぐ下にあります。

(●一般向き ●交通／JR飯田線伊那大島駅から車で50分)

矢立木の椹

目通り幹囲6.1m

ひめまつはだの根元　ひめまつはだ

村指定

ひめまつはだ

●下伊那郡大鹿村大河原下市場
●昭和50年11月3日指定

大鹿村深ケ沢青岩に自生した幼木を大正元年(1912)に移植したものです。標高1700～1800メートルの石灰岩地帯に分布しますが、これほどの大樹は少ないといえます。

かつては2本存在し、大河原小学校跡にあった大木は枯死して切られ、現在は大鹿村交流センターの玄関の看板になっています。もう1本のヒメマツハダは、元気に高台の斜面の石垣の上に立っています。

(●一般向き ●交通／JR飯田線伊那大島駅から車で50分)

小黒川のミズナラ

国指定 小黒川（こぐろかわ）のミズナラ

●下伊那郡阿智村清内路1158−2
●平成8年9月4日指定

標高1035メートルの山間部に、幹囲9.4メートル、樹高33メートル、樹齢推定約500年、国内でも最大級のミズナラの巨木が生育しています。地元では「小黒川のおおまき」と呼んでおり、根元には祠が祀られています。

平成24年6月に北側の大枝が折れ、支柱設置などにより養生を行っています。とにかく大きく、ゆったりとした樹姿は優美です。ぜひ一度は訪れてほしい名木です。

（●一般向き ●交通／中央自動車道飯田山本ICから車で35分）

〈主な天然記念物〉

■小黒川のミズナラ
富士見台高原
中央自動車道
256
黒船桜
説教所の大桜
飯田山本IC
園原IC
春日神社のこうようざん
神坂神社の日本杉
駒つなぎの桜
安布知神社のひいらぎ
恵那山
阿智村役場
中関の大杉
城坂のやまなし
阿智の大栗
153
伊賀良神社の参道並木
0 2km
大川入山
あおいの桜
御所桜

黒船桜

村指定 黒船桜（くろふねざくら）

●下伊那郡阿智村清内路向原
●昭和48年4月10日指定

幹囲3メートル、樹高10メートル、枝張り東西19メートル、南北14メートル、樹齢推定約130年のシダレザクラ。黒船が到来した嘉永6年（1853）に植樹したので、こう呼ばれます。

清内路（せいないじ）小学校の南側から黒川を渡り、墓地の中の一段高くなった丘の上に立っています。樹勢は良く、花が満開の頃には、桜目当ての人達で下清内路は賑わいます。（花期／4月中～下旬）

（●一般向き ●交通／中央自動車道飯田山本ICから車で20分）

阿智村の天然記念物

国指定	小黒川のミズナラ（全1件）
村指定	あおいの桜、赤休みの小楢、阿智の大栗、安布知神社のさかき、安布知神社のひいらぎ、伊賀良神社の参道並木、市の沢の彼岸桜、春日神社のこうようざん、上清内路諏訪神社の夫婦杉、黒船桜、御所桜、駒つなぎの桜、城坂のやまなし、清南寺の夫婦桜、説教所の大桜、中関の大杉、ひょうたん梨、平瀬の稲荷の森、松沢のアセビ（あせぼ）、神坂神社の栃の木群、神坂神社の日本杉、ヤマボウシ（やまぐわ）（全22件）

※阿智村の天然記念物リストはP135～136に掲載されています。

村指定 説教所（せっきょうじょ）の大桜（おおざくら）

●下伊那郡阿智村清内路78
●昭和48年4月10日指定

嘉永6年（1853）植樹といわれ、幹囲3・32メートル、樹高11メートル、枝張り東西9メートル、南北10・5メートル。シダレザクラで樹齢推定約130年。

説教所は下清内路諏訪神社に隣り合わせに建ち、花見の頃には多くの地元の人々が集まり、神社の祭礼も行われます。（花期／4月中～下旬）

（●一般向き ●交通／中央自動車道飯田山本ICから車で20分）

説教所の大桜

諏訪神社の祭礼に集まる

巫女の舞

あおいの桜

村指定

●下伊那郡阿智村浪合510-1（浪合小学校玄関）
●平成14年12月1日指定

ヤマザクラ。浪合村の学校と共に成長した、山桜としてはとても珍しい大木です。幹囲3.1メートル、樹高は6メートル。どっしりとした幹は浪合小学校玄関前で子供たちを見守っています。樹齢推定約200年。（花期／4月中～下旬）

（●一般向き・学校挨拶 ●交通／中央自動車道飯田山本ICから車で30分）

あおいの桜

駒つなぎの桜

村指定

●下伊那郡阿智村智里3557-11
●平成6年8月25日指定

目通り幹囲5.5メートル、伝承では樹齢約800年とされていますが、2代目という説もあり、樹齢400年ではないかともいわれます。樹勢は良く多くの花を付けます。

源義経が奥州に下る時、馬を繋いだと伝わる大きな桜の木です。水田の端にあり、水田に映り込む花姿は独特な美しさです。（花期／4月下旬頃）

（●一般向き ●交通／中央自動車道飯田山本ICから車で30分）

駒つなぎの桜

御所桜

村指定

●下伊那郡阿智村浪合御所平
●平成14年12月1日指定

エドヒガンザクラ。この地に南朝皇子の尹良親王の御座所があったところから「御所平」と呼ばれており、桜の下には親王を祭った石の祠もあります。「御所平」と親王を結びつける歴史的な桜で、樹齢推定約250年。

（花期／4月中～下旬）

（●一般向き ●交通／中央自動車道飯田山本ICから車で30分）

安布知神社のひいらぎ

村指定

●下伊那郡阿智村駒場2079
●昭和43年11月1日指定

根囲1・56メートル、樹高約5メートル、枝張り東西8.7メートル、南へ7.2メートル、樹齢推定約250年。本種の中では阿智村内だけでなく、下伊那地方でも大木の中に入ります。

（●一般向き ●交通／中央自動車道飯田山本ICから車で10分）

安布知神社のひいらぎ

中関の大杉

村指定

●下伊那郡阿智村春日2671
●昭和43年9月1日指定

目通り幹囲6.5メートル、樹高約40メートル、樹齢推定約1000年、氏神の御神木として保護されてきたといわれる巨木です。この地は宮崎氏館跡で、現在の12代当主が東京に病院を開業したため、当屋敷地を阿智村に寄贈されました。

（●一般向き ●交通／中央自動車道飯田山本ICから車で10分）

神坂神社の日本杉

村指定

●下伊那郡阿智村智里3578-1
●平成6年8月25日指定

根囲12・8メートル、樹高19メートル、樹齢推定300年以上の太くたくましい杉です。神坂神社の本殿の右側直下、拝殿石垣脇に立っています。樹皮が剥がれ、樹勢は良くないようです。

神坂神社は東山道最大の難所神坂峠路の入口にあり、古社とされています。

（●一般向き ●交通／中央自動車道飯田山本ICから車で30分）

神坂神社の日本杉

村指定 阿智(あち)の大栗(おおぐり)

●下伊那郡阿智村伍和4589-3
●平成6年8月25日指定

目通り幹囲4・92メートル、根囲5.5メートル、樹高15メートルの丹波栗の大木です。伍和(ごか)の集落の田んぼの中、遠目でもわかる大きさです。

樹勢は良く、今でも沢山のクリの実を付けています。根元に空洞がありますが、木は弱っていません。

(●一般向き ●交通／中央自動車道飯田山本ICから車で20分)

阿智の大栗

村指定 城坂(じょうざか)のやまなし

●下伊那郡阿智村駒場569
●昭和43年11月1日指定

城坂のやまなし

目通り幹囲2・32メートル、樹高約8メートル、樹齢推定200年。樹勢が良く、春には白いナシの花を沢山付けます。根元には、四柱大神と刻した自然石の碑と、長塚神社・若宮神社と並刻した小石碑があります。

(●一般向き ●交通／中央自動車道飯田山本ICから車で10分)

村指定 伊賀良神社(いがらじんじゃ)の参道並木(さんどうなみき)

●下伊那郡阿智村伍和7564
●昭和52年1月25日指定

神社入口鳥居から前宮社殿までの398メートル、幅員2メートルほどの参道に目通り幹囲250センチメートル以上のヒノキ・スギ・アカマツ・モミ・サワラなど180余本の見事な老樹が並んでいます。

伊那谷でも一番の参道並木といわれ、静寂さが漂います。

(●一般向き ●交通／中央自動車道飯田山本ICから車で25分)

伊賀良神社の参道並木

71 下條村(しもじょうむら)

南信・飯伊地域

村指定 吉岡城跡(よしおかじょうあと)のサルスベリ

●下伊那郡下條村陽皐7102
●昭和60年2月15日指定

根囲2メートル、樹高6.5メートル、樹齢推定約400年の百日紅(さるすべり)。この場所は、かつて戦国時代に下條氏が築城した吉岡城内でした。下條氏は天正十年（1582）滅亡し、城はその後幕府領の代官所でしたが、寛永年間に知久氏によって破却されました。

現在、サルスベリの立っている場所は吉岡城の曲輪の堀切と思われる急斜面で、村岡家の墓地の中にあるため、立ち入りが制限されています。（花期／8月頃）

(●見学申請必要 ●交通／JR飯田線天竜峡駅から車で20分)

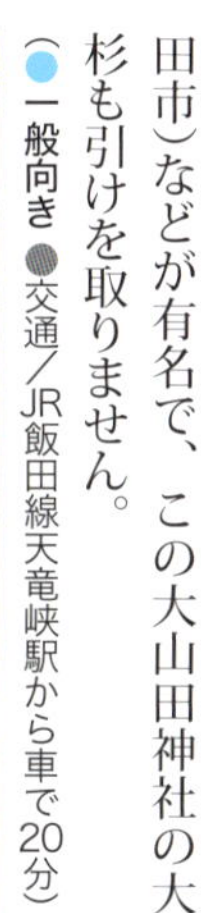
吉岡城跡のサルスベリ

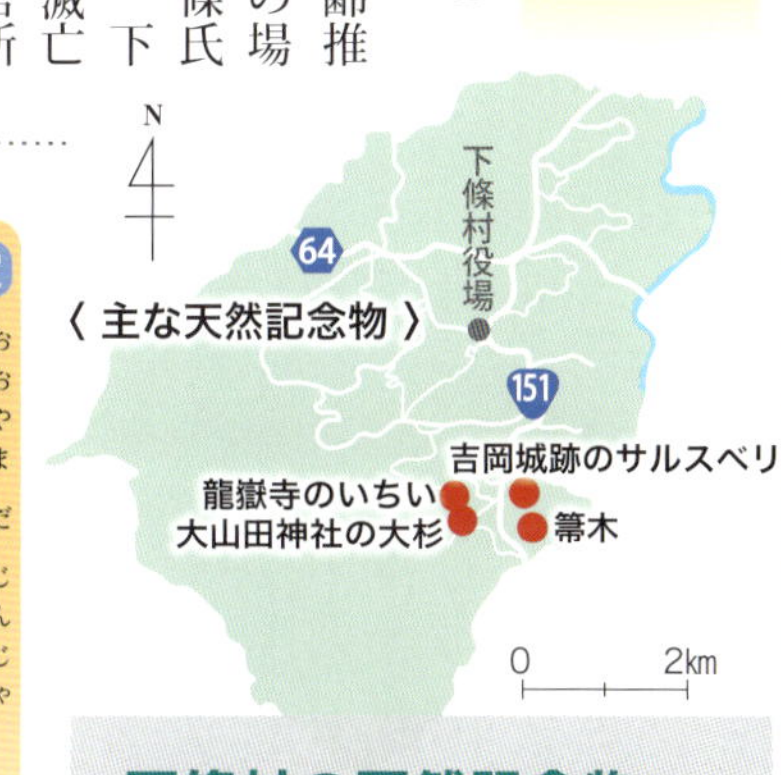

下條村の天然記念物

村指定　大山田神社の大杉、箒木、吉岡城跡のサルスベリ、龍嶽寺のいちい（全4件）

※下條村の天然記念物リストはP135に掲載されています。

村指定 大山田神社(おおやまだじんじゃ)の大杉(おおすぎ)

●下伊那郡下條村陽皐4588
●昭和60年2月15日指定

幹囲7.2メートル、根囲11・5メートル、樹高45メートル、樹齢推定約800年の大杉。古くから大山田神社の御神木として崇められてきました。

杉は、この地方でも「月瀬の大スギ」（下伊那郡根羽村）、「立石の雄スギ雌スギ」（飯田市）などが有名で、この大山田神社の大杉も引けを取りません。

(●一般向き ●交通／JR飯田線天竜峡駅から車で20分)

大山田神社の大杉

新野のハナノキ自生地・開花期

ハナノキ紅葉

▲真紅色の雌花

◀翼果

国指定 新野（にいの）のハナノキ自生地（じせいち）

●下伊那郡阿南町新野
●大正11年10月12日指定

ハナノキは恵那山（えなさん）を中心に、長野・岐阜・愛知3県の狭い範囲に自生しているだけです。山地の湿地にも稀に生え、別名ハナカエデとも呼ばれます。春には芽吹き前に真紅色の花を枝いっぱいに付け翼果が実り、秋には美しい紅葉が見られます。

新野では戦後、食料増産のための開拓や、近くに温水溜池（大村湖）が造られたことにより古木は姿を消し、現在は町の保護によって2世のハナノキが育っています。（花期／4月頃）

●保護育成中 ●交通／JR飯田線温田駅から車で30分

阿南町の天然記念物

国指定 新野のハナノキ自生地（全1件）
町指定 公孫樹、早稲田神社の大杉（全2件）

※阿南町の天然記念物リストはP135に掲載されています。

町指定 公孫樹（こうそんじゅ）

●下伊那郡阿南町新野314
●昭和52年7月21日指定

幹囲6メートル、樹高20メートル、樹齢推定約500年で、枝葉が20メートルにも広がる、どっしりとした巨木です。雌木で銀杏（ぎんなん）がたくさん実ります。

室町時代の終わり頃に、この地の領主であった関氏が父の菩提を弔うために瑞光庵を立て、そこに植えたものといわれています。地元では「十九庵の大銀杏（おおいちょう）」と呼ばれます。

●一般向き ●交通／JR飯田線温田駅から車で30分

公孫樹

町指定 早稲田神社（わせだじんじゃ）の大杉（おおすぎ）

●下伊那郡阿南町西條2080
●昭和52年7月21日指定

大下条早稲田に鎮座する、早稲田神社。この境内に樹高46・5メートル、幹囲7.5メートル、樹齢推定約1300年の大杉があります。神社創建時の神木で、本殿左に立っています。

空洞もなく樹勢も旺盛です。境内には他にも見劣りしない杉の大木があります。

●一般向き ●交通／JR飯田線温田駅から車で10分

73 泰阜村（やすおかむら）

南信・飯伊地域

（旧）・県天然記念物

「泰阜の大クワ」樹齢700年の天寿を全う

高さ8.4メートル、根回り5.8メートル、推定樹齢700年といわれる「泰阜の大クワ」が枯死となり、残念ながら平成30年、指定解除となりました。

クワとしては「全国屈指の大きさ・樹齢の名木」として、平成18年に県天然記念物に指定されていましたが、平成27年に枯れた部分が確認され、その後、新たな芽吹きがなく樹木医も回復の手立てがないとされました。

「泰阜の大クワ」2016年撮影

ふるさと通信

秘境・万古渓谷の「千本桂」

天竜川に流れ下る万古川は水清き深い渓谷で、沢登りの名所として知られています。泰阜村二軒屋から沢歩き装備で深い淵やゴルジュ（断崖に挟まれた渓谷）を腰までもある水をかき分けて進むため、熟達者と同行しなければなりません。

この沢を50分ほど沢登りすると、右岸の森の中に「千本桂」の大木が現れます。幹囲9.2メートル、樹高35メートルで、その根元から10本以上の巨株となっています。昔、ここに赤池という池があり、大蛇にまつわる伝説と民間信仰により今日まで残ったといわれる秘境の秘木です。

飯田山岳会 近藤真由美さん

千本桂

74 平谷村（ひらやむら）

南信・飯伊地域

村指定

粒良岩（つぶらいわ）

●下伊那郡平谷村鷹巣
●昭和63年1月18日指定

粒良岩

粒良岩

巨岩が幾つも折り重なっており「粒良岩」と名付けられました。神秘的な数多くの岩窟内外に10体の石神名が刻まれ、祀られています。

平谷カントリー倶楽部から10分程、尾根を下ったところにありますが、道は笹に覆われてよくわかりません。尾根が平坦になったところに、重なりあった巨岩が現れます。

（●コース要注意 ●交通／中央自動車道飯田山本ICから車で30分、さらに徒歩10分下る）

村指定

栃の木（とちのき）

●下伊那郡平谷村諏訪社前
●平成19年10月10日指定

樹齢推定約250年の巨木で、平谷諏訪神社の石段の左に立っています。幹が根元から東側に大きく傾いていますが、上の方で枝がバランスを取っています。空洞もなく樹勢も良好です。

道の駅・信州平谷から柳川を渡ってすぐの山裾にあります。

（●一般向き ●交通／中央自動車道飯田山本ICから車で30分）

栃の木

平谷村の天然記念物

村指定 粒良岩、栃の木（全２件）

※平谷村の天然記念物リストはP135に掲載されています。

〈主な天然記念物〉

75

根羽村

南信・飯伊地域

根羽村の天然記念物

国指定　月瀬の大スギ(全1件)

村指定　池ノ平の亀甲岩、小戸名のハナノキ、釜ヶ入の甌穴、砦のイチイ(アララギ)、ネバタゴガエル、白山社のコウヤマキ、離山の大ナラ、八柱神社の神代スギ(左側)、八柱神社の神代スギ(右側)、尹良社の大ブナ(全10件)

※根羽村の天然記念物リストはP135に掲載されています。

月瀬の大スギ

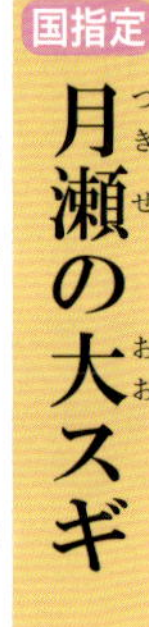

国指定

月瀬の大スギ

●下伊那郡根羽村月瀬
●昭和19年11月13日指定

幹囲12・04メートル、樹高約40メートル、県下第1位の巨木で、樹齢は1800年といわれています。地域の人々は神木として「大杉様」と呼んで崇敬しており、お参りをすると虫歯が治るなどの言い伝えがあります。

真っ直ぐに伸びた主幹に、根元近くから分かれて張り出した支幹が寄り添うように聳えています。樹勢は盛んで、その圧倒的な存在感には畏怖の念さえおぼえます。

（●一般向き ●交通／中央自動車道飯田山本ICから車で60分）

村指定

砦のイチイ（アララギ）

●下伊那郡根羽村取手
●平成12年12月1日指定

幹囲3.6メートル、樹高16・5メートル、樹齢推定約350年。その根元には武田信玄の配下、山縣能登守則長が守護神として祀られています。

（●一般向き ●交通／中央自動車道飯田山本ICから車で30分）

砦のイチイ（アララギ）

村指定

池ノ平の亀甲岩

●下伊那郡根羽村池之平
●昭和56年12月1日指定

火山の噴出によってできた玄武岩で、模式的な柱状節理が亀の甲羅に似ていることから「亀甲岩」といわれています。池之平の山中にありますが、地上の高さ2.4メートル、幅2.5メートルで斜めに柱状節理が見事に発育して地中に入っています。根羽村役場前などにも部分展示されています。

（●一般向き ●交通／中央自動車道飯田山本ICから車で1時間30分）

池ノ平の亀甲岩

村指定

釜ヶ入の甌穴

●下伊那郡根羽村桧原
●昭和56年12月1日指定

釜ヶ入の甌穴

直径0・76〜1.1メートル、深さ0.7〜1・44メートルの五つの甌穴が1メートル間隔で並び、上・中・下の3段に配列しており他に見られない珍しいものです。

桧原にある甌穴は、渓流の渦巻く水による岩の侵蝕によってできた鍋状の穴で、ポットホールとも呼ばれています。龍宮に通じ黒体竜王が住むとの伝説があります。

（●一般向き ●交通／中央自動車道飯田山本ICから車で60分）

村指定

ネバタゴガエル

●下伊那郡根羽村茶臼山高原
●平成18年3月1日指定

長野県と愛知県の県境に位置する茶臼山の山腹に、「茶臼山高原両生類研究所」があり、ここに「ワンと鳴くカエル」がいます。新種として認定され、ネバタゴガエルと命名された珍種です。

世界中にこの地にしかいない「ワンと鳴くカエル」を発見し、教職を中途で辞めて、この地に施設を興した熊谷館長と「カエル館」18年のあゆみには、地味な苦労の連続と劇的な歴史がありました。

（●一般向き・入館料 ●交通／中央自動車道飯田山本ICから車で1時間30分）

ネバタゴガエル

ふるさと通信

信じられないかもしれませんが、れっきとしたカエルの鳴き声です。あれはアカガエルの仲間のタゴガエルなんです。ただし、この茶臼山高原のタゴガエルだけが繁殖期に「ワン」や「キャン」と犬のような声で鳴くのです。

（茶臼山高原両生類研究所 熊谷 聖秀さん）

村指定

八柱神社の神代スギ（左側）・（右側）

●下伊那郡根羽村万場瀬
●平成12年12月1日指定

八柱神社の神代スギ（左側）

八柱神社の神代スギ（右側）

国道153号から長い石段を登ると広場があり、そこから2段上に本殿があります。

本殿左側にある杉は幹囲11・2メートル、樹高39・5メートルと、国指定天然記念物の「月瀬の大スギ」に次ぐ巨木です。

右側の杉は幹囲10メートル、樹高39メートル。本殿より一つ低い段に立っています。両杉共に樹齢推定約700年とされています。このほかにも、境内には幹囲5メートル程の杉の木が7本あります。

（●一般向き ●交通／中央自動車道飯田山本ICから車で60分）

76 売木村

南信・飯伊地域

村指定

観音堂の桜

●下伊那郡売木村1341（中央）
●平成16年7月30日指定

観音堂に立っているシダレザクラで、推定樹齢は約160年と村内に現存する桜で最も古いものです。樹勢も良好で、開花期には夜になるとライトアップもされます。

観音堂は享保20年（1735）頃の建立で、立春から彼岸明けまでの48日間、休むことなく念仏講が行われます。（宝蔵寺の北東側にあります。）（花期／4月中～下旬）

（●一般向き ●交通／JR飯田線温田駅から車で45分）

観音堂の桜

〈主な天然記念物〉

418
売木村役場
観音堂の桜
大入のシダレザクラ
447
46
N
0 2km

村指定

大入のシダレザクラ

●下伊那郡売木村2651－72（南一）
●平成16年7月30日指定

樹齢推定約140年。大入洞入口にある塚に自立しています。村内有数の桜の古木で、多くの人が花見に訪れます。

地元では、「大入」桜のつぼみが赤くなったのを籾種蒔きの目安にしたといわれます。（花期／4月中旬～下旬）

（●一般向き ●交通／JR飯田線温田駅から車で50分）

大入のシダレザクラ

売木村の天然記念物

村指定　観音堂の桜、大入のシダレザクラ（全2件）

※売木村の天然記念物リストはP135に掲載されています。

県指定

ブッポウソウ

●地域を定めず（全県）
●昭和60年7月29日指定

ブッポウソウは、国の絶滅危惧種で長野県天然記念物、天龍村村鳥。オレンジのくちばしに青緑色の羽根が美しく、翼を広げると白斑が見え、グラデーションがとても綺麗。天龍みどりの少年団が毎年巣箱を作り、村の至る所へ設置しています。

ブッポウソウファンの皆様の交流の場として、また、村鳥ブッポウソウを絶滅危惧種である現状や保護活動も含めて、全国に広めていきたいため、ブッポウソウ写真コンテストを毎年開催しています。

姿が美しいのはもちろんですが、村ではいつでも巣箱内の様子を観察できますので、ブッポウソウの子育てを毎日見守る事が出来て、愛着もひとしおです。こうしてブッポウソウを毎年村全体で見守ることで、ブッポウソウ自体が初夏の風物詩になっています。文化として根付いているところが天龍村のブッポウソウの魅力だと感じます。

また、ブッポウソウが観察しやすい場所に毎年飛来している場所は非常に珍しいと言われています。写真愛好家の方、ブッポウソウに興味のある方は、ぜひ天龍村にお越し下さい。

（天龍村教育委員会）

（●一般向き／問い合わせ・天龍村教育委員会 0260-32-3206 ●交通／JR飯田線平岡駅から徒歩5分で役場庁舎営巣箱）

ブッポウソウ・コンテスト受賞作品（写真提供・天龍村）

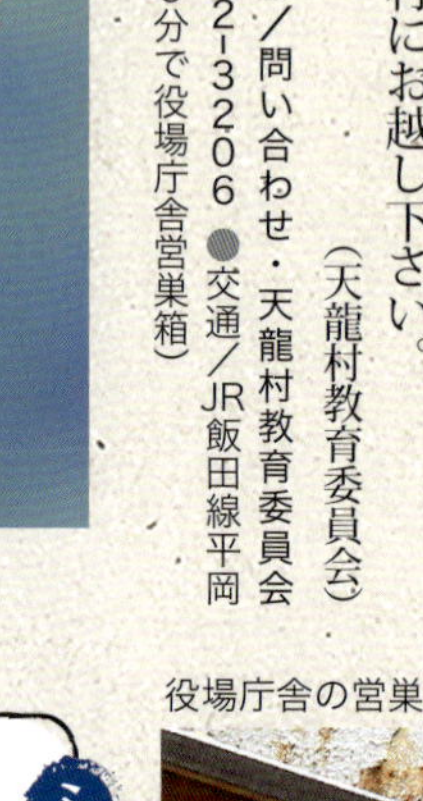

ブッポウソウ・コンテスト受賞作品（写真提供・天龍村）

役場庁舎の営巣シーン（写真提供・天龍村）

ふるさと通信

平成9年、当時天龍小学校4年生の学級活動として野鳥観察がスタート。学級担任の指導のもと、毎日のように観察する中で、役場庁舎に営巣しているブッポウソウの雛の巣立ちに立ち会ったことがきっかけとなり、保護活動が開始しました。学校行事と位置づけられ、平成11年に天龍村議会で「村鳥」として指定されました。

天龍村役場建設課

村指定

観音様の大榧（かんのんさまのおおかや）

●下伊那郡天龍村平岡
●平成24年10月10日指定

目通り幹囲4・24メートル、樹高22メートル、樹齢推定約700年。幹には空洞が多く、樹勢が心配です。

遠山家の初代が祖先土佐守より分家した際に、持ってきて植えたと伝えられています。その後、本宅の横の大榧の下に観音堂を建立し、観音菩薩を安置して遠山家代々の守りとして信仰し今日に至っています。

（●一般向き ●交通／JR飯田線平岡駅から徒歩5分）

〈主な天然記念物〉
天龍村役場
観音様の大榧
平岡
JR飯田線
418
1
ブッポウソウ（地域を定めず）
0 2km
N

天龍村の天然記念物

村指定　観音様の大榧、お万様の墓お万様の藤（全2件）

※天龍村の天然記念物リストはP135に掲載されています。

長野県広域市町村圏と市町村図（市町村番号は本文掲載順）

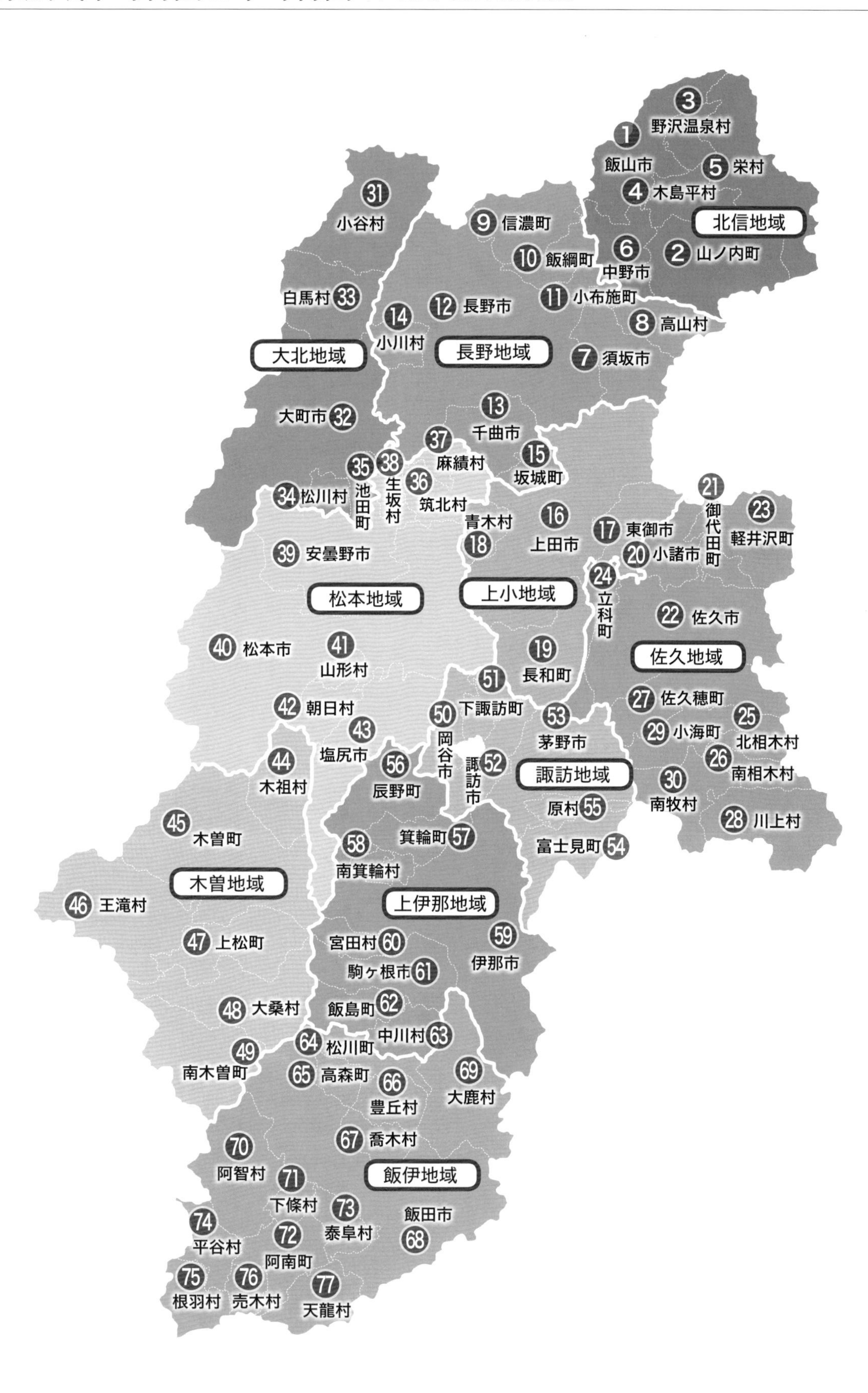

長野県天然記念物（国・県指定）一覧

天然記念物のごく一部には衰退・消滅等で指定解除、或いは指定変更や新規指定されるものもあり得ます。　（平成30年10月31日現在）

国指定・特別名勝特別天然記念物

天然保護区域

名称	所在地
上高地	松本市

国指定・特別天然記念物

植物

名称	所在地
白馬連山の高山植物帯	白馬村

動物

名称	所在地
カモシカ	地域を定めず
ライチョウ	地域を定めず

地質鉱物

名称	所在地
白骨温泉の噴湯丘と球状石灰石	松本市

国指定・天然記念物

植物

名称	所在地
テングノムギメシ産地	小諸市
岩村田ヒカリゴケ産地	佐久市
八ヶ岳キバナシャクナゲ自生地	南牧村
東内のシダレエノキ	上田市
西内のシダレグリ自生地	上田市
小野のシダレグリ自生地	辰野町
霧ヶ峰湿原植物群落	諏訪市·下諏訪町
新野のハナノキ自生地	阿南町
小黒川のミズナラ	阿智村
月瀬の大スギ	根羽村
素桜神社の神代ザクラ	長野市

動物

名称	所在地
三岳のブッポウソウ繁殖地	木曽町
十三崖のチョウゲンボウ繁殖地	中野市
柴犬	地域を定めず
イヌワシ	地域を定めず
ヤマネ	地域を定めず
志賀高原石の湯のゲンジボタル生息地	山ノ内町

地質鉱物

名称	所在地
四阿山の的岩	上田市
横川の蛇石	辰野町
中房温泉の膠状珪酸および珪華	安曇野市
高瀬渓谷の噴湯丘と球状石灰石	大町市
渋の地獄谷噴泉	山ノ内町
大鹿村の中央構造線	大鹿村
北川露頭・安康露頭	

天然保護区域

名称	所在地
黒岩山	飯山市

県指定・天然記念物

植物

名称	所在地
王城のケヤキ	佐久市
山の神のサラサドウダン群落	小海町
樋沢のヒメバラモミ	川上村
海尻の姫小松	南牧村
下新井のメグスリノキ	北相木村
長倉のハナヒョウタンボク群落	軽井沢町
熊野皇大神社のシナノキ	軽井沢町
御代田のヒカリゴケ	御代田町
笠取峠のマツ並木	立科町
宮ノ入のカヤ	東御市
菅平のツキヌキソウ自生地	上田市
前平のサワラ	伊那市
白沢のクリ	伊那市
高烏谷神社社叢	駒ヶ根市
高遠のコヒガンザクラ樹林	伊那市
矢彦小野神社社叢	辰野町·塩尻市
木ノ下のケヤキ	箕輪町
中曽根のエドヒガン	箕輪町
南羽場のシラカシ	飯島町
諏訪大社上社社叢	諏訪市
山本のハナノキ	飯田市
長姫のエドヒガン	飯田市
川路のネズミサシ	飯田市
立石の雄スギ雌スギ	飯田市
風越山のベニマンサクの自生地	飯田市
下市田のヒイラギ	高森町
沓掛温泉の野生里芋	青木村
乳房イチョウ	生坂村
千手のイチョウ	松本市
大野田のフジキ	松本市
梓川のモミ	松本市
八幡宮鞠子社のメグスリノキ	松本市
横川の大イチョウ	松本市
妻籠のギンモクセイ	南木曽町
贄川のトチ	塩尻市
仁科神明宮社叢	大町市
若一王子神社社叢	大町市
大塩のイヌ桜	大町市
八方尾根高山植物帯	白馬村
石原白山社のスギ	小谷村
真島のクワ	長野市
象山のカシワ	長野市
塚本のビャクシン	長野市
小菅神社のスギ並木	飯山市
神戸のイチョウ	飯山市
武水別神社社叢	千曲市
宇木のエドヒガン	山ノ内町
一の瀬のシナノキ	山ノ内町
つつじ山のアカシデ	長野市
矢久のカヤ	松本市
袖之山のシダレザクラ	飯綱町
地蔵久保のオオヤマザクラ	飯綱町
戸隠神社奥社社叢	長野市
豊岡のカツラ	長野市
新井のイチイ	長野市
下北尾のオハツキイチョウ	小川村
日下野のスギ	長野市
雁田のヒイラギ	小布施町
飯田城桜丸のイスノキ	飯田市
夜泣き松	大鹿村

湿原

名称	所在地
居谷里湿原	大町市
四十八池湿原	山ノ内町
田ノ原湿原	山ノ内町

動物

名称	所在地
川上犬	川上村
辰野のホタル発生地	辰野町
モリアオガエルの繁殖地	飯田市
木曽馬	木曽町
奥裾花自然園のモリアオガエル繁殖地	長野市
大町市のカワシンジュガイ生息地	大町市
ミヤマモンキチョウ	地域を定めず
ミヤマシロチョウ	地域を定めず
クモマツマキチョウ	地域を定めず
タカネヒカゲ	地域を定めず
ベニヒカゲ	地域を定めず
クモマベニヒカゲ	地域を定めず
オオイチモンジ	地域を定めず
コヒオドシ	地域を定めず
タカネキマダラセセリ	地域を定めず
ヤリガタケシジミ	地域を定めず
ホンシュウモモンガ	地域を定めず
ホンドオコジョ	地域を定めず
ヤツガシラ	地域を定めず
ブッポウソウ	地域を定めず

化石

名称	所在地
小泉のシナノイルカ	上田市
原牛の臼歯化石	辰野町
シナノトド化石	松本市
穴沢のクジラ化石	松本市
反町のマッコウクジラ全身骨格化石	松本市
恐竜の足跡化石	小谷村
山穂刈のクジラ化石	長野市
裏沢の絶滅セイウチ化石	長野市
菅沼の絶滅セイウチ化石	長野市
大口沢のアシカ科化石	長野市
戸隠川下のシンシュウゾウ化石	長野市
臼田トンネル産の古型マンモス化石	佐久市
野尻湖産大型哺乳類化石群（ナウマンゾウ·ヤベオオツノジカ·ヘラジカ）	信濃町
東御市羽毛山·加沢産アケボノゾウ化石群	東御市

地質鉱物

名称	所在地
広川原の洞穴群	佐久市
小泉、下塩尻及び南条の岩鼻	上田市·坂城町
中央アルプス駒ヶ岳	駒ヶ根市·宮田村
三石の甌穴群	飯田市
毛無山の球状花こう岩	喬木村
大柳及び井上の枕状溶岩	長野市・須坂市
深谷沢の蜂の巣状風化岩	長野市

市町村別天然記念物一覧

平成 30 年 10 月 31 日現在
(各市町村内、五十音順)

【北信・北信地域】

(1) 飯山市

犬飼神社のカツラ (イヌカイジンジャノカツラ) 市・指定 飯山市瑞穂
大川のイチョウ (オオガワノイチョウ) 市・指定 飯山市旭
大久保のサルスベリ (オオクボノサルスベリ) 市・指定 飯山市静間
熊野神社のケヤキ (クマノジンジャノケヤキ) 市・指定 飯山市照岡 (P7)
黒岩山 (クロイワヤマ) 国・指定 飯山市寿 (P6)
小菅神社のスギ並木 (コスゲジンジャノスギナミキ) 県・指定 飯山市瑞穂 (P6)
小菅のイトザクラ (コスゲノイトザクラ) 市・指定 飯山市瑞穂
小菅のヤマグワ (コスゲノヤマグワ) 市・指定 飯山市瑞穂 (P6)
神戸のイチョウ (ゴウドノイチョウ) 県・指定 飯山市瑞穂 (P7)
顔戸のエドヒガン (ゴウドノエドヒガン) 市・指定 飯山市寿
正行寺のイチョウ (ショウギョウジノイチョウ) 市・指定 飯山市旭
瀬木のイチイ (セギノイチイ) 市・指定 飯山市豊田
沼池のヤエガワカンバ (ヌマイケノヤエガワカンバ) 市・指定 飯山市旭
三桜神社のブナ (ミサクラジンジャノブナ) 市・指定 飯山市寿 (P7)
山田神社の大杉 (ヤマダジンジャノオオスギ) 市・指定 飯山市豊田 (P7)

(2) 山ノ内町

アワラ湿原 (アワラシツゲン) 町・指定 山ノ内町五輪峯
一の瀬のシナノキ (イチノセノシナノキ) 県・指定 山ノ内町平穏 (P10)
宇木のエドヒガン (ウキノエドヒガン) 県・指定 山ノ内町夜間瀬 (P10)
熊野宮のナシノキ (クマノミヤノナシノキ) 町・指定 山ノ内町宇木
興隆寺の杉並木 (コウリュウジノスギナミキ) 町・指定 山ノ内町佐野
志賀高原石の湯のゲンジボタル生息地 (シガコウゲンイシノユノゲンジボタルセイソクチ) 国・指定 山ノ内町平穏 (P8)
四十八池湿原 (シジュウハチイケシツゲン) 県・指定 山ノ内町平穏 (P9)
渋の地獄谷噴泉 (シブノジゴクダニフンセン) 国・指定 山ノ内町平穏 (P9)
地獄谷のサル (ジゴクダニノサル) 町・指定 山ノ内町平穏 (P9)
地獄谷のヒメギフチョウ (ジゴクダニノヒメギフチョウ) 町・指定 山ノ内町沓野
菅のトガ (スゲノトガ) 町・指定 山ノ内町菅
諏訪社のカラマツ (スワシャノカラマツ) 町・指定 山ノ内町夜間瀬 (P10)
田ノ原湿原 (タノハラシツゲン) 県・指定 山ノ内町平穏 (P8)
田ノ原の天然カラマツ (タノハラノテンネンカラマツ) 町・指定 山ノ内町平穏
大日庵の源平シダレザクラ (ダイニチアンノゲンペイシダレザクラ) 町・指定 山ノ内町宇木
稚児池湿原 (チゴイケシツゲン) 町・指定 山ノ内町夜間瀬 (P10)
ニホンリス (ニホンリス) 町・指定 山ノ内町
乗廻の四本杉 (ノリマワシノヨンホンスギ) 町・指定 山ノ内町夜間瀬 (P10)
三ヶ月池湿原 (ミカヅキイケシツゲン) 町・指定 山ノ内町五輪峯
八柱神社の社叢 (ヤハシラジンジャノシャソウ) 町・指定 山ノ内町宇木

(3) 野沢温泉村

清道寺のシダレザクラ (セイドウジノシダレザクラ) 村・指定 野沢温泉村平林
虫生のオオバボダイジュ (ムシュウノオオバボダイジュ) 村・指定 野沢温泉村虫生 (P11)
矢垂十二社大明神の雌株のイチョウ (ヤダレジュウニシャダイミョウジンノメスカブノイチョウ) 村・指定 野沢温泉村虫生 (P11)
湯沢神社の大スギ (ユザワジンジャノオオスギ) 村・指定 野沢温泉村豊郷 (P11)

(4) 木島平村

内山のカヤ (ウチヤマノカヤ) 村・指定 木島平村穂高
往郷村役場跡のシダレザクラ (オウゴウムラヤクバアトノシダレザクラ) 村・指定 木島平村往郷
大イチョウ (長光寺) (オオイチョウ チョウコウジ) 村・指定 木島平村穂高
カヤの平北湿原 (北ドブ) (カヤノタイラキタシツゲン キタドブ) 村・指定 木島平村上木島 (P12)
カヤの平南湿原 (南ドブ) (カヤノタイラミナミシツゲン ミナミドブ) 村・指定 木島平村上木島
鞍掛けの梨 (クラカケノナシ) 村・指定 木島平村往郷
浄蓮寺のボダイジュ (ジョウレンジノボダイジュ) 村・指定 木島平村穂高 (P12)
泉龍寺寺叢 (センリュウジジソウ) 村・指定 木島平村往郷
大龍寺の大杉 (ダイリュウジノオオスギ) 村・指定 木島平村上木島 (P13)
天然寺寺叢 (テンネンジジソウ) 村・指定 木島平村上木島 (P12)
豊足穂神社のケヤキ (トヨタルホジンジャノケヤキ) 村・指定 木島平村往郷
中町のコウヤマキ (ナカマチノコウヤマキ) 村・指定 木島平村上木島
福寿草 (フクジュソウ) 村・指定 木島平村一円
馬曲七曲のアスナロ (マグセナナマガリノアスナロ) 村・指定 木島平村往郷 (P13)
御魂山の神代桜 (ミタマヤマノジンダイザクラ) 村・指定 木島平村往郷 (P12)
龍興寺清水 (リュウコウジシミズ) 村・指定 木島平村穂高 (P13)

(5) 栄村

ユモトマユミ (ユモトマユミ) 村・指定 栄村堺 (P13)

(6) 中野市

小内八幡神社社叢 (オウチハチマンジンジャシャソウ) 市・指定 中野市安源寺 (P15)
十三崖のチョウゲンボウ繁殖地 (ジュウサンガケノチョウゲンボウハンショクチ) 国・指定 中野市深沢・竹原 (P14)
盛隆寺のイチイ (セイリュウジノイチイ) 市・指定 中野市間山 (P15)
高井大富神社のエノキ (タカイオオトミジンジャノエノキ) 市・指定 中野市大俣 (P15)
永江諏訪神社巨樹 (ナガエスワジンジャキョジュ) 市・指定 中野市永江 (P15)
如法寺のイチョウ (ニョホウジノイチョウ) 市・指定 中野市中野 (P15)
柳沢のエドヒガン (ヤナギサワノエドヒガン) 市・指定 中野市柳沢 (P14)

【北信・長野地域】

(7) 須坂市

延命地蔵堂の桜 (エンメイジゾウドウノサクラ) 市・指定 須坂市豊丘 (P16)
大柳及び井上の枕状溶岩 (オオヤナギオヨビイノウエノマクラジョウヨウガン) 県・指定 長野市若穂綿内・須坂市井上 (P16)
小坂神社社叢 (オサカジンジャシャソウ) 市・指定 須坂市井上 (P17)
大日向観音堂しだれ桜 (オビナタカンノンドウシダレザクラ) 市・指定 須坂市豊丘
亀倉神社の桜 (カメクラジンジャノサクラ) 市・指定 須坂市亀倉
臥竜山根あがりねじれ松 (ガリュウザンネアガリネジレマツ) 市・指定 須坂市臥竜 (P17)
臥龍梅 (ガリュウバイ) 市・指定 須坂市臥竜 (P17)
熊野神社のエノキ (クマノジンジャノエノキ) 市・指定 須坂市塩川
高顕寺の桜 (コウケンジノサクラ) 市・指定 須坂市仁礼
広正寺のエドヒガン (コウショウジノエドヒガン) 市・指定 須坂市野辺 (P16)
金毘羅山の桜 (コンピラサンノサクラ) 市・指定 須坂市亀倉
墨坂神社社叢 (スミサカジンジャシャソウ) 市・指定 須坂市墨坂 (P17)
仙仁山のハルニレ (セニヤマノハルニレ) 市・指定 須坂市仁礼
大広院のカヤノキ (ダイコウインノカヤノキ) 市・指定 須坂市八町
大広院の桜 (ダイコウインノサクラ) 市・指定 須坂市八町
長みょう寺の桜 (チョウミョウジノサクラ) 市・指定 須坂市豊丘
東照寺の桜 (トウショウジノサクラ) 市・指定 須坂市米子
豊丘の穴水 (トヨオカノアナミズ) 市・指定 須坂市豊丘 (P17)
西五味池のモミの木 (ニシゴミイケノモミノキ) 市・指定 須坂市豊丘 (P17)
野辺のオオムラサキ (ノベノオオムラサキ) 市・指定 須坂市野辺
萬龍寺のクマスギ (バンリュウジノクマスギ) 市・指定 須坂市亀倉
萬龍寺の桜 (バンリュウジノサクラ) 市・指定 須坂市亀倉
別府のオニグルミ (ベップノオニグルミ) 市・指定 須坂市小河原
弁天さんのしだれ桜 (ベンテンサンノシダレザクラ) 市・指定 須坂市豊丘
洞入観音堂のイチョウ (ボライリカンノンドウノイチョウ) 市・指定 須坂市豊丘 (P16)
ミヤマツチトリモチ (ミヤマツチトリモチ) 市・指定 須坂市豊丘

※名称・所在地は公益財団法人八十二文化財団のウェブサイト「信州の文化財」の表記に基づき、各市町村教育委員会の確認を得たものです。

(8) 高山村

鞍掛山産出のハダカイワシ属の化石（クラカケヤマサンシュツノハダカイワシゾクノカセキ） 村・指定 高山村牧（P18）
黒部のエドヒガン桜（クロベノエドヒガンザクラ） 村・指定 高山村高井（P18）
坪井の枝垂れ桜（ツボイノシダレザクラ） 村・指定 高山村中山（P18）
水中の枝垂れ桜（ミズナカノシダレザクラ） 村・指定 高山村高井（P18）

(9) 信濃町

行善寺のタキソジュウム（ギョウゼンジノタキソジュウム） 町・指定 信濃町古間（P19）
菅川神社の大杉群（スガカワジンジャノオオスギグン） 町・指定 信濃町古海（P19）
野尻湖産大型哺乳類化石群（ナウマンゾウ・ヤベオオツノジカ・ヘラジカ）（ノジリコサンオオガタホニュウルイカセキグン ナウマンゾウ ヤベオオツノジカ ヘラジカ） 県・指定 信濃町野尻（P19）

(10) 飯綱町

黒川桜林のエドヒガン（クロカワサクラバヤシノエドヒガン） 町・指定 飯綱町黒川
高坂りんご（コウサカリンゴ） 町・指定 飯綱町柳里（P21）
地蔵久保のオオヤマザクラ（ジゾウクボノオオヤマザクラ） 県・指定 飯綱町地蔵久保（P20）
袖之山のシダレザクラ（ソデノヤマノシダレザクラ） 県・指定 飯綱町袖之山（P20）
高岡神社の杉（タカオカジンジャノスギ） 町・指定 飯綱町川上（P20）
トウギョ及びその生息地（トウギョオヨビソノセイソクチ） 町・指定 非公開
舟石（フナイシ） 町・指定 飯綱町袖之山（P21）
四ツ屋のエノキ（ヨツヤノエノキ） 町・指定 飯綱町牟礼（P20）

(11) 小布施町

雁田のヒイラギ（カリダノヒイラギ） 県・指定 小布施町雁田（P21）

(12) 長野市

赤岩のトチ（アカイワノトチ） 市・指定 長野市七二会（P27）
芦ノ尻のエノキ（アシノシリノエノキ） 市・指定 長野市大岡（P29）
芦ノ尻の大ケヤキ（アシノシリノオオケヤキ） 市・指定 長野市大岡（P29）
アズメ沢の化石群（アズメサワノカセキグン） 市・指定 長野市鬼無里（P26）
新井のイチイ（アライノイチイ） 県・指定 長野市鬼無里（P23）
荒倉山神社のトチ（アラクラヤマジンジャノトチ） 市・指定 長野市鬼無里
荒古のサクラ（アラコノサクラ） 市・指定 長野市豊野町
飯綱高原のシラタマノキ群生地（イイヅナコウゲンノシラタマノキグンセイチ） 市・指定 非公開
飯綱神社のイチイ（イイヅナジンジャノイチイ） 市・指定 長野市鬼無里
泉平伊勢社の大ケヤキ（イズミダイライセシャノオオケヤキ） 市・指定 長野市豊野町（P29）
一之坂亀甲岩（イチノサカキッコウガン） 市・指定 長野市鬼無里
稲田のエノキ（イナダノエノキ） 市・指定 長野市稲田（P28）
今池湿原のミズバショウと棲息するモリアオガエル、クロサンショウウオ（イマイケシツゲンノミズバショウトセイソクスルモリアオガエル クロサンショウウオ） 市・指定 長野市鬼無里
岩崎のイチョウ（イワサキノイチョウ） 市・指定 長野市若穂綿内
裏沢の絶滅セイウチ化石（ウラサワノゼツメツセイウチカセキ） 県・指定 長野市信州新町（P25）
甌穴（ポットホール）（オウケツ ポットホール） 市・指定 長野市鬼無里（P26）
大口沢のアシカ科化石（オオクチザワノアシカカカセキ） 県・指定 長野市信州新町（P25）
大柳及び井上の枕状溶岩（オオヤナギオヨビイノウエノマクラジョウヨウガン） 県・指定 長野市若穂綿内・須坂市井上（P26）
奥裾花自然園の巨木群（トチ・ブナ・ミズナラ・シナノキ・ヤチダモ・コハウチワカエデ）（オクスソバナシゼンエンノキョボクグン トチ ブナ ミズナラ シナノキ ヤチダモ コハウチワカエデ） 市・指定 長野市鬼無里（P26）
奥裾花自然園のモリアオガエル繁殖地（オクスソバナシゼンエンノモリアオガエルハンショクチ） 県・指定 長野市鬼無里（P25）
奥裾花のケスタ地形（オクスソバナノケスタチケイ） 市・指定 長野市鬼無里（P26）
奥裾花のブナの原生林（オクスソバナノブナノゲンセイリン） 市・指定 長野市鬼無里
葛山落合神社社叢（カツラヤマオチアイジンジャシャソウ） 市・指定 長野市入山
加茂神社ねずこ（カモジンジャネズコ） 市・指定 長野市鬼無里
加茂神社のスギ（カモジンジャノスギ） 市・指定 長野市鬼無里
カワシンジュガイ（カワシンジュガイ） 市・指定 長野市戸隠
観音山麓豊野層褶曲構造（カンノンサンロクトヨノソウシュウキョクコウゾウ） 市・指定 長野市豊野町
臥雲の三本杉（ガウンノサンボンスギ） 市・指定 長野市中条
日下野のスギ（クサガノノスギ） 県・指定 長野市中条（P23）
国見のイチイ（クニミノイチイ） 市・指定 長野市小鍋（P27）
クルワドウ沢入口サンドパイプ（クルワドウサワイリグチサンドパイプ） 市・指定 長野市鬼無里
クルワドウ沢の団塊（クルワドウサワノダンカイ） 市・指定 長野市鬼無里
皇大神社のケヤキ（コウタイジンジャノケヤキ） 市・指定 長野市鬼無里
金刀比羅神社神代桜（コトヒラジンジャジンダイザクラ） 市・指定 長野市鬼無里（P27）
サワラとヒヨクヒバのキメラ（サワラトヒヨクヒバノキメラ） 市・指定 長野市篠ノ井
性乗寺稲荷社のイチイ（ショウジョウジイナリシャノイチイ） 市・指定 長野市七二会
塩生のエドヒガン（巡礼桜）（ショウブノエドヒガン ジュンレイザクラ） 市・指定 長野市塩生甲（P28）
菅沼の絶滅セイウチ化石（スガヌマノゼツメツセイウチカセキ） 県・指定 長野市信州新町（P25）
素桜神社の神代ザクラ（スザクラジンジャノジンダイザクラ） 国・指定 長野市泉平（P22）
皇足穂命神社の大杉（スメタルホノミコトジンジャノオオスギ） 市・指定 長野市富田
石英安山岩（セキエイアンザンガン） 市・指定 長野市中条
千畳敷岩（センジョウジキイワ） 市・指定 長野市鬼無里（P26）
象山のカシワ（ゾウザンノカシワ） 県・指定 長野市松代町（P24）
高橋のしだれザクラ（タカハシノシダレザクラ） 市・指定 長野市鬼無里
当信神社社叢（タニシナジンジャシャソウ） 市・指定 長野市信州新町
大昌寺鎮守の大杉（ダイショウジチンジュノオオスギ） 市・指定 長野市戸隠（P28）
塚本のビャクシン（ツカモトノビャクシン） 県・指定 長野市若穂川田（P24）
つつじ山のアカシデ（ツツジヤマノアカシデ） 県・指定 長野市豊野町（P24）
堤の大コブシ（ツツミノオオコブシ） 市・指定 長野市豊野町
天宗寺の合掌桜（テンソウジノガッショウザクラ） 市・指定 長野市大岡
峠のカツラ（トウゲノカツラ） 市・指定 長野市鬼無里
戸隠川下のシンシュウゾウ化石（トガクシカワシモノシンシュウゾウカセキ） 県・指定 長野市戸隠（P25）
戸隠猿丸とどの七本松（トガクシサルマルトドノシチホンマツ） 市・指定 長野市戸隠（P27）
戸隠下祖山建代神社のしだれ桜（トガクシシモソヤマタテシロジンジャノシダレザクラ） 市・指定 長野市戸隠
戸隠神社奥社社叢（トガクシジンジャオクシャシャソウ） 県・指定 長野市戸隠（P23）
トガクシソウ（トガクシショウマ）（トガクシソウ（トガクシショウマ）） 市・指定 長野市戸隠
戸隠田頭の巌窟観音堂の大杉（トガクシタガシラノガンクツカンノンドウノオオスギ） 市・指定 長野市戸隠（P27）
戸隠中社の三本杉（トガクシチュウシャノサンボンスギ） 市・指定 長野市戸隠（P28）
戸隠積沢の化石群（トガクシツムサワノカセキグン） 市・指定 地域定めず
戸隠平出の夫婦栂（トガクシヒライデノメオトトガ） 市・指定 長野市戸隠（P28）
殿屋敷のシダレイチョウ（トノヤシキノシダレイチョウ） 市・指定 長野市豊野町
富竹のビャクシン（トミタケノビャクシン） 市・指定 長野市富竹（P29）

豊岡のカツラ（トヨオカノカツラ） 県・指定 長野市戸隠（P23）
中郷神社の社叢（ナカゴウジンジャノシャソウ） 市・指定 長野市篠ノ井（P29）
中村のサルスベリ（ナカムラノサルスベリ） 市・指定 長野市桜（P28）
七二会諏訪神社の大杉（ナニアイスワジンジャノオオスギ） 市・指定 長野市七二会
七二会守田神社の神木（ナニアイモリタジンジャノシンボク） 市・指定 長野市七二会
西澤家のミチノクナシ（ニシザワケノミチノクナシ） 市・指定 長野市入山
西条のカヤ（八房榧）（ニシジョウノカヤ ヤツブサガヤ） 市・指定 長野市松代町
ハチノス状風化岩（ハチノスジョウフウカガン） 市・指定 長野市鬼無里（P26）
日影向斜の向斜軸（ヒカゲコウシャノコウシャジク） 市・指定 長野市鬼無里
樋知大神社境内のお種池及び社叢と湿性植物群落（ヒジリダイジンジャケイダイノオタネイケオヨビシャソウトシッセイショクブツグンラク） 市・指定 長野市大岡
深谷沢の蜂の巣状風化岩（フカヤザワノハチノスジョウフウカガン） 県・指定 長野市鬼無里（P26）
古沢家のイチイ（フルサワケノイチイ） 市・指定 長野市上ケ屋
真島のクワ（マシマノクワ） 県・指定 長野市真島町（P24）
皆神山のクロサンショウウオ産卵池（ミナカミヤマノクロサンショウウオサンランチ） 市・指定 長野市松代町
南浦のイチイ（ミナミウラノイチイ） 市・指定 長野市鬼無里
峯のヒメコマツ（ミネノヒメコマツ） 市・指定 長野市鬼無里
明徳寺のヒキガエル産卵池（メイトクジノヒキガエルサンランチ） 市・指定 長野市松代町
百舌原のカスミザクラ（モズハラノカスミザクラ） 市・指定 長野市広瀬
百舌原のシナノキ（モズハラノシナノキ） 市・指定 長野市広瀬
矢沢家のヒムロ（ヤザワケノヒムロ） 市・指定 長野市松代町
山穂刈のクジラ化石（ヤマホカリノクジラカセキ） 県・指定 長野市信州新町（P25）
湯福神社のケヤキ（ユブクジンジャノケヤキ） 市・指定 長野市箱清水（P29）
余五将軍駒つなぎのイチイ（ヨゴショウグンコマツナギノイチイ） 市・指定 長野市山田
吉田のイチョウ（ヨシダノイチョウ） 市・指定 長野市吉田（P29）
漣痕（リップルマーク）（レンコン リップルマーク） 市・指定 長野市鬼無里

（13）千曲市
天皇子神社のケヤキ（アマオウジジンジャノケヤキ） 市・指定 千曲市寂蒔（P30）
天坂の柊（アマサカノヒイラギ） 市・指定 千曲市新山
漆原の柏（ウルシバラノカシワ） 市・指定 千曲市新山
漆原のくまの水木（ウルシバラノクマノミズキ） 市・指定 千曲市新山
お稲荷様のケヤキ（オイナリサマノケヤキ） 市・指定 千曲市森（P31）
姨捨長楽寺の桂ノ木（オバステチョウラクジノカツラノキ） 市・指定 千曲市八幡（P31）
柏王の大カシワ（カシオノオオカシワ） 市・指定 千曲市戸倉（P31）
見性寺のタラヨウ（ケンショウジノタラヨウ） 市・指定 千曲市新山（P30）
三本木神社の欅（サンボンギジンジャノケヤキ） 市・指定 千曲市上山田
清水の榎（シミズノエノキ） 市・指定 千曲市新山
セツブンソウ群生地（セツブンソウグンセイチ） 市・指定 千曲市戸倉、千曲市倉科（P31）
武水別神社社叢（タケミズワケジンジャシャソウ） 県・指定 千曲市八幡（P30）
智識寺寺叢（チシキジジソウ） 市・指定 千曲市上山田
天狗のマツ（テングノマツ） 市・指定 千曲市戸倉（P31）
中原のりんご国光原木（ナカハラノリンゴコッコウゲンボク） 市・指定 千曲市八幡
ハコネサンショウウオ棲息地（ハコネサンショウウオセイソクチ） 市・指定 千曲市新山
水上布奈山神社のクヌギ（ミズカミフナヤマジンジャノクヌギ） 市・指定 千曲市戸倉
明徳寺の大スギ（メイトクジノオオスギ） 市・指定 千曲市羽尾（P31）

（14）小川村
上野のお流れ桜（ウエノノオナガレザクラ） 村・指定 小川村長久保
小根山の杉の大木（オネヤマノスギノタイボク） 村・指定 小川村小根山（P32）
上北尾の夫婦松（カミキタオノメオトマツ） 村・指定 小川村瀬戸川
沢の宮の大杉（サワノミヤノオオスギ） 村・指定 小川村瀬戸川（P32）
下北尾のオハツキイチョウ（シモキタオノオハツキイチョウ） 県・指定 小川村瀬戸川（P32）
白地の大栃（シロジノオオトチ） 村・指定 小川村瀬戸川（P32）
立屋の桜（タテヤノサクラ） 村・指定 小川村表立屋（P32）
日の御子桜（ヒノミコザクラ） 村・指定 小川村小根山
薬師洞窟と石仏群（ヤクシドウクツトセキブツグン） 村・指定 小川村稲丘

（15）坂城町
北日名のカヤ（キタヒナノカヤ） 町・指定 坂城町坂城（P33）
胡桃沢化石群（クルミザワカセキグン） 町・指定 坂城町上平（P33）
小泉、下塩尻及び南条の岩鼻（コイズミ シモシオジリオヨビミナミジョウノイワバナ） 県・指定 上田市小泉ほか、坂城町南条（P33）
耕雲寺杉並木（コウウンジスギナミキ） 町・指定 坂城町南条（P33）

【東信・上小地域】
（16）上田市
愛染カツラ（アイゼンカツラ） 市・指定 上田市別所温泉（P36）
四阿山の的岩（アズマヤサンノマトイワ） 国・指定 上田市菅平高原（P34）
穴沢弾正塚の一本松（アナザワダンジョウツカノイッポンマツ） 市・指定 上田市真田町（P37）
石割りのアオナシ（イシワリノアオナシ） 市・指定 上田市菅平高原（P37）
出早雄神社社叢（イズハヤオジンジャシャソウ） 市・指定 上田市真田町
岩谷堂エドヒガン（イワヤドウエドヒガン） 市・指定 上田市御嶽堂（P36）
大笹街道のシナノキ群（オオザサカイドウノシナノキグン） 市・指定 上田市菅平高原
大日向の二形カエデ（オオヒナタノフタガタカエデ） 市・指定 上田市真田町
大布施のヒガンザクラ（オオフセノヒガンザクラ） 市・指定 上田市武石
大星神社社叢（オオボシジンジャシャソウ） 市・指定 上田市中央北
大宮諏訪神社のサワラの木（オオミヤスワジンジャノサワラノキ） 市・指定 上田市下武石
桑の木（クワノキ） 市・指定 上田市材木町
小泉、下塩尻及び南条の岩鼻（コイズミ シモシオジリオヨビミナミジョウノイワバナ） 県・指定 上田市小泉ほか、坂城町南条（P35）
小泉のシナノイルカ（コイズミノシナノイルカ） 県・指定 上田市小泉（P35）
高仙寺参道並木（コウセンジサンドウナミキ） 市・指定 上田市小泉
駒形神社のトチの木（コマガタジンジャノトチノキ） 市・指定 上田市武石
科野大宮社社叢（シナノオオミヤシャシャソウ） 市・指定 上田市常田
信広寺のシダレザクラ（シンコウジノシダレザクラ） 市・指定 上田市下武石
菅平口の枕状溶岩（スガダイラグチノマクラジョウヨウガン） 市・指定 上田市菅平高原
菅平湿原のクロサンショウウオ（スガダイラシツゲンノクロサンショウウオ） 市・指定 上田市菅平高原（P37）
菅平のツキヌキソウ自生地（スガダイラノツキヌキソウジセイチ） 県・指定 上田市真田町
前山寺参道並木（ゼンサンジサンドウナミキ） 市・指定 上田市前山（P36）
大六のけやき（ダイロクノケヤキ） 市・指定 上田市古安曽（P35）
ちがい石の産地（チガイイシノサンチ） 市・指定 上田市前山
天神宮のケヤキ（テンジングウノケヤキ） 市・指定 上田市岩下（P36）
ナンジャモンジャの木（ナンジャモンジャノキ） 市・指定 上田市虚空蔵山（P37）
西内のシダレグリ自生地（ニシウチノシダレグリジセイチ） 国・指定 上田市平井（P35）
ニホンオオカミの頭骨（ニホンオオカミノトウコツ） 市・指定 上田市大手（P37）
番匠のカツラ（バンジョウノカツラ） 市・指定 上田市真田町
東内のシダレエノキ（ヒガシウチノシダレエノキ） 国・指定 上田市東内（P34）
武石（ブセキ） 市・指定 上田市下武石
枕状熔岩露出地（マクラジョウヨウガンロシュツチ） 市・指定 上田市東内
マダラヤンマ及びその生息地（マダラヤンマオヨビソノセイソクチ） 市・指定

上田市富士山ほか
南方荒野ビャクシン（ミナミガタアラヤビャクシン） 市・指定 上田市塩川
山家神社社叢（ヤマガジンジャシャソウ） 市・指定 上田市真田町
緑簾石（リョクレンセキ） 市・指定 上田市武石

(17) 東御市
アケボノゾウ化石羽毛山標本群第１個体第２個体（アケボノゾウカセキハケヤマヒョウホングンダイイチコタイダイニコタイ） 市・指定 東御市八重原
オオルリシジミ（オオルリシジミ） 市・指定 東御市内一帯（P39）
片羽八幡水（カタハハチマンスイ） 市・指定 東御市滋野
黒槐の木（クロエンジュノキ） 市・指定 東御市島川原
滋野稲荷神社の皂莢（シゲノイナリジンジャノサイカチ） 市・指定 東御市滋野
白鳥神社社叢（シラトリジンジャシャソウ） 市・指定 東御市本海野（P39）
大神宮の大桜（ダイジングウノオオザクラ） 市・指定 東御市加沢
東御市羽毛山・加沢産アケボノゾウ化石群（トウミシハケヤマ カザワサンアケボノゾウカセキグン） 県・指定 東御市大日向（P38）
トキ剥製（トキハクセイ） 市・指定 東御市海善寺（P39）
八間石（ハチケンイシ） 市・指定 東御市祢津（P38）
針ノ木沢湧水（ハリノキザワユウスイ） 市・指定 東御市県
宮ノ入のカヤ（ミヤノイリノカヤ） 県・指定 東御市祢津（P38）

(18) 青木村
阿鳥川の甌穴（アトリガワのオウケツ） 村・指定 青木村当郷
阿鳥川神社のしだれ桜（アトリガワジンジャノシダレサクラ） 村・指定 青木村当郷（P40）
沓掛温泉の野生里芋（クツカケオンセンノヤセイサトイモ） 県・指定 青木村沓掛（P40）
光明寺跡の「熊野杉」（コウミョウジアトノ クマノスギ） 村・指定 青木村中挾（P40）
西禅寺の「榧」（サイゼンジノ カヤ） 村・指定 青木村田沢
滝山連山ブナ群落（タキヤマレンザンブナグンラク） 村・指定 青木村奈良本
大法寺「榧」（ダイホウジ カヤ） 村・指定 青木村当郷（P40）
馬場市神社の「欅」（バッパイチガミシャノ ケヤキ） 村・指定 青木村中村
日吉神社の「大杉」（ヒヨシジンジャノ オオスギ） 村･指定 青木村殿戸（P40）

(19) 長和町
大枝垂桜（オオシダレザクラ） 町・指定 長和町和田（P41）
カヤの木（カヤノキ） 町・指定 長和町和田（P41）
ツキヌキソウ（ツキヌキソウ） 町・指定 長和町大門（P41）

【東信・佐久地域】
(20) 小諸市
コモロスミレ（コモロスミレ） 市・指定 小諸市荒町（P42）
テングノムギメシ産地（テングノムギメシサンチ） 国・指定 小諸市甲（P42）
マダラヤンマ（マダラヤンマ） 市・指定 小諸市市（P42）

(21) 御代田町
アサマシジミ（アサマシジミ） 町・指定 御代田町
浅間山のアツモリソウ（アサマヤマノアツモリソウ） 町・指定 御代田町
大池・雨池の植物群落（オオイケ アマイケノショクブツグンラク） 町・指定 御代田町
久能のヤマボウシ（クノウノヤマボウシ） 町・指定 御代田町豊昇（P43）
真楽寺の寺叢（シンラクジノジソウ） 町・指定 御代田町塩野（P43）
真楽寺の神代杉（シンラクジノジンダイスギ） 町・指定 御代田町塩野（P43）
天狗の露地（テングノロジ） 町・指定 御代田町塩野
長倉・諏訪神社の社叢（ナガクラ スワジンジャノシャソウ） 町・指定 御代田町御代田（P43）
梨沢のイチイ（ナシザワノイチイ） 町・指定 御代田町豊昇（P43）
梨沢のサワラ（ナシザワノサワラ） 町・指定 御代田町豊昇（P43）
普賢寺の二本杉（フゲンジノニホンスギ） 町・指定 御代田町塩野
宝珠院のアカマツ（ホウシュインノアカマツ） 町・指定 御代田町御代田（P43）
宝珠院のシダレザクラ（ホウシュインノシダレザクラ） 町・指定 御代田町御代田
ミヤマトサミズキ（ミヤマトサミズキ） 町・指定 御代田町塩野
御代田のヒカリゴケ（ミヨタノヒカリゴケ） 県・指定 御代田町御代田

(22) 佐久市
入沢風穴（イリサワフウケツ） 市・指定 佐久市入沢
岩村田ヒカリゴケ産地（イワムラダヒカリゴケサンチ） 国・指定 佐久市岩村田（P44）
臼田トンネル産の古型マンモス化石（ウスダトンネルサンノコケイマンモスカセキ） 県・指定 佐久市中込（P44）
王城のケヤキ（オウジョウノケヤキ） 県・指定 佐久市岩村田（P45）
大井家のエドヒガン（オオイケノエドヒガン） 市・指定 佐久市協和（P45）
お神明の三本松（オシンメイノサンボンマツ） 市・指定 佐久市上小田切
小野山家のエドヒガン（オノヤマケノエドヒガン） 市・指定 佐久市春日
勝手神社のケヤキの木（カッテジンジャノケヤキノキ） 市・指定 佐久市御馬寄
黒沢家コナラ（クロサワケコナラ） 市・指定 佐久市湯原（P45）
児落場峠天然カラマツ（コオチバトウゲテンネンカラマツ） 市・指定 佐久市入沢
関所破りの桜（セキショヤブリノサクラ） 市・指定 佐久市甲（P45）
チョウゲンボウ（チョウゲンボウ） 市・指定 佐久市伴野
野沢町の女男木（ノザワマチノメオトギ） 市・指定 佐久市野沢（P45）
白山神社イチイの古樹（ハクサンジンジャイチイノコジュ） 市・指定 佐久市常和
広川原の洞穴群（ヒロガワラノドウケツグン） 県・指定 佐久市田口（P44）
福王寺のヒイラギ（フクオウジノヒイラギ） 市・指定 佐久市協和
山の神のコナラ群（ヤマノカミノコナラグン） 市・指定 佐久市春日
蓮華寺のスギ（レンゲジノスギ） 市・指定 佐久市春日（P45）

(23) 軽井沢町
甌穴（オウケツ） 町・指定 軽井沢町長倉
遠近宮社叢（オチコチグウシャソウ） 町・指定 軽井沢町長倉（P46）
風越鷲穴半自然草原（カザコシワシアナハンシゼンソウゲン） 町・指定 軽井沢町発地
熊野皇大神社のシナノキ（クマノコウタイジンジャノシナノキ） 県・指定 軽井沢町峠町（P46）
諏訪神社社叢（スワジンジャシャソウ） 町・指定 軽井沢町軽井沢（P46）
長倉神社社叢（ナガクラジンジャシャソウ） 町・指定 軽井沢町長倉（P46）
長倉のハナヒョウタンボク群落（ナガクラノハナヒョウタンボクグンラク） 県・指定 軽井沢町長倉（P46）

(24) 立科町
笠取峠のマツ並木（カサトリトウゲノマツナミキ） 県・指定 立科町芦田ほか（P47）
神代杉（ジンダイスギ） 町・指定 立科町芦田（P47）
天狗松（テングマツ） 町・指定 立科町芦田（P47）

(25) 北相木村
イチイの木（イチイノキ） 村・指定 北相木村宮ノ平（P48）
下新井のメグスリノキ（シモアライノメグスリノキ） 県･指定 北相木村下方（P48）

(26) 南相木村
なし

(27) 佐久穂町
一里塚の榎（イチリヅカノエノキ） 町・指定 佐久穂町畑（P49）
臼石（ウスイシ） 町・指定 佐久穂町大日向（P49）
神代杉（カミヨスギ） 町・指定 佐久穂町畑（P49）
川海苔（カワノリ） 町・指定 佐久穂町大日向
駒出池キャンプ場のツキヌキソウ（コマデイケキャンプジョウノツキヌキソウ） 町・指定 佐久穂町八郡（P49）
象の歯の化石（ゾウノハノカセキ） 町・指定 佐久穂町
光り苔（ヒカリゴケ） 町・指定 佐久穂町余地

(28) 川上村
アカマツ（アカマツ） 村・指定 川上村川端下
アズサバラモミ（アズサバラモミ） 村・指定 川上村梓山
イシナシ（イシナシ） 村・指定 川上村樋沢
イヌザクラ（イヌザクラ） 村・指定 川上村御所平
川上犬（カワカミケン） 県・指定 川上村（P50）
サワラ（サワラ） 村・指定 川上村原
湿地性植物群生地（シッチセイショクブツグンセイチ） 村・指定 川上村樋沢
杉（スギ） 村・指定 川上村御所平
住吉神社の樹林叢（スミヨシジンジャノジュリンソウ） 村・指定 川上村原（P51）
天然カラマツ（テンネンカラマツ） 村・指定 川上村原
トチ（トチ） 村・指定 川上村秋山
ナラ原生林（ナラゲンセイリン） 村・指定 川上村居倉
ネズミサシの生垣（ネズミサシノイケガキ） 村・指定 川上村御所平（P51）
樋沢のヒメバラモミ（ヒサワノヒメバラモミ） 県・指定 川上村樋沢（P50）
ヒメコマツ（ヒメコマツ） 村・指定 川上村樋沢
リンキ（リンキ） 村・指定 川上村秋山

(29) 小海町
大久保の栃の木（オオクボノトチノキ） 町・指定 小海町小海（P51）
山の神のサラサドウダン群落（ヤマノカミノサラサドウダングンラク） 県・指定 小海町豊里（P51）

(30) 南牧村
海尻の姫小松（ウミジリノヒメコマツ） 県・指定 南牧村海尻（P52）
さかさ柏（サカサカシワ） 村・指定 南牧村平沢（P52）
枝垂栗（シダレグリ） 村・指定 南牧村平沢
ナウマンゾウの歯（ナウマンゾウノハ） 村・指定 南牧村野辺山
八ヶ岳キバナシャクナゲ自生地（ヤツガタケキバナシャクナゲジセイチ） 国・指定 南牧村海ノ口（P52）

【中信・大北地域】
(31) 小谷村
宇宮諏訪神社社叢（アザミヤスワジンジャシャソウ） 村・指定 小谷村北小谷
石原白山社大杉（イシハラハクサンシャオオスギ） 県・指定 小谷村中土（P53）
大宮諏訪神社社叢（オオミヤスワジンジャシャソウ） 村・指定 小谷村中土
オクチョウジザクラ群落（オクチョウジザクラグンラク） 村・指定 小谷村北小谷（P53）
恐竜の足跡化石（キョウリュウノアシアトカセキ） 県・指定 小谷村千国乙（P53）
ギフチョウ・ヒメギフチョウ（ギフチョウ ヒメギフチョウ） 村・指定 小谷村
黒川諏訪神社社叢（クロカワスワジンジャシャソウ） 村・指定 小谷村千国乙
クロシジミ（クロシジミ） 村・指定 小谷村小谷
乳房の木（ハリギリ）（チブサノキ ハリギリ） 村・指定 小谷村北小谷
栂池のコメツガ（ツガイケノコメツガ） 村・指定 小谷村千国乙（P53）
土谷諏訪神社腰掛杉（ツチヤスワジンジャコシカケスギ） 村・指定 小谷村中土（P53）

(32) 大町市
一本木神社のカシワ（イッポンギジンジャノカシワ） 市・指定 大町市常盤
居谷里湿原（イヤリシツゲン） 県・指定 大町市大町（P54）
海の口のアカマツ（カサマツ）（ウミノクチノアカマツ カサマツ） 市・指定 大町市平（P57）
大倉のイチイ（オオクラノイチイ） 市・指定 大町市美麻
大塩のイヌ桜（オオシオノイヌザクラ） 県・指定 大町市美麻（P55）
大町市のカワシンジュガイ（オオマチシノカワシンジュガイ） 市・指定 大町市
大町市のキザキコミズシタダミ（オオマチシノキザキコミズシタダミ） 市・指定 大町市平（木崎湖・中綱湖）
大町市のヌマカイメン（オオマチシノヌマカイメン） 市・指定 大町市
大町市のカワシンジュガイ生息地（オオマチノカワシンジュガイセイソクチ） 県・指定 大町市平、大町市大町（P56）
オオヤマザクラ（オオヤマザクラ） 市・指定 大町市平
市立大町山岳博物館のトキ標本（シリツオオマチサンガクハクブツカンノトキヒョウホン） 市・指定 大町市大町
姿見池のマメシジミ（スガタミノイケノマメシジミ） 市・指定 大町市平
須沼薬師堂のカツラ（スヌマヤクシドウノカツラ） 市・指定 大町市常盤（P56）
高瀬川の基盤岩（タカセガワノキバンガン） 市・指定 大町市常盤
高瀬渓谷の噴湯丘と球状石灰石（タカセケイコクノフントウキュウトキュウジョウセッカイセキ） 国・指定 大町市平（P54）
高根町曽根田のエドヒガン（タカネマチソネダノエドヒガン） 市・指定 大町市大町（P57）
大黒町追分のシダレザクラ（ダイコクチョウオイワケノシダレザクラ） 市・指定 大町市大町（P56）
中シマのモリアオガエル繁殖地（ナカシマノモリアオガエルハンショクチ） 市・指定 大町市平
長野県大町高等学校のトキ標本（ナガノケンオオマチコウトウガッコウノトキヒョウホン） 市・指定 大町市大町
仁科神明宮社叢（ニシナシンメイグウシャソウ） 県・指定 大町市社（P55）
西山城山のエドヒガン（ニシヤマジョウヤマノエドヒガン） 市・指定 大町市常盤
西山西原のイチイ（ニシヤマニシハラノイチイ） 市・指定 大町市常盤
若一王子神社社叢（ニャクイチオウジジンジャシャソウ） 県・指定 大町市大町（P55）
水上神社の大杉（ミズカミジンジャノオオスギ） 市・指定 大町市美麻（P57）
三日町若宮八幡宮のヒノキ（ミッカマチワカミヤハチマングウノヒノキ） 市・指定 大町市大町
霊松寺のオハツキイチョウ（レイショウジノオハツキイチョウ） 市・指定 大町市大町（P56）
若栗のアオナシ（ワカグリノアオナシ） 市・指定 大町市美麻（P56）

(33) 白馬村
親海湿原姫川源流植物帯（オヨミシツゲンヒメカワゲンリュウショクブツタイ） 村・指定 白馬村神城（P60）
神城断層（カミシロダンソウ） 村・指定 白馬村北城
クロサンショウウオ生息地（クロサンショウウオセイソクチ） 村・指定 白馬村神城
白馬連山の高山植物帯（シロウマレンザンノコウザンショクブツタイ） 国・指定 白馬村北城（P58）
長谷寺の老杉群（チョウコクジノロウスギグン） 村・指定 白馬村神城（P60）
貞麟寺の枝垂れ桜（テイリンジノシダレザクラ） 村・指定 白馬村神城（P60）
ハクバサンショウウオ（ハクバサンショウウオ） 村・指定 白馬村北城
ハッチョウトンボ・アオイトトンボ・キイトトンボ（ハッチョウトンボ アオイトトンボ キイトトンボ） 村・指定 白馬村北城
八方尾根鎌池湿原（ハッポウオネカマイケシツゲン） 村・指定 白馬村北城（P59）
八方尾根高山植物帯（ハッポウオネコウザンショクブツタイ） 県・指定 白馬村北城（P59）
八方薬師堂の江戸彼岸桜（ハッポウヤクシドウノエドヒガンザクラ） 村・指定 白馬村北城（P60）
ヒメギフチョウ・ギフチョウ（ヒメギフチョウ ギフチョウ） 村・指定 白馬村一円（P59）
深空十郎様の大山桜（フカソラジュウロウサマノオオヤマザクラ） 村・指定 白馬村北城
細野諏訪神社の大杉（ホソノスワジンジャノオオスギ） 村・指定 白馬村北城
嶺方のクリとイチイ（ミネカタノクリトイチイ） 村・指定 白馬村北城
嶺方堀田の大山桜（ミネカタホッタノオオヤマザクラ） 村・指定 白馬村北城
嶺方諏訪社の老杉群（ミネガタスワシャノロウサングン） 村・指定 白馬村北城（P60）

(34) 松川村
川西の一本松（カワニシノイッポンマツ） 村・指定 松川村（P61）
桜沢のさくら（サクラザワノサクラ） 村・指定 松川村（P61）

(35) 池田町
渋田見城山の落葉松（シブタミジョウヤマノカラマツ） 町・指定 池田町会染（P61）
成就院のしだれ桜（ジョウジュインノシダレザクラ） 町・指定 池田町広津（P61）
菅ノ田の姫杉（スゲノタノヒメスギ） 町・指定 池田町広津（P61）

【中信・松本地域】
(36) 筑北村
安坂の一本杉（アザカノイッポンスギ） 村・指定 筑北村坂井（P63）
四阿屋山ぶな原生林（アズマヤサンブナゲンセイリン） 村・指定 筑北村坂井（P62）
大欅（オオケヤキ） 村・指定 筑北村東条（P62）
刈谷沢神明宮社叢（カリヤサワシンメイグウシャソウ） 村・指定 筑北村坂北（P63）
刈谷沢長者原の皀莢（カリヤサワチョウジャハラノサイカチ） 村・指定 筑北村坂北（P63）
坂井の千本杉（サカイノセンボンスギ） 村・指定 筑北村坂井
杉崎の枝垂ひがん桜（スギサキノシダレヒガンザクラ） 村・指定 筑北村坂井（P62）
大日堂樅（ダイニチドウモミ） 村・指定 筑北村坂北（P62）
中村神明宮大欅（ナカムラシンメイグウオオケヤキ） 村・指定 筑北村坂北（P62）
南谷沢大栃（ミナミヤサワオオトチ） 村・指定 筑北村坂北

(37) 麻績村
神明宮の大杉（シンメイグウノオオスギ） 村・指定 麻績村麻（P63）

(38) 生坂村
大日向神社の社叢（オオヒナタジンジャノシャソウ） 村・指定 生坂村東広津
観音様のスギ（カンノンサマノスギ） 村・指定 生坂村草尾
観音堂のイチョウ（カンノンドウノイチョウ） 村・指定 生坂村
下生野五社宮社叢（シモイクノゴシャグウシャソウ） 村・指定 生坂村（P64）
平七社のケヤキ（タイラシチシャノケヤキ） 村・指定 生坂村（P64）
平畑峰の二本松（タイラバタケミネノニホンマツ） 村・指定 生坂村小立野
乳房イチョウ（チブサイチョウ） 県・指定 生坂村（P64）
日置神社社叢（ヒキジンジャシャソウ） 村・指定 生坂村（P64）
ひばり桜（ヒバリザクラ） 村・指定 生坂村（P64）
万平松並木（マンダイラマツナミキ） 村・指定 生坂村上生坂
宮ノ原神明宮の社叢（ミヤノハラシンメイグウノシャソウ） 村・指定 生坂村昭津

(39) 安曇野市
大室のシダレヒガンの巨木（オオムロノシダレヒガンノキョボク） 市・指定 安曇野市三郷
上鳥羽のとげなし栗（カミトバノトゲナシクリ） 市・指定 安曇野市豊科
旧温明小学校跡のヒマラヤスギ・ユリノキ（キュウオンメイショウガッコウアトノヒマラヤスギ ユリノキ） 市・指定 安曇野市三郷（P67）
旧淨心寺跡のクロマツ・カヤ・イチョウ（キュウジョウシンジアトノクロマツ カヤ イチョウ） 市・指定 安曇野市三郷
熊倉のケショウヤナギ（クマグラノケショウヤナギ） 市・指定 安曇野市豊科
小泉金井氏氏神のコノテガシワ（コイズミカナイシウジガミノコノテガシワ） 市・指定 安曇野市明科
小芹荒神社のケヤキ（コゼリコウジンシャノケヤキ） 市・指定 安曇野市明科
小日向のクヌギ（コビナタノクヌギ） 市・指定 安曇野市明科（P66）
塩川原天狗社のケヤキ（シオガワラテングシャノケヤキ） 市・指定 安曇野市明科
正福寺の杉（ショウフクジノスギ） 市・指定 安曇野市穂高（P65）
住吉神社御神木「ヒノキ」（スミヨシジンジャゴシンボク ヒノキ） 市・指定 安曇野市三郷（P66）
住吉神社の社叢（スミヨシジンジャノシャソウ） 市・指定 安曇野市三郷（P66）
田沢神明宮社叢（タザワシンメイグウシャソウ） 市・指定 安曇野市豊科（P67）
田沢山の巨大礫（タザワヤマノキョダイレキ） 市・指定 安曇野市豊科（P67）
寺所の山桑の古木（テラドコノヤマグワノコボク） 市・指定 安曇野市豊科
等々力家のビャクシン（トドリキケノビャクシン） 市・指定 安曇野市穂高（P66）
中曽根のオオシマザクラ（ナカソネノオオシマザクラ） 市・指定 安曇野市豊科
中房温泉の膠状珪酸および珪華（ナカブサオンセンノコウジョウケイサンオヨビケイカ） 国・指定 安曇野市穂高（P65）
一日市場西の桑の大樹（ヒトイチバニシノクワノタイジュ） 市・指定 安曇野市三郷
一日市場東の桑の大樹（ヒトイチバヒガシノクワノタイジュ） 市・指定 安曇野市三郷
穂高神社大門の欅（ホタカジンジャダイモンノケヤキ） 市・指定 安曇野市穂高（P67）
穂高神社若宮西の欅（ホタカジンジャワカミヤニシノケヤキ） 市・指定 安曇野市穂高（P67）
本村の大シダレザクラ（ホンムラノオオシダレザクラ） 市・指定 安曇野市豊科（P66）
南小倉古原のカスミザクラ（ミナミオグラコバラノカスミザクラ） 市・指定 安曇野市三郷
南小倉のシダレヒガンの巨木（ミナミオグラノシダレヒガンノキョボク） 市・指定 安曇野市三郷（P66）
矢原社宮地のマユミ（ヤバラシャグウチノマユミ） 市・指定 安曇野市穂高
吉野荒井堂の大銀杏（ヨシノアライドウノオオイチョウ） 市・指定 安曇野市豊科（P67）
吉野熊野権現神社のビャクシン並びにツルマサキ（ヨシノクマノゴンゲンジンジャノビャクシンナラビニツルマサキ） 市・指定 安曇野市豊科
吉野神社のシダレヒノキ（ヨシノジンジャノシダレヒノキ） 市・指定 安曇野市豊科

(40) 松本市
赤怒田のフクジュソウ群生地（アカヌタノフクジュソウグンセイチ） 市・指定 松本市赤怒田（P73）
梓川のモミ（アズサガワノモミ） 県・指定 松本市梓川（P72）
穴沢のクジラ化石（アナザワノクジラカセキ） 県・指定 松本市取出（P71）
アロデスムス頭骨の化石（アロデスムストウコツノカセキ） 市・指定 松本市七嵐
安養寺のコウヤマキ（アンヨウジノコウヤマキ） 市・指定 松本市波田
安養寺の三本スギ（アンヨウジノサンボンスギ） 市・指定 松本市波田
安養寺のシダレザクラ（アンヨウジノシダレザクラ） 市・指定 松本市波田（P73）
伊和神社のケヤキ群（イワジンジャノケヤキグン） 市・指定 松本市惣社
イワテヤマナシ（イワテヤマナシ） 市・指定 松本市波田
内田のカキ（ウチダノカキ） 市・指定 松本市内田
内田のケヤキ（ウチダノケヤキ） 市・指定 松本市内田（P74）
追平のシダレグリ（オイダイラノシダレグリ） 市・指定 松本市奈川
大型鰭脚類の陰茎骨化石（オオガタキキャクルイノインケイコツカセキ） 市・指定 松本市七嵐
大野田のフジキ（オオノタノフジキ） 県・指定 松本市安曇（P72）
岡田神社旧参道のケヤキ（オカダジンジャキュウサンドウノケヤキ） 市・指定 松本市岡田（P74）
上高地（カミコウチ） 国・指定 松本市安曇（P68）
カラカサスギ（カラカサスギ） 市・指定 松本市波田
金松寺山のシダレカラマツ（キンショウジヤマノシダレカラマツ） 市・指定 松本市梓川、松本市有林
古池氏の屋敷林（コイケシノヤシキリン） 市・指定 松本市今井
廣澤寺参道のケヤキ並木（コウタクジサンドウノケヤキナミキ） 市・指定 松本市里山辺
牛伏寺のカラマツ（ゴフクジノカラマツ） 市・指定 松本市内田（P75）
牛伏寺ブナ林（ゴフクジブナリン） 市・指定 松本市内田
シナノトド化石（シナノトドカセキ） 県・指定 松本市七嵐（P71）
社宮祠のシダレヒガンザクラ（シャグジノシダレヒガンザクラ） 市・指定 松本市五常
白骨温泉の噴湯丘と球状石灰石（シラホネオンセンノフントウキュウトキュウジョウセッカイセキ） 国・指定 松本市安曇（P71）
常楽寺のコウヤマキ（ジョウラクジノコウヤマキ） 市・指定 松本市内田
千手のイチョウ（センゾノイチョウ） 県・指定 松本市入山辺（P73）
反町のマッコウクジラ全身骨格化石（ソリマチノマッコウクジラゼンシンコッカクカセキ） 県・指定 松本市七嵐（P71）
長命寺跡のモミ（チョウメイジアトノモミ） 市・指定 松本市七嵐
槻井泉神社の湧泉とケヤキ（ツキイズミジンジャノユウセントケヤキ） 市・指定 松本市清水（P75）
殿野入春日社のスギ（トノノイリカスガシャノスギ） 市・指定 松本市殿野入

中塔のツガ（ナカトウノツガ） 市・指定 松本市梓川
中村のカヤ（ナカムラノカヤ） 市・指定 松本市入山辺（*P75*）
奈川のゴマシジミ（ナガワノゴマシジミ） 市・指定 松本市奈川（*P73*）
七嵐のカツラ（ナナアラシノカツラ） 市・指定 松本市七嵐
西牧家祝殿のビャクシン（ニシマキケイワイデンノビャクシン） 市・指定 松本市新村
入山の御殿桜（ニュウヤマノゴテンザクラ） 市・指定 松本市奈川
入山のトチの群生（ニュウヤマノトチノグンセイ） 市・指定 松本市奈川
波田小学校のアカマツ林（ハタショウガッコウノアカマツリン） 市・指定 松本市波田（*P74*）
波多神社のコナラ（ハタジンジャノコナラ） 市・指定 松本市波田（*P74*）
八幡宮鞠子社のメグスリノキ（ハチマングウマリコシャノメグスリノキ） 県・指定 松本市梓川（*P72*）
東方のビャクシン（ヒガシカタノビャクシン） 市・指定 松本市島内
東北山のイチイ（ヒガシキタヤマノイチイ） 市・指定 松本市五常
三ツ岩（ミツイワ） 市・指定 松本市波田
矢久のアカマツ（ヤキュウノアカマツ） 市・指定 松本市中川
矢久のカヤ（ヤキュウノカヤ） 県・指定 松本市中川（*P72*）
横川の大イチョウ（ヨコカワノオオイチョウ） 県・指定 松本市中川（*P72*）
芳川のタキソジューム（ヨシカワノタキソジューム） 市・指定 松本市村井（*P75*）
和田萩原家のコウヤマキ（ワダハギワラケノコウヤマキ） 市・指定 松本市和田（*P75*）

（41）山形村

アララギ（アララギ） 村・指定 山形村（*P76*）
池ノ戸カタクリ群生地（イケノトカタクリグンセイチ） 村・指定 山形村池の戸
小坂諏訪社のケヤキ（オサカスワシャノケヤキ） 村・指定 山形村（*P76*）
旧酒屋のカヤ（キュウサカヤノカヤ） 村・指定 山形村（*P76*）
椹清水座禅草群生地（サワラシミズザゼンソウグンセイチ） 村・指定 山形村本沢
枝垂桜（シダレザクラ） 村・指定 山形村（*P76*）
地蔵様のアカマツ（ジゾウサマノアカマツ） 村・指定 東筑摩郡山形村
宗福寺のコウヤマキ（ソウフクジノコウヤマキ） 村・指定 山形村（*P76*）
建部社のサワラ（タテベシャノサワラ） 村・指定 山形村（*P76*）

（42）朝日村

熱田神社のケヤキ（アツタジンジャノケヤキ） 村・指定 朝日村針尾（*P77*）
上條氏のカヤ（カミジョウシノカヤ） 村・指定 朝日村古見（*P77*）
古川寺周辺のカタクリの群生（コセンジシュウヘンノカタクリノグンセイ） 村・指定 朝日村古見（*P77*）
古川寺周辺のヒメギフチョウ（コセンジシュウヘンノヒメギフチョウ） 村・指定 朝日村古見
斉藤氏共同墓地のシダレザクラ（サイトウシキョウドウボチノシダレザクラ） 村・指定 朝日村古見（*P77*）
親明神のミズナラ（チカミョウジンノミズナラ） 村・指定 朝日村西洗馬
中村氏のハナノキ（ナカムラシノハナノキ） 村・指定 朝日村西洗馬（*P77*）
西洗馬外山沢のカタクリ群生（ニシセバトヤマザワノカタクリグンセイ） 村・指定 朝日村西洗馬
野俣沢のヒメギフチョウ（ノマタザワノヒメギフチョウ） 村・指定 朝日村
八幡神社のカツラ（ハチマンジンジャノカツラ） 村・指定 朝日村古見（*P77*）
薬師堂のカヤ（ヤクシドウノカヤ） 村・指定 朝日村小野沢

（43）塩尻市

相吉のシダレグリ自生地（アイヨシノシダレグリジセイ） 市・指定 塩尻市北小野
麻衣廼神社社叢（アサギヌノジンジャシャソウ） 市・指定 塩尻市贄川（*P79*）
飯綱稲荷神社樹叢（イイヅナイナリジンジャジュソウ） 市・指定 塩尻市洗馬
池生神社社叢（イケオイジンジャシャソウ） 市・指定 塩尻市宗賀
釜の沢マルバノキ自生地（カマノサワマルバノキジセイチ） 市・指定 塩尻市宗賀
権兵衛峠のカラマツ（ゴンベエトウゲノカラマツ） 市・指定 塩尻市奈良井（*P79*）
鎮神社社叢（シズメジンジャシャソウ） 市・指定 塩尻市奈良井（*P79*）
下西条のウラジロモミ大樹群（シモニシジョウノウラジロモミタイジュグン） 市・指定 塩尻市下西条
諏訪神社社叢（スワジンジャシャソウ） 市・指定 塩尻市木曽平沢（*P79*）
東漸寺のシダレザクラ（トウゼンジノシダレザクラ） 市・指定 塩尻市洗馬（*P78*）
床尾神社のアサダ大木群（トコオジンジャノアサダタイボクグン） 市・指定 塩尻市宗賀（*P79*）
贄川のトチ（ニエカワノトチ） 県・指定 塩尻市贄川（*P78*）
矢彦小野神社社叢（ヤヒコオノジンジャシャソウ） 県・指定 塩尻市北小野、辰野町小野（*P78*）

【中信・木曽地域】

（44）木祖村

大平のシダレグリ（オオダイラノシダレグリ） 村・指定 木祖村菅（*P80*）
菅のエドヒガン（スゲノエドヒガン） 村・指定 木祖村菅（*P80*）
田ノ上のシダレザクラ（タノウエノシダレザクラ） 村・指定 木祖村小木曽（*P80*）
天降社のオオモミジ（テンコウシャノオオモミジ） 村・指定 木祖村藪原（*P80*）
鳥居峠のトチノキ群（トリイトウゲノトチノキグン） 村・指定 木祖村藪原（*P80*）
ハッチョウトンボとその生息地（ハッチョウトンボトソノセイソクチ） 村・指定 木祖村小木曽
花ノ木のハナノキ（ハナノキノハナノキ） 村・指定 木祖村小木曽
ヒメギフチョウとその生息地（ヒメギフチョウトソノセイソクチ） 村・指定 木祖村藪原

（45）木曽町

井原のこぶし（イハラノコブシ） 町・指定 木曽町三岳
小島のエドヒガンザクラ（オジマノエドヒガンザクラ） 町・指定 木曽町三岳（*P81*）
木曽馬（キソウマ） 県・指定 木曽町開田高原（*P81*）
九蔵のチャートの褶曲（クゾウノチャートノシュウキョク） 町・指定 木曽町開田高原（*P82*）
熊野神社のシバタカエデ（クマノジンジャノシバタカエデ） 町・指定 木曽町開田高原（*P82*）
小坂のエドヒガンザクラ（コザカノエドヒガンザクラ） 町・指定 木曽町三岳（*P81*）
地蔵峠の縁結びの木（ジゾウトウゲノエンムスビノキ） 町・指定 木曽町開田高原（*P82*）
八幡宮の社叢（ハチマングウノシャソウ） 町・指定 木曽町三岳
本社のとちのき（ホンシャノトチノキ） 町・指定 木曽町三岳
三岳のブッポウソウ繁殖地（ミタケノブッポウソウハンショクチ） 国・指定 木曽町三岳（*P81*）
山吹山の欅群落（ヤマブキヤマノケヤキグンラク） 町・指定 木曽町日義
若宮のさわら（ワカミヤノサワラ） 町・指定 木曽町三岳

（46）王滝村

八王子神社の社叢（ハチオウジジンジャノシャソウ） 村・指定 王滝村（*P82*）
鳳泉寺の枝垂櫻（ホウセンジノシダレザクラ） 村・指定 王滝村（*P82*）

（47）上松町

桂の木（寝覚）（カツラノキ ネザメ） 町・指定 上松町上松（*P83*）
カヤの木（大畑１）（カヤノキ オオハタ１） 町・指定 上松町小川（*P84*）
カヤの木（大畑２）（カヤノキ オオハタ２） 町・指定 上松町小川（*P84*）
カヤの木（大畑３）（カヤノキ オオハタ３） 町・指定 上松町小川（*P84*）
カヤの木（野口）（カヤノキ ノグチ） 町・指定 上松町小川
黒松（クロマツ） 町・指定 上松町上松（*P83*）
しだれ桜（金毘羅様）（シダレザクラ コンピラサマ） 町・指定 上松町上松
しだれ桜（新田墓地）（シダレザクラ シンデンボチ） 町・指定 上松町上松（*P83*）
しだれ桜（天神様）（シダレザクラ テンジンサマ） 町・指定 上松町上松（*P83*）
栃の木（大木）（トチノキ オオキ） 町・指定 上松町小川（*P84*）
リュウキュウツツジ（リュウキュウツツジ） 町・指定 上松町小川（*P83*）

（48）大桑村

アラガシ（アラガシ） 村・指定 大桑村殿（*P85*）

イチョウ（イチョウ） 村・指定 大桑村野尻（*P85*）
伊奈川神社社叢（イナガワジンジャシャソウ） 村・指定 大桑村長野（*P85*）
エドヒガン（エドヒガン） 村・指定 大桑村須原（*P85*）
カヤ（カヤ） 村・指定 大桑村長野
コウヤマキ（コウヤマキ） 村・指定 大桑村野尻（*P85*）
シダレザクラ（シダレザクラ） 村・指定 大桑村長野
スギ（スギ） 村・指定 大桑村須原（*P84*）
スギ（スギ） 村・指定 大桑村須原（*P84*）
須佐男神社社叢（スサノオジンジャシャソウ） 村・指定 大桑村野尻（*P85*）
タラヨウ（タラヨウ） 村・指定 大桑村殿（*P85*）
チャンチン（チャンチン） 村・指定 大桑村野尻（*P85*）
ハナノキ群生地（ハナノキグンセイチ） 村・指定 大桑村長野
ムクロジ（ムクロジ） 村・指定 大桑村野尻（*P85*）

（49）南木曽町

一石栃の枝垂桜（イチコクトチノシダレザクラ） 町・指定 南木曽町吾妻（*P87*）
柿其八幡様のアカシデと社叢（カキゾレハチマンサマノアカシデトシャソウ） 町・指定 南木曽町読書（*P87*）
坪川の銀杏（ツボカワノイチョウ） 町・指定 木曽町田立（*P87*）
妻籠のギンモクセイ（ツマゴノギンモクセイ） 県・指定 南木曽町吾妻（*P86*）
天白のつつじ群落（テンパクノツツジグンラク） 町・指定 南木曽町読書（*P86*）
槙平のガヤの木（マキダイラノガヤノキ） 町・指定 南木曽町田立（*P86*）
三留野本陣の枝垂梅（ミドノホンジンノシダレウメ） 町・指定 南木曽町読書（*P87*）
八剣神社の大杉（ヤツルギジンジャノオオスギ） 町・指定 南木曽町読書（*P86*）
与川白山神社の大杉（ヨガワハクサンジンジャノオオスギ） 町・指定 南木曽町読書（*P87*）
与川白山神社の社叢（ヨガワハクサンジンジャノシャソウ） 町・指定 南木曽町読書（*P87*）
和合のアラガシ（ワゴウノアラガシ） 町・指定 南木曽町読書
和合の枝垂梅（ワゴウノシダレウメ） 町・指定 南木曽町読書

【南信・諏訪地域】

（50）岡谷市

育恩堂のシダレザクラ（イクオンドウノシダレザクラ） 市・指定 岡谷市山手町（*P90*）
出早雄小萩神社の社叢（イズハヤオコハギジンジャノシャソウ） 市・指定 岡谷市長地（*P90*）
今井家のカキノキ（イマイケノカキノキ） 市・指定 岡谷市今井
今井家のカツラ（イマイケノカツラ） 市・指定 岡谷市今井
小井川賀茂神社のハリギリ（オイカワカモジンジャノハリギリ） 市・指定 岡谷市加茂町（*P88*）
岡谷唐櫃石古墳ヒカリゴケ（オカヤカロウトイシコフンヒカリゴケ） 市・指定 岡谷市長地（*P90*）
小口賀茂神社のアオナシ（オグチカモジンジャノアオナシ） 市・指定 岡谷市銀座（*P89*）
小坂観音院の寺叢（オサカカンノンインノジソウ） 市・指定 岡谷市湊
小坂観音院のブッポウソウ繁殖地（オサカカンノンインノブッポウソウハンショクチ） 市・指定 岡谷市湊
小坂観音院柏槙の大樹（オサカカンノンインビャクシンノタイジュ） 市・指定 岡谷市湊（*P89*）
小坂中村地籍のシダレザクラ（オサカナカムラチセキノシダレザクラ） 市・指定 岡谷市湊（*P88*）
神の木（カミノキ） 市・指定 岡谷市長地（*P89*）
駒沢諏訪社のケンポナシ（コマザワスワシャノケンポナシ） 市・指定 岡谷市川岸東（*P90*）
駒沢諏訪社のサワラ（コマザワスワシャノサワラ） 市・指定 岡谷市川岸東（*P90*）
鎮社のサワラ（シズメシャノサワラ） 市・指定 岡谷市長地（*P89*）
昌福寺のシダレザクラの大樹（ショウフクジノシダレザクラノタイジュ） 市・指定 岡谷市川岸東（*P90*）
毘沙門堂のスギ（ビシャモンドウノスギ） 市・指定 岡谷市川岸西（*P89*）
船魂社のシダレザクラ（フナタマシャノシダレザクラ） 市・指定 岡谷市湊（*P88*）

（51）下諏訪町

霧ヶ峰湿原植物群落（キリガミネシツゲンショクブツグンラク） 国・指定 諏訪市四賀、下諏訪町（*P91*）
諏訪大社下社秋宮社叢（スワタイシャシモシャアキミヤシャソウ） 町・指定 下諏訪町上久保
諏訪大社下社春宮社叢（スワタイシャシモシャハルミヤシャソウ） 町・指定 下諏訪町大門
高木のしだれ桜（タカキノシダレサクラ） 町・指定 下諏訪町（*P91*）
武居桜（タケイザクラ） 町・指定 下諏訪町武居（*P91*）
天桂松（テンケイノマツ） 町・指定 下諏訪町東町
専女の欅（トウメノケヤキ） 町・指定 下諏訪町上久保

（52）諏訪市

秋葉山ミツバツツジ群落（アキバヤマミツバツツジグンラク） 市・指定 諏訪市湖南
大祝家のイチョウ（オオホウリケノイチョウ） 市・指定 諏訪市中洲
温泉寺のシダレザクラ（オンセンジノシダレザクラ） 市・指定 諏訪市湯の脇（*P93*）
霧ヶ峰湿原植物群落（キリガミネシツゲンショクブツグンラク） 国・指定 諏訪市四賀、下諏訪町（*P93*）
江音寺シダレヤナギ（コウインジシダレヤナギ） 市・指定 諏訪市豊田（*P95*）
五本スギ（ゴホンスギ） 市・指定 諏訪市中洲（*P94*）
先の宮のケヤキ（サキノミヤノケヤキ） 市・指定 諏訪市大和（*P94*）
地蔵院のカツラ（ジゾウインノカツラ） 市・指定 諏訪市四賀
諏訪大社上社境内の社叢（スワタイシャカミシャケイダイノシャソウ） 市・指定 諏訪市中洲
諏訪大社上社社叢（スワタイシャカミシャシャソウ） 県・指定 諏訪市中洲
高島城のキハダ（タカシマジョウノキハダ） 市・指定 諏訪市高島
高島城のフジ（タカシマジョウノフジ） 市・指定 諏訪市高島（*P94*）
貞松院のシダレザクラ（テイショウインノシダレザクラ） 市・指定 諏訪市諏訪（*P93*）
手長の森（テナガノモリ） 市・指定 諏訪市上諏訪（*P95*）
天狗山イチイ（テングヤマイチイ） 市・指定 諏訪市中洲（*P95*）
天狗山のトチノキ（テングヤマノトチノキ） 市・指定 諏訪市中洲（*P95*）
中金子第六天のケヤキ（ナカガネコダイロクテンノケヤキ） 市・指定 諏訪市中洲（*P94*）
仏法寺イチョウ（ブッポウジイチョウ） 市・指定 諏訪市四賀（*P95*）
真志野峠のミズメ樹叢（マジノトウゲノミズメジュソウ） 市・指定 諏訪市湖南
宮之脇のカヤ（ミヤノワキノカヤ） 市・指定 諏訪市中洲（*P94*）
吉田のマツ（ヨシダノマツ） 市・指定 諏訪市諏訪

（53）茅野市

傘松（カラカサマツ） 市・指定 茅野市宮川（*P97*）
笹原のシダレヤナギ（ササハラノシダレヤナギ） 市・指定 茅野市湖東（*P97*）
神長官邸のみさく神境内社叢（ジンチョウカンテイノミサクジンケイダイシャソウ） 市・指定 茅野市宮川（*P97*）
下菅沢の祖霊桜（シモスゲサワノソレイザクラ） 市・指定 茅野市豊平（*P96*）
達屋酢蔵神社境内社叢（タツヤスクラジンジャケイダイシャソウ） 市・指定 茅野市ちの（*P97*）
だいもんじ・亀石周辺のカタクリの群生（ダイモンジ カメイシシュウヘンノカタクリノグンセイ） 市・指定 茅野市宮川
長円寺のセンダンバノボダイジュ（チョウエンジノセンダンバノボダイジュ） 市・指定 茅野市玉川（*P96*）
中道の神明宮のサワラ（ナカミチノシンメイグウノサワラ） 市・指定 茅野市泉野
中村の二本松（ナカムラノニホンマツ） 市・指定 茅野市湖東（*P97*）
古御堂の枝垂桜（フルミドウノシダレザクラ） 市・指定 茅野市玉川

峰たたえのイヌザクラ（ミネタタエノイヌザクラ） 市・指定 茅野市宮川（*P96*）
頼岳寺山門前杉並木（ライガクジサンモンマエスギナミキ） 市・指定 茅野市ちの（*P96*）

（54）富士見町

池袋の椿（イケノフクロノツバキ） 町・指定 富士見町境（*P98*）
大泉水源の樹林（オオイズミスイゲンノジュリン） 町・指定 富士見町境（*P98*）
川除古木（カワヨケコボク） 町・指定 富士見町落合（*P99*）
敬冠院境内付近の樹木（ケイカンインケイダイフキンノジュモク） 町・指定 富士見町落合（*P99*）
神戸八幡社の欅（ゴウドハチマンシャノケヤキ） 町・指定 富士見町富士見（*P99*）
高森観音堂の枝垂桜（タカモリカンノンドウノシダレザクラ） 町・指定 富士見町境（*P98*）
とちの木の風除林（トチノキノカザヨケバヤシ） 町・指定 富士見町富士見
ナウマンゾウの臼歯化石（ナウマンゾウノキュウシカセキ） 町・指定 富士見町境
入笠湿原（ニュウカサシツゲン） 町・指定 富士見町入笠山（*P98*）

（55）原村

からかさまつ（カラカサマツ） 村・指定 原村菖蒲沢（*P99*）
津島社の大藤（ツシマシャノオオフジ） 村・指定 原村中新田（*P99*）
道祖神の桜（ドウソジンノサクラ） 村・指定 原村八ツ手
ひめばらもみ（ヒメバラモミ） 村・指定 原村払沢（*P99*）

【南信・上伊那地域】

（56）辰野町

岩花のコウヤマキ（イワハナノコウヤマキ） 町・指定 辰野町沢底
浦の沢のトチノキ（ウラノサワノトチノキ） 町・指定 辰野町横川
小野のシダレグリ自生地（オノノシダレグリジセイチ） 国・指定 辰野町小野（*P100*）
上辰野のヒカリゴケ（カミタツノノヒカリゴケ） 町・指定 辰野町辰野
木地師の墓とヒノキ（キジシノハカトヒノキ） 町・指定 辰野町横川
熊野諏訪神社のトチノキ社叢（クマノスワジンジャノトチノキシャソウ） 町・指定 辰野町小野（*P101*）
原牛の臼歯化石（ゲンギュウノキュウシカセキ） 県・指定 辰野町樋口（*P100*）
荒神山のヒカリゴケ（コウジンヤマノヒカリゴケ） 町・指定 辰野町樋口
古城のケヤキ（コジョウノケヤキ） 町・指定 辰野町平出（*P101*）
御陵塚とサワラ（ゴリョウヅカトサワラ） 町・指定 辰野町平出
宿ノ平のサイカチ（シュクノタイラノサイカチ） 町・指定 辰野町伊那宿（*P101*）
辰野のホタル発生地（タツノノホタルハッセイチ） 県・指定 辰野町辰野（*P101*）
宮ノ原神明宮のケンポナシ（ミヤノハラシンメイグウノケンポナシ） 町・指定 辰野町小野
明光寺のシダレザクラ（ミョウコウジノシダレザクラ） 町・指定 辰野町伊那富
矢彦小野神社社叢（ヤヒコオノジンジャシャソウ） 県・指定 塩尻市北小野、辰野町小野（*P101*）
横川の蛇石（ヨコカワノジャイシ） 国・指定 辰野町横川（*P100*）

（57）箕輪町

大出のカツラ（オオイデノカツラ） 町・指定 箕輪町中箕輪
大南のカヤ（オオミナミノカヤ） 町・指定 箕輪町中箕輪（*P103*）
木ノ下のケヤキ（キノシタノケヤキ） 県・指定 箕輪町中箕輪（*P102*）
下古田のヒカリゴケ（シモフルタノヒカリゴケ） 町・指定 箕輪町中箕輪
下古田白山神社社叢（シモフルタハクサンジンジャシャソウ） 町・指定 箕輪町中箕輪（*P103*）
高橋神社のエノキ（タカハシジンジャノエノキ） 町・指定 箕輪町中箕輪（*P103*）
中曽根のエドヒガン（ナカゾネノエドヒガン） 県・指定 箕輪町中曽根（*P102*）
長岡新田熊倉沢鐘乳洞（ナガオカシンデンクマクラザワショウニュウドウ） 町・指定 箕輪町東箕輪
普済寺庭園及び寺叢（フサイジテイエンオヨビジソウ） 町・指定 箕輪町東箕輪（*P103*）
三日町のコナラ（ミッカマチノコナラ） 町・指定 箕輪町三日町
三日町のマツ（ミッカマチノマツ） 町・指定 箕輪町三日町（*P102*）
南小河内のカヤ（ミナミオゴチノカヤ） 町・指定 箕輪町東箕輪（*P103*）
箕輪南宮神社社叢（ミノワナングウジンジャシャソウ） 町・指定 箕輪町中箕輪
箕輪古田神社のモミ（ミノワフルタジンジャノモミ） 町・指定 箕輪町中箕輪（*P103*）

（58）南箕輪村

エドヒガン桜（エドヒガンザクラ） 村・指定 南箕輪村（*P104*）
恩徳寺大銀杏（オントクジオオイチョウ） 村・指定 南箕輪村（*P104*）
コウヤマキ（コウヤマキ） 村・指定 南箕輪村（*P104*）
殿村八幡宮社叢（トノムラハチマングウシャソウ） 村・指定 南箕輪村（*P104*）

（59）伊那市

市野瀬古城址・城山の松（イチノセコジョウシ・ジョウヤマノマツ） 市・指定 伊那市長谷市野瀬
円座松（エンザマツ） 市・指定 伊那市長谷非持（*P107*）
上新山宮下のサワラ（カミニュウヤマミヤシタノサワラ） 市・指定 伊那市富県（*P107*）
久保田のアカマツ（クボタノアカマツ） 市・指定 伊那市富県（*P107*）
桑田薬師堂の枝垂桜・香時計（クワダヤクシドウノシダレザクラ コウドケイ） 市・指定 伊那市長谷溝口（*P107*）
白沢のクリ（シラサワノクリ） 県・指定 伊那市西春近（*P106*）
神明社荒神社合殿のケヤキ（シンメイシャコウジンシャゴウデンノケヤキ） 市・指定 伊那市狐島（*P106*）
高烏谷のマツハダ（タカズヤノマツハダ） 市・指定 伊那市富県（*P107*）
高遠のコヒガンザクラ樹林（タカトオノコヒガンザクラジュリン） 県・指定 伊那市高遠町東高遠（*P105*）
タマサキフジ（タマサキフジ） 市・指定 伊那市富県
仲仙寺周辺の植物群落（チュウセンジシュウヘンノショクブツグンラク） 市・指定 伊那市西箕輪
トリアシカエデ（トリアシカエデ） 市・指定 伊那市高遠町藤沢
伯先桜（ハクセンザクラ） 市・指定 伊那市西町（*P106*）
前平のサワラ（マエヒラノサワラ） 県・指定 伊那市西箕輪（*P105*）
溝口のカラカサ松（ミゾクチノカラカサマツ） 市・指定 伊那市長谷溝口（*P107*）
ヤエヤマツツジ（ヤエヤマツツジ） 市・指定 伊那市富県
薬師堂のシダレザクラ（ヤクシドウノシダレザクラ） 市・指定 伊那市富県（*P106*）
山寺の白山社八幡社合殿のケヤキ（ヤマデラノハクサンシャハチマンシャゴウデンノケヤキ） 市・指定 伊那市山寺（*P106*）

（60）宮田村

北割の榧の木（キタワリノカヤノキ） 村・指定 宮田村北割（*P108*）
新田の栗の木（シンデンノクリノキ） 村・指定 宮田村新田（*P108*）
中央アルプス駒ヶ岳（チュウオウアルプスコマガタケ） 県・指定 宮田村、駒ヶ根市赤穂（*P108, 109*）
中越の榧の木（ナカコシノカヤノキ） 村・指定 宮田村中越（*P108*）

（61）駒ヶ根市

コウヤマキ（コウヤマキ） 市・指定 駒ヶ根市下平（*P110*）
高烏谷神社社叢（タカズヤジンジャシャソウ） 県・指定 駒ヶ根市東伊那（*P110*）
中央アルプス駒ヶ岳（チュウオウアルプスコマガタケ） 県・指定 宮田村、駒ヶ根市赤穂（*P109, 110*）
中山上の森（ナカヤマカミノモリ） 市・指定 駒ヶ根市中沢（*P110*）
火山峠芭蕉の松（ヒヤマトウゲバショウノマツ） 市・指定 駒ヶ根市東伊那（*P110*）

（62）飯島町

御嶽山のマツ並木（オンタケヤマノマツナミキ） 町・指定 飯島町飯島（*P111*）
慈福院のシダレザクラ（ジフクインノシダレザクラ） 町・指定 飯島町七久保
西岸寺のカヤ（セイガンジノカヤ） 町・指定 飯島町本郷（*P111*）
遠山八幡社のヤマフジ（トオヤマハチマンシャノヤマフジ） 町・指定 飯島町飯

島（P111）
宝光山座禅岩（ホウコウサンザゼンイワ） 町・指定 飯島町七久保
南羽場のシラカシ（ミナミハバノシラカシ） 県・指定 飯島町本郷（P111）

（63）中川村
石神の松（イシガミノマツ） 村・指定 中川村大草（P112）
ウチョウラン（ウチョウラン） 村・指定 中川村小渋川
中西の桜（ナカニシノサクラ） 村・指定 中川村片桐（P112）
丸尾のブナ（マルオノブナ） 村・指定 中川村大草（P112）

【南信・飯伊地域】
（64）松川町
池の平湿地帯（イケノタイラシッチタイ） 町・指定 松川町大島
円通庵の枝垂れ桜（エンツウアンノシダレサクラ） 町・指定 松川町大島（P113）
円満坊のエドヒガンザクラ（エンマンボウノエドヒガンザクラ） 町・指定 松川町生田（P113）
大洲七椙神社社叢（オオシマナナスギジンジャシャソウ） 町・指定 松川町元大島（P114）
コブシ（コブシ） 町・指定 松川町（P114）
ツツザキヤマジノギク（ツツザキヤマジノギク） 町・指定 松川町各所（P113）
御射山神社の枝垂れ桜（ミサヤマジンジャノシダレサクラ） 町・指定 松川町上片桐（P113）
ミヤマトサミズキ（ミヤマトサミズキ） 町・指定 松川町生田（P114）

（65）高森町
一本杉（夫婦杉）（イッポンスギ メオトスギ） 町・指定 高森町上市田（P115）
牛牧神社の大杉（ウシマキジンジャノオオスギ） 町・指定 高森町牛牧（P115）
光明寺の黒松（コウミョウジノクロマツ） 町・指定 高森町山吹（P115）
下市田のヒイラギ（シモイチダノヒイラギ） 県・指定 高森町下市田（P114）
高森南小学校のソメイヨシノ（タカモリミナミショウガッコウノソメイヨシノ） 町・指定 高森町下市田（P114）
橋都家墓地の槙の木と枝垂桜（ハシズメケボチノマキノキトシダレザクラ） 町・指定 高森町下市田（P115）

（66）豊丘村
大栃の木（オオトチノキ） 村・指定 豊丘村鬼面山（P116）
クダザキ（ツツザキ）ヤマジノギク（クダザキ（ツツザキ）ヤマジノギク） 村・指定 豊丘村（P116）
笹見平しだれ桜（ササミダイラシダレザクラ） 村・指定 豊丘村河野（P116）
野田平コブシの群生林（ノタノヒラコブシノグンセイリン） 村・指定 豊丘村野田平（P116）
ミヤマトサミズキ（ミヤマトサミズキ） 村・指定 豊丘村（P116）

（67）喬木村
氏乗のシダレザクラ（ウジノリノシダレザクラ） 村・指定 喬木村（P117）
球状花崗岩（キュウジョウカコウガン） 村・指定 喬木村（P117）
毛無山の球状花こう岩（ケナシヤマノキュウジョウカコウガン） 県・指定 喬木村（P117）

（68）飯田市
愛宕神社の清秀桜（アタゴジンジャノセイシュウザクラ） 市・指定 飯田市愛宕町（P120）
阿弥陀寺のシダレザクラ（アミダジノシダレザクラ） 市・指定 飯田市丸山町
飯田城桜丸のイスノキ（イイダジョウサクラノマルノイスノキ） 県・指定 飯田市追手町（P118）
黄梅院の紅しだれ桜（オウバイインノベニシダレザクラ） 市・指定 飯田市江戸町
長姫のエドヒガン（オサヒメノエドヒガン） 県・指定 飯田市追手町（P118）
麻績の里舞台桜（オミノサトブタイザクラ） 市・指定 飯田市座光寺（P120）
風折のエノキ（カザオレノエノキ） 市・指定 飯田市上村（P122）
風越山山頂のブナ林・ミズナラ・イワウチワ等の自生地及び花崗岩露頭（カザコシヤマサンチョウノブナバヤシ ミズナラ イワウチワトウノジセイチオヨビカコウガンロトウ） 市・指定 飯田市上飯田
風越山のベニマンサクの自生地（カザコシヤマノベニマンサクノジセイチ） 県・指定 飯田市上飯田（P119）
鼎一色の大杉（カナエイッシキノオオスギ） 市・指定 飯田市鼎一色（P121）
川路のネズミサシ（カワジノネズミサシ） 県・指定 飯田市川路（P118）
ギフチョウ（ギフチョウ） 市・指定 飯田市全域
毛賀くよとのシダレザクラ（ケガクヨトノシダレザクラ） 市・指定 飯田市毛賀（P120）
嵯峨坂ざぜん草自生地（サガサカザゼンソウジセイチ） 市・指定 飯田市下久堅
正永寺原の公孫樹（ショウエイジバラノイチョウ） 市・指定 飯田市正永町（P121）
浅間塚の一本杉（センゲンヅカノイッポンスギ） 市・指定 飯田市上郷黒田
龍江大屋敷のイワテヤマナシ（タツエオオヤシキノイワテヤマナシ） 市・指定 飯田市龍江（P121）
立石の雄スギ雌スギ（タテイシノオスギメスギ） 県・指定 飯田市立石（P119）
千代のアベマキ（チヨノアベマキ） 市・指定 飯田市千代（P122）
遠山川の埋没林と埋没樹（トオヤマガワノマイボツリントマイボツジュ） 市・指定 飯田市南信濃
遠山土佐守一族墓碑裏方杉の木（トオヤマトサノカミイチゾクボヒウラカタスギノキ） 市・指定 飯田市南信濃（P122）
鳥屋同志のカヤの木（トリヤドウシノカヤノキ） 市・指定 飯田市大瀬木（P121）
羽場の大柊（ハバノオオヒイラギ） 市・指定 飯田市羽場町
丸山の早生赤梨（マルヤマノワセアカナシ） 市・指定 飯田市滝の沢（P122）
万古の栃の木（マンゴノトチノキ） 市・指定 飯田市千代（P122）
水佐代獅子塚のエドヒガン（ミサジロシシヅカノエドヒガン） 市・指定 飯田市松尾（P120）
三石の甌穴群（ミツイシノオウケツグン） 県・指定 飯田市下久堅（P119）
モリアオガエルの繁殖地（モリアオガエルノハンショクチ） 県・指定 飯田市上郷（P121）
山本のハナノキ（ヤマモトノハナノキ） 県・指定 飯田市山本（P119）
立石寺前のシダレザクラ（リッシャクジマエノシダレザクラ） 市・指定 飯田市立石

（69）大鹿村
塩泉（エンセン） 村・指定 大鹿村鹿塩（P123）
大鹿村の中央構造線北川露頭・安康露頭（オオシカムラノチュウオウコウゾウセンキタガワロトウ アンコウロトウ） 国・指定 北川露頭：大鹿村鹿塩、安康露頭：大鹿村大河原（P123）
樫の木（カシノキ） 村・指定 大鹿村鹿塩（P124）
逆公孫樹（サカサイチョウ） 村・指定 大鹿村鹿塩（P124）
ひめまつはだ（ヒメマツハダ） 村・指定 大鹿村大河原（P124）
矢立木の椹（ヤタテギノサワラ） 村・指定 大鹿村鹿塩
夜泣き松（ヨナキマツ） 県・指定 大鹿村鹿塩河合（P123）

（70）阿智村
あおいの桜（アオイノサクラ） 村・指定 阿智村浪合（P126）
赤休みの小楢（アカヤスミノコナラ） 村・指定 阿智村清内路
阿智の大栗（アチノオオグリ） 村・指定 阿智村伍和（P127）
安布知神社のさかき（アフチジンジャノサカキ） 村・指定 阿智村駒場
安布知神社のひいらぎ（アフチジンジャノヒイラギ） 村・指定 阿智村駒場（P126）
伊賀良神社の参道並木（イガラジンジャノサンドウナミキ） 村・指定 阿智村伍和（P127）
市の沢の彼岸桜（イチノサワノヒガンザクラ） 村・指定 阿智村駒場
春日神社のこうようざん（カスガジンジャノコウヨウザン） 村・指定 阿智村春日
上清内路諏訪神社の夫婦杉（カミセイナイジスワジンジャメオトスギ） 村・指定 阿智村清内路
黒船桜（クロフネザクラ） 村・指定 阿智村清内路（P125）
小黒川のミズナラ（コグロカワノミズナラ） 国・指定 阿智村清内路（P125）
駒つなぎの桜（コマツナギノサクラ） 村・指定 阿智村智里（P126）
御所桜（ゴショザクラ） 村・指定 阿智村浪合（P126）

※市町村別一覧はP145から始まります

城坂のやまなし（ジョウザカノヤマナシ） 村・指定 阿智村駒場
清南寺の夫婦桜（セイナンジノメオトザクラ） 村・指定 阿智村清内路
説教所の大桜（セッキョウジョノオオザクラ） 村・指定 阿智村清内路（*P125*）
中関の大杉（ナカゼキノオオスギ） 村・指定 阿智村春日（*P126*）
ひょうたん梨（ヒョウタンナシ） 村・指定 阿智村清内路
平瀬の稲荷の森（ヒラセノイナリノモリ） 村・指定 阿智村清内路
松沢のアセビ（あせぼ）（マツザワノアセビ アセボ） 村・指定 阿智村清内路
神坂神社の栃の木群（ミサカジンジャノトチノキグン） 村・指定 阿智村智里
神坂神社の日本杉（ミサカジンジャノヤマトスギ） 村・指定 阿智村智里（*P126*）
ヤマボウシ（やまぐわ）（ヤマボウシ ヤマグワ） 村・指定 阿智村清内路

（71）下條村

大山田神社の大杉（オオヤマダジンジャノオオスギ） 村・指定 下條村陽皐（*P127*）
箒木（ハハキギ） 村・指定 下條村陽皐
吉岡城跡のサルスベリ（ヨシオカジョウアトノサルスベリ） 村・指定 下條村陽皐（*P127*）
龍嶽寺のいちい（リュウガクジノイチイ） 村・指定 下條村陽皐

（72）阿南町

公孫樹（コウソンジュ） 町・指定 阿南町新野（*P128*）
新野のハナノキ自生地（ニイノノハナノキジセイチ） 国・指定 阿南町新野（*P128*）
早稲田神社の大杉（ワセダジンジャノオオスギ） 町・指定 阿南町西條（*P128*）

（73）泰阜村

（泰阜の大クワ）（ヤスオカノオオクワ） 県・指定※平成30年指定解除 泰阜村（*P129*）

（74）平谷村

粒良岩（ツブライワ） 村・指定 平谷村鷹巣（*P129*）
栃の木（トチノキ） 村・指定 平谷村諏訪社前（*P129*）

（75）根羽村

池ノ平の亀甲岩（イケノタイラノカメノコウイワ） 村・指定 根羽村池之平（*P130*）
小戸名のハナノキ（オドナノハナノキ） 村・指定 根羽村小戸名
釜ヶ入の甌穴（カマガイリノオウケツ） 村・指定 根羽村桧原（*P130*）
月瀬の大スギ（ツキゼノオオスギ） 国・指定 根羽村月瀬（*P130*）
砦のイチイ（アララギ）（トリデノイチイ アララギ） 村・指定 根羽村取手（*P130*）
ネバタゴガエル（ネバタゴガエル） 村・指定 根羽村茶臼山高原（*P131*）
白山社のコウヤマキ（ハクサンシャノコウヤマキ） 村・指定 根羽村田島
離山の大ナラ（ハナレヤマノオオナラ） 村・指定 根羽村桧原
八柱神社の神代スギ（左側）（ヤハシラジンジャノカミヨスギ ヒダリガワ） 村・指定 根羽村万場瀬（*P131*）
八柱神社の神代スギ（右側）（ヤハシラジンジャノカミヨスギ ミギガワ） 村・指定 根羽村万場瀬（*P131*）
尹良社の大ブナ（ユキヨシシャノオオブナ） 村・指定 根羽村小栃

（76）売木村

大入のシダレザクラ（オオイリノシダレザクラ） 村・指定 売木村（*P131*）
観音堂の桜（カンノンドウノサクラ） 村・指定 売木村（*P131*）

（77）天龍村

お万様の墓お万様の藤（オマンサマノハカオマンサマノフジ） 村・指定 天龍村神原
観音様の大榧（カンノンサマノオオカヤ） 村・指定 天龍村平岡（*P132*）

本著掲載の天然記念物について

各天然記念物の説明について

本文カラーフォト・説明にて掲載いたしました各天然記念物の歴史やその年代、名称、所在地、樹齢・寸法等につきましては、公益財団法人八十二文化財団のウェブサイト『信州の文化財』内の「天然記念物」を基に、過去3年以内の現地確認、所有者・管理者・収蔵施設・保護保全団体のお話や現地の資料、及び各市町村教育委員会等の見解・補足情報を得て独自に、まとめたものです。

それらの歴史や樹齢・寸法等は計測時や計測法により、各資料に若干の違いがみられるものもありますが、本著は上記の資料見解を優先させていただきますので、ご了承ください。

本文不掲載の天然記念物について

国・県指定の天然記念物につきましては、極力ほぼすべてを本文に掲載いたしましたが、ごく一部は保護保全上・所有管理者の見解判断等により、掲載を見送ることといたしました。また、ごく近年において著しく存在が危惧され見学不可とされるような記念物も同様です。これらの詳細は、各市町村教育委員会にお問い合わせください。

指定解除、及び新規登録指定について

主に巨樹・老木等においては、経年経過による老衰や台風・雷・大雪等の天災、病害虫被害等により著しく現状が損なわれ、やむなく指定解除となる記念物が、年数件ほどあります。また、動物では生息環境の変化・個々の習性等により現状での確認が困難な記念物もみられます。

これらは市町村及び県教育委員会の文化財保護審議会の諮問・答申を経て指定解除される場合があります。

また、新たに高い価値が確認されたものは、市町村および県の文化財保護審議会の諮問・答申を経て指定変更や新規指定されます。

本著ではこれらを含め、平成30年10月31日現在での県下指定天然記念物を対象といたしました。

市町村の天然記念物リスト

本著記載の天然記念物リストは、公益財団法人八十二文化財団ウェブサイトの「信州の文化財検索」を基に、市町村教育委員会からの補足情報も得て、独自に集計しています（平成30年10月31日現在）。

各市町村のサイトに掲載されている文化財一覧や、指定・解除の現況と一致しない場合もあることをご了承ください。

(38)生坂村教育委員会　☎0263-69-2500(社会教育係)
〒399-7201 東筑摩郡生坂村6002-1

(39)安曇野市教育委員会　☎0263-71-2464(文化財保護係)
〒399-8281 安曇野市豊科6000

(40)松本市教育委員会　☎0263-34-3292(文化財課)
〒390-0874 松本市大手3-8-13

(41)山形村教育委員会　☎0263-98-3155(社会教育係)
〒390-1301 東筑摩郡山形村2040-1

(42)朝日村教育委員会　☎0263-99-4105(社会教育担当)
〒390-1104 東筑摩郡朝日村古見1555-1

(43)塩尻市教育委員会　☎0263-52-0280(文化財係)
〒399-0738 塩尻市大門七番町4-3

【中信・木曽地域】

(44)木祖村教育委員会　☎0264-36-3348(学校教育・文化財係)
〒399-6201 木曽郡木祖村薮原1191-1

(45)木曽町教育委員会　☎0264-23-2000(文化芸術係)
〒397-0001 木曽郡木曽町福島5129

(46)王滝村教育委員会　☎0264-48-2134(総務係)
〒397-0201 木曽郡王滝村2758-3

(47)上松町教育委員会　☎0264-52-2111(社会教育係)
〒399-5607 木曽郡上松町小川1706

(48)大桑村教育委員会　☎0264-55-1020(総務学校係)
〒399-5501 木曽郡大桑村殿1-24

(49)南木曽町教育委員会　☎0264-57-3335(文化財町並係)
〒399-5302 木曽郡南木曽町吾妻52-4

【南信・諏訪地域】

(50)岡谷市教育委員会　☎0266-22 5856(文化財担当)
〒394-0027 岡谷市中央町1-9-8 市立岡谷美術考古館

(51)下諏訪町教育委員会　☎0266-27-1627(町立諏訪湖博物館)
〒393-0033 諏訪郡下諏訪町西高木10616-111

(52)諏訪市教育委員会　☎0266-52-4141(生涯学習課文化財係)
〒392-0027 諏訪市湖岸通り5-12-18

(53)茅野市教育委員会　☎0266-76-2386(文化財係)
〒391-0213 茅野市豊平4734-132 尖石縄文考古館

(54)富士見町教育委員会　☎0266-64-2044(文化財係)
〒399-0101 諏訪郡富士見町境7053 井戸尻考古館

(55)原村教育委員会　☎0266-79-7930(文化財係)
〒391-0192 諏訪郡原村6549-1

【南信・上伊那地域】

(56)辰野町教育委員会　☎0266-41-1681(文化係)
〒399-0493 上伊那郡辰野町中央1

(57)箕輪町教育委員会　☎0265-79-4860(文化財係)
〒399-4601 上伊那郡箕輪町中箕輪10286-3

(58)南箕輪村教育委員会　☎0265-76-7007(社会教育係)
〒399-4592 上伊那郡南箕輪村4840-1

(59)伊那市教育委員会　☎0265-78-4111(生涯学習課文化財係)
〒396-8617 伊那市下新田3050

(60)宮田村教育委員会　☎0265-85-2314(生涯学習係)
〒399-4301 上伊那郡宮田村7021

(61)駒ヶ根市教育委員会　☎0265-83-2111(社会教育課)
〒399-4192 駒ヶ根市赤須町20-1

(62)飯島町教育委員会　☎0265-86-3111(生涯学習係)
〒399-3702 上伊那郡飯島町飯島2529

(63)中川村教育委員会　☎0265-88-1005(文化センター内社会教育係)
〒399-3802 上伊那郡中川村片桐4757

【南信・飯伊地域】

(64)松川町教育委員会　☎0265-34-0733(生涯学習課)
〒399-3303 下伊那郡松川町元大島3720

(65)高森町教育委員会　☎0265-35-9416(文化財保護係)
〒399-3193 下伊那郡高森町下市田2183-1

(66)豊丘村教育委員会　☎0265-35-9053(社会教育係)
〒399-3202 下伊那郡豊丘村神稲369

(67)喬木村教育委員会　☎0265-33-2002(社会教育係)
〒395-1107 下伊那郡喬木村6664

(68)飯田市教育委員会　☎0265-22-4511(生涯学習・スポーツ課)
〒395-8501 飯田市大久保町2534

(69)大鹿村教育委員会　☎0265-39-2100(社会教育係)
〒399-3502 下伊那郡大鹿村大河原391-2

(70)阿智村教育委員会　☎0265-43-2061(社会教育係)
〒395-0303 下伊那郡阿智村駒場468-1

(71)下條村教育委員会　☎0260-27-1050(教育係)
〒399-2101 下伊那郡下條村睦沢8413-1

(72)阿南町教育委員会　☎0260-22-2270(社会教育係)
〒399-1511 下伊那郡阿南町東條58-1

(73)泰阜村教育委員会　☎0260-26-2750
〒399-1895 下伊那郡泰阜村3236-1

(74)平谷村教育委員会　☎0265-48-2211
〒395-0601 下伊那郡平谷村354

(75)根羽村教育委員会　☎0265-49-2111(社会教育係)
〒395-0701 下伊那郡根羽村2131-1

(76)売木村教育委員会　☎0260-28-2677
〒399-1601 下伊那郡売木村915-2

(77)天龍村教育委員会　☎0260-32-3206(教育係)
〒399-1201 下伊那郡天龍村平岡1234-1

『信州の文化財』ウェブサイトについて

県下の市町村別天然記念物は、公益財団法人八十二文化財団のウェブサイト『信州の文化財』内の「天然記念物」で、その一覧と各物件概要を検索閲覧できます。

公益財団法人 八十二文化財団

住所：〒 380-0936　長野市岡田町 178-13(八十二別館内)
TEL：026-224-0511 ／ FAX：026-224-6452
https://www.82bunka.or.jp/bunkazai/index.php

※ご注意ください：すべての文化財が見学できるとは限りません。個人の敷地・宅地内も含まれ、申請が必要な場合もあります。見学の際は、事前に関連する教育委員会等へお問い合わせ下さい。

動植物などの天然記念物には衰退・消滅等により指定解除されるもの、また新たに指定されるものもあります。詳細は各市町村のウェブサイト等をご参照下さい。

天然記念物のお問い合わせ先

文化財の内容等詳細については下記の市町村教育委員会へ直接ご連絡ください。（平成 30 年 10 月 31 日現在）

長野県教育委員会 ☎026-235-7441（文化財・生涯学習課）
〒380-8570 長野市大字南長野字幅下692-2

【北信・北信地域】

(1)飯山市教育委員会 ☎0269-67-2030（文化財係）
〒389-2253 飯山市飯山1434-1

(2)山ノ内町教育委員会 ☎0269-33-1102（生涯学習係）
〒381-0498 下高井郡山ノ内町平穏3352-1

(3)野沢温泉村教育委員会 ☎0269-85-3115（生涯学習係）
〒389-2592 下高井郡野沢温泉村豊郷9817

(4)木島平村教育委員会 ☎0269-82-2041（生涯学習係）
〒389-2302 下高井郡木島平村上木島1762

(5)栄村教育委員会 ☎0269-87-2100（生涯学習係）
〒389-2703 下水内郡栄村堺9214-1

(6)中野市教育委員会 ☎0269-22-2111（生涯学習課）
〒383-3614 中野市三好町1-3-19

【北信・長野地域】

(7)須坂市教育委員会 ☎026-248-9027（生涯学習スポーツ課）
〒382-8511 須坂市須坂1528-1

(8)高山村教育委員会 ☎026-245-1100（生涯学習係）
〒382-8510 上高井郡高山村高井4972

(9)信濃町教育委員会 ☎026-258-2113（生涯学習係）
〒389-1303 上水内郡信濃町野尻303

(10)飯綱町教育委員会 ☎026-253-6646（生涯学習係）
〒389-1211 上水内郡飯綱町牟礼1188-1

(11)小布施町教育委員会 ☎026-214-9111（生涯学習係）
〒381-0297 上高井郡小布施町小布施1491-2

(12)長野市教育委員会 ☎026-224-7013（文化財課）
〒380-8512 長野市大字鶴賀緑町1613

(13)千曲市教育委員会 ☎026-261-3210（歴史文化財センター）
〒387-0012 千曲市大字桜堂268-1

(14)小川村教育委員会 ☎026-269-2270（郷土歴史館）
〒381-3302 上水内郡小川村高府9307

(15)坂城町教育委員会 ☎0268-82-1109（文化財係）
〒389-0601 埴科郡坂城町坂城6362-1

【東信・上小地域】

(16)上田市教育委員会 ☎0268-23-6362（生涯学習・文化財課）
〒386-0025 上田市天神1-8-1

(17)東御市教育委員会 ☎0268-75-2717（文化財係）
〒389-0592 東御市県288-4

(18)青木村教育委員会 ☎0268-49-2224
〒386-1601 小県郡青木村田沢3252

(19)長和町教育委員会 ☎0268-88-0030（長和の里歴史館）
〒386-0701 小県郡長和町和田147-3

【東信・佐久地域】

(20)小諸市教育委員会 ☎0267-22-1700（生涯学習課）
〒384-8501 小諸市相生町3-3-3

(21)御代田町教育委員会 ☎0267-32-8922（浅間縄文ミュージアム
〒389-0207 北佐久郡御代田町馬瀬口1901-1

(22)佐久市教育委員会 ☎0267-63-5321（文化振興課）
〒385-0051 佐久市中込2913

(23)軽井沢町教育委員会 ☎0267-45-8695（文化振興係）
〒389-0111 北佐久郡軽井沢町長倉2353-1

(24)立科町教育委員会 ☎0267-56-2311（社会教育課）
〒384-2305 北佐久郡立科町芦田2532

(25)北相木村教育委員会 ☎0267-77-2111
〒384-1201 南佐久郡北相木村2744

(26)南相木村教育委員会 ☎0267-78-2433
〒384-1211 南佐久郡南相木村4435

(27)佐久穂町教育委員会 ☎0267-86-2041（文化財・芸術係
〒384-0503 南佐久郡佐久穂町海瀬2570

(28)川上村教育委員会 ☎0267-97-2000（社会文化係）
〒384-1405 南佐久郡川上村大深山348-9

(29)小海町教育委員会 ☎0267-92-4391（生涯学習課）
〒384-1103 南佐久郡小海町豊里285 北牧楽集館

(30)南牧村教育委員会 ☎0267-96-2104（社会教育係）
〒384-1302 南佐久郡南牧村海ノ口1138-2

【中信・大北地域】

(31)小谷村教育委員会 ☎0261-82-2587(社会教育係）
〒399-9494 北安曇郡小谷村中小谷丙131

(32)大町市教育委員会 ☎0261-23-4760（文化財係）
〒398-0002 大町市大町4700

(33)白馬村教育委員会 ☎0261-85-0726（生涯学習スポーツ課
〒399-9393 北安曇郡白馬村北城7025

(34)松川村教育委員会 ☎0261-62-3366（学校教育課）
〒399-8501 北安曇郡松川村76-4 子ども未来センター「かがやき」

(35)池田町教育委員会 ☎0261-61-1430（学校総務係）
〒399-8601 北安曇郡池田町池田3180-1

【中信・松本地域】

(36)筑北村教育委員会 ☎0263-67-1161（生涯学習係）
〒399-7711 東筑摩郡筑北村坂井5687-2

(37)麻績村教育委員会 ☎0263-67-4858
〒399-7701 東筑摩郡麻績村麻3836

長野県の天然記念物

国の天然記念物は、昭和25年（1950）に制定された「文化財保護法」にもとづいて指定されています。また、県市町村は「文化財保護法」に順じた「文化財保護条例」を定めて、県市町村の天然記念物を指定しています。

学術上貴重で日本・県・市町村の自然等を記念する動物・植物・地質・鉱物等が対象となっています。また、動物の場合は生息地、繁殖地等、植物の場合は自生地、鉱物の場合は分布範囲等、一定の範囲を指定することもできます。人との歴史を通じて形成された自然も含まれます。

天然記念物は指定時の価値を保護するために、許可なく伐採や採集等の現状を変更することが制限されています。天然記念物を保護することは、地球や人と自然との営みの証を後世に継承する役目もあります。

広大で多様な自然を有する長野県は天然記念物の宝庫でもあります。

天然記念物を「見て、知る」ことは県民一人ひとりにとって、天然記念物という文化財を守ることへの第一歩となるのではないでしょうか。

［著者紹介］

《編・著》

栗田 貞多男（くりた・さだお）

1946 年、長野県長野市生まれ。蝶と山・川など自然を題材とした写真を撮り続けている。著書多数。『ゼフィルスの森』にて日本蝶類学会第３回江崎賞を受賞。クリエイティブセンター主宰。日本写真家協会、日本昆虫協会、日本蝶類科学学会会員。

現住所：〒 380-0802 長野県長野市上松３丁目 4-43-8
e-mail：cckurita@bj.wakwak.com

《著》

伊久間 幸広（いくま・ゆきひろ）

1951 年、長野県下伊那郡松川町生まれ。中学生頃から伊那谷の山野を駆け巡る。定年まで外資系コンピューター関連会社員として勤める。全国各地の山々を登る。著書に『日本の屋根』（共著）。飯田山岳会会員。

市川 董一郎（いちかわ・とういちろう）

1946 年、長野県中野市生まれ。信州大学第二内科、県立須坂病院勤務を経て市川内科医院院長。高校時代から長野県内の山と植物を中心に取材撮影を続ける。著書に『信州百花』『続・信州百花』『信州・薬草の花』『信州ふるさと 120 山』（いずれも共著）などがある。日本医師会認定産業医、医学博士。

本著は公益財団法人八十二文化財団のウェブサイト『信州の文化財』内の「天然記念物」をベースに、平成30年10月31日時点でまとめたものですが、掲載データは、国・県・市町村「指定」の「天然」記念物という性格上、指定先での変更や、時間の経過などにより、最新のデータではないことがあります。

各天然記念物の所有者・管理者・関係団体、及び各記念物の有識者・参考文献・ウェブサイト等の資料・ご協力により取材編集し、各市町村教育委員会・収蔵展示博物館等の見解・補足情報を得て独自にまとめたものです。

《参考文献》

『山渓カラー名鑑 日本の野草』林弥栄 編（山と渓谷社 1983）
『山渓カラー名鑑 日本の樹木』林弥栄 編（山と渓谷社 1985）
『山渓カラー名鑑 日本の野鳥』高野伸二 編（山と渓谷社 1985）
『長野県植物誌』清水建美 監修（信濃毎日新聞社 1997）
『信州の自然大百科』刊行会 編（郷土出版社 1997）
『日本の天然記念物』（講談社 2003）
『信州学大全』市川健夫（信濃毎日新聞社 2004）

《協　力》

長野県教育委員会
長野県市町村教育委員会
公益財団法人八十二文化財団
各市町村博物館・収蔵展示施設 等
各市町村／天然記念物所有者・管理者
　保護団体・地区自治協等

《撮影取材協力》

井原　正登　　小林　育代　　田中　芳徳　　平栗　正之
岩崎　勝利　　小林　敏雄　　田辺　智隆　　北條　昭吾
大塚　孝一　　小林　宣広　　田村　宣紀　　町田　和義
大塚　絹子　　清水　敏道　　轟　　達広　　松井　知美
小田　高平　　清水　節雄　　長岡　　勝　　宮澤沙耶香
木村真理奈　　関　めぐみ　　金井菜々香　　宮澤まどか
倉石修嗣郎　　竹内　伊吉　　野呂　重信　　宮島　幹治

企 画・構 成＝栗田貞多男　　編集デザイン＝クリエイティブセンター
制作進行＝伊藤 隆（信濃毎日新聞社）

信州 ふるさと市町村 天然記念物

2019 年 3 月 20 日　初版発行

◉著　　者 ―― 栗田貞多男（代表）・伊久間幸広・市川董一郎
◉発 行 者 ―― 信濃毎日新聞社
〒 380-8546 長野市南県町 657 番地
Tel 026(236)3377　Fax 026(236)3096
◉企画制作 ―― 有限会社クリエイティブセンター
〒 380-0802 長野市上松３丁目 4-43-8
Tel 026(243)7094　Fax 026(243)7095
E-mail : cckurita@bj.wakwak.com
◉印　　刷 ―― 中外印刷株式会社
◉製　　本 ―― 株式会社渋谷文泉閣

ISBN 978-4-7840-7344-3 C0040